精品课程新形态教材

21世纪应用型人才培养规划教材

“双创”型人才培养优秀教材

数据结构

主编　李雪姣　苏继斌　普玉婷

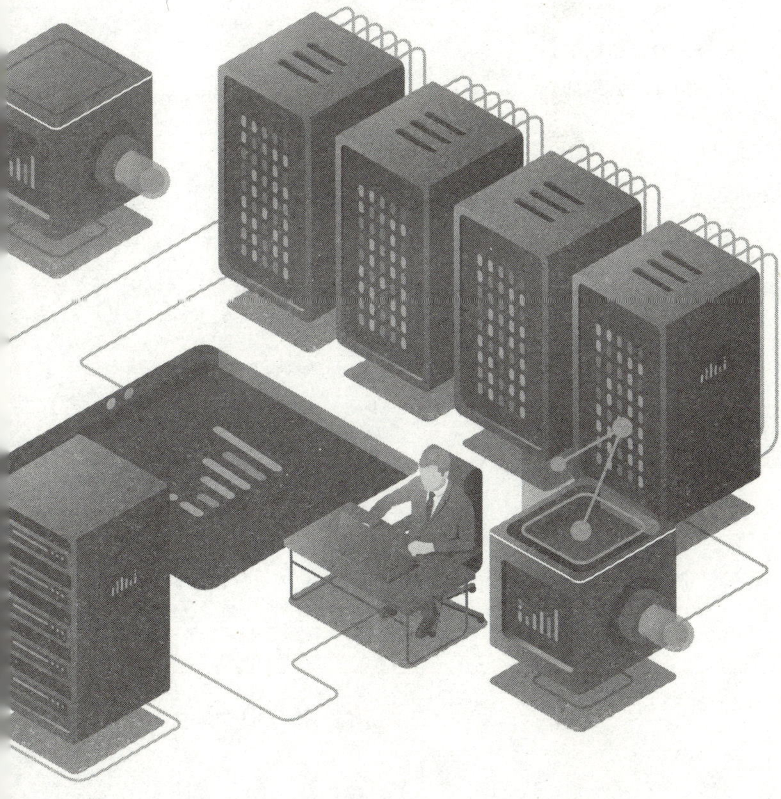

SHUJU
JIEGOU

東北大學出版社
Northeastern University Press

图书在版编目（CIP）数据

数据结构 / 李雪姣，苏继斌，普玉婷主编．-- 沈阳 ：东北大学出版社，2022.7

ISBN 978-7-5517-2999-4

Ⅰ．①数… Ⅱ．①李… ②苏… ③普… Ⅲ．①数据结构-高等学校-教材 Ⅳ．①TP311.12

中国版本图书馆 CIP 数据核字（2022）第 100279 号

出 版 者：东北大学出版社

地址：沈阳市和平区文化路三号巷 11 号

邮编：110819

电话：024-83680267（社务室） 83687331（营销部）

传真：024-83687332（总编室） 83680180（营销部）

网址：http://www.neupress.com

E-mail：neuph@neupress.com

印 刷 者：北京俊林印刷有限公司

发 行 者：东北大学出版社

幅面尺寸：185 mm×260 mm

印　　张：18

字　　数：438 千字

出版时间：2022 年 7 月第 1 版

印刷时间：2022 年 7 月第 1 次印刷

责任编辑：孙德海

责任校对：邱　静

封面设计：尤岛设计

责任出版：唐敏志

ISBN 978-7-5517-2999-4 定价：46.90 元

《数据结构》编委会

主　编：李雪姣　苏继斌　普玉婷

副主编：周哲韫　梁文楷　刘志锋　袁光辉

徐　霞　李晨诚　曾　浩　文　强

李淑兰　侯　璇　涂保民　马　莉

吴冬梅

前　言

数据结构是一门研究各种数据的组织方法、存储方法及在各种数据结构上执行操作算法的学科。它是计算机大类专业及其相关专业的一门专业核心基础课，也是计算机大类课程，起到承前启后的作用。通过数据结构课程的学习，学生能使用数据结构的基本分析方法提高编写程序算法的能力和应用计算机解决实际问题的能力。

数据结构一直是一门“教师难讲、学生难学”的课程，学生学习数据结构的最大难点是不能将用文字表述的算法转换为可执行程序。考虑到此课程的先导课是“C 语言程序设计”，故本书中对各种数据结构的算法用 C 语言进行描述。这样，既降低了算法设计的难度，还可以使学生更直观形象地理解各算法。并且本书中算法代码均在 Visual Studio 2010 的 Visual C++模块中编译通过。

对于学生的课堂教学，我们以“应用为主、够用就好”为原则，从实用出发，对数据结构中的知识进行取舍，而考虑到部分学生有考研的需求，在研究近五年考研题目及各高校自主命题考题后，融合教学要求，精心编写本书。

由于基于 C 语言的数据结构的定义都需要定义结构体，顺序存储结构一般采用数组进行存储，链式存储结构涉及指针，本教材在附录章节补充数组、指针及结构体知识点，以方便学生进行相关知识点的复习及夯实。

本书主要适合计算机大类、电子信息大类、高等计算机技术等专业学生，也适合自学计算机相关知识的人员参考使用。教师可根据学时数和学生的实际情况选讲本书的案例。本书在编写过程中，参阅了大量文献资料，借鉴和吸收了国内外众多学者的研究成果，在此向有关作者表示最诚挚的谢意！

由于作者水平所限，书中疏漏或不足之处在所难免，恳请广大专家和读者提出宝贵意见。本书教学资源联系方式：QQ 2880524430。

编　者

CONTENTS

目 录

第1章 概论

计算机科学是研究信息表示和信息处理的科学，包括处理字符、表格和图像等具有一定结构的数据。若要使计算机能够更有效地进行这些非数值性处理，就必须弄清楚这些数据内容间存在的联系，只有分清楚数据的内在联系，合理地组织数据，设计高效的算法，才能有效地处理数据。如何合理地组织数据、高效地处理数据是数据结构这门课程研究的主要内容。

学习目标

数据结构研究的主要内容。
数据结构中涉及的相关概念：数据、数据元素、数据项、数据对象、数据结构。
数据的逻辑结构与存储结构(物理结构)。
算法的概念、描述方法以及评价标准。

思政目标

数据的逻辑结构可以看作从具体问题中抽象出来的数据模型，也就是从实际非数值计算应用问题的现象中提炼出来的本质结论。引导学生理解唯物辩证法的基本范畴之现象与本质的基本概念之间的辩证关系，同时加强学生利用辩证思想思考和指导实际生活中的具体问题的能力。通过算法的时间复杂度的效率，引申出学习要高效的原则，减少学生学习过程中的低效拖沓现象。

1.1 数据结构的研究内容

数据结构作为计算机科学技术专业的专业基础课，是十分重要的核心课程，其主要研究内容是数据之间的逻辑关系和物理实现，以及高效的数据组织形式、存取方式。所有计算机系统软件和应用软件的设计、开发都要用到各种类型的数据结构。因此，要想有效地使用计算机、充分发挥计算机的性能，还必须学习和掌握数据结构的有关知识。

数据结构包含两方面的内容：其一是构成集合的数据元素；其二是数据元素之间存在

的关系。数据结构就是带有结构的数据元素的集合，结构是指数据元素之间的相互关系，即数据的组织形式。由此可见，计算机处理的数据是具有内在联系的集合。著名计算机科学家 N. Wirth 提出“算法+数据结构=程序”的思想，明确地指出了数据结构实际上是程序的主要部分。

数据结构是介于数学、计算机硬件和计算机软件三者之间的一门核心课程。在计算机科学中，数据结构不仅是一般非数值计算机程序设计的基础，还是设计和实现汇编语言、编译程序、操作系统、数据库系统，以及其他系统程序和大型应用程序的重要基础。

用计算机解决一个实际问题时，大致需要以下几个步骤：

①从具体问题抽象出一个适当的数学模型；

②设计求解数学模型的算法；

③编制、运行并调试程序，直到解决实际问题。

所以，建立数学模型的过程就是分析问题，并找出这些对象的关系。下面通过几个实例加以说明。

【例 1.1】学生学籍管理系统。

高等院校教务处使用计算机对全校学生信息作统一管理。假设学生学籍管理系统包含如表 1.1 所示信息。

表 1.1　学生基本信息表

学号	姓名	性别	籍贯	入学总分	专业
20210101	王新	男	湖北	465	计算机科学与技术
20210102	杨暖	女	湖南	451	计算机科学与技术
20210201	赵婷婷	女	河南	477	软件工程
20210301	薛林	男	山东	499	通信工程
……	……	……	……	……	……

将表 1.1 称为一个数据结构，表中的每一行是一个结点，或称为记录(record)，它由学号、姓名、性别、籍贯、入学总分、专业等数据项(item)组成。每个学生的基本情况按照不同的顺序号，依次存储在“学生基本信息表”中，可以根据不同的需要对这张表进行查找。每个学生的基本信息记录按照顺序号排列，第一条记录称为开始结点，最后一条记录称为终端结点。除了第一条记录以外，其余的记录前都有且只有一条信息记录(直接前驱)；并且除最后一条记录外，每条记录后也有且仅有一条记录(直接后继)。这些记录之间形成了学生基本信息记录的线性结构，呈现一种线性关系，这就是该表的逻辑结构。

诸如此类的线性表结构还有图书馆的书目管理系统、库存管理系统等。在这类问题中，计算机处理的对象是各种表，元素之间存在简单的一对一的线性关系，因此这类问题的数学模型就是各种线性表，施加于对象上的操作有查找、插入和删除等。这类数学模型称为线性的数据结构。

【例 1.2】井字棋人机对弈问题。

计算机之所以能和人对弈是因为已经将对弈的策略存储在计算机中。对弈的规则是任何一方只要使相同颜色的 3 个棋子连成一条直线（一行、一列或者对角线均可）即为胜方，而机器落子需在人落子后随机进行。所以，为使计算机能灵活对弈，必须把对弈过程中所有可能发生的情况及相应的对策都考虑全面。以最简答的井字棋为例，初始状态是一个空的棋盘格局。对弈开始后，每下一步棋，则构成一个新的棋盘格局，且相对于上一个棋盘格局的可能选择可以有多种形式，结点之间存着“一对多”的关系，它构成了井字棋对弈的逻辑结构。对弈过程就如同图 1.1 所示的“一棵倒长的树”。在“树”中，初始的节点称为开始结点，即树的“根”，从初始状态（根）到某一最终状态（叶子）的一条路径，就是一次具体的对弈过程。

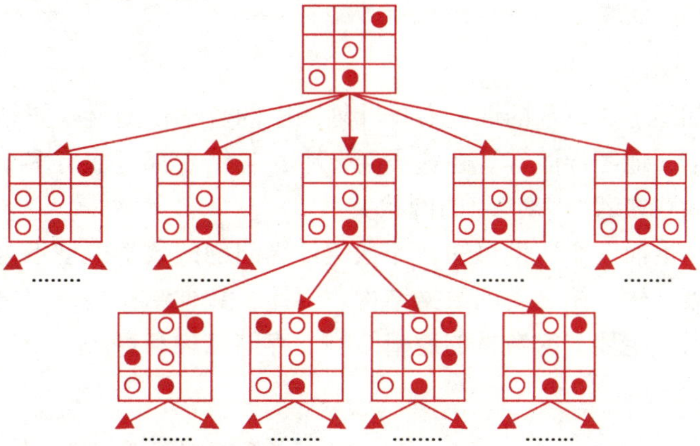
图 1.1　井字棋对弈树

人机对弈问题的数学模型就是用树结构表示棋盘和棋子等，算法是博弈的规则和策略。诸如此类的树结构还有计算机的文件系统、一个单位的组织机构等。在这类问题中，计算机处理的对象是树结构，元素之间是“一对多”的层次关系，施加于对象上的操作有查找、插入和删除等。这类数学模型称为“树”的数据结构。

【例 1.3】培养方案定制。

在制订教学计划时，需要考虑该专业各门课程的开设顺序。有些课程需要先修课程，有些课程则不需要，而有些课程又是其他课程的先修课程。比如，计算机专业课程的开设情况如表 1.2 所示。

表 1.2　计算机专业课程的开设情况

课程编号	课程名称	先修课程
C_1	高等数学	无
C_2	程序设计基础	无
C_3	大学物理	C_1
C_4	离散数学	C_1，C_2
C_5	C 语言程序设计	C_2
C_6	数据结构与算法	C_2，C_4，C_5
C_7	编译原理	C_5，C_6
C_8	计算机原理	C_3
C_9	操作系统	C_6，C_8

课程安排计划如图 1.2 所示。

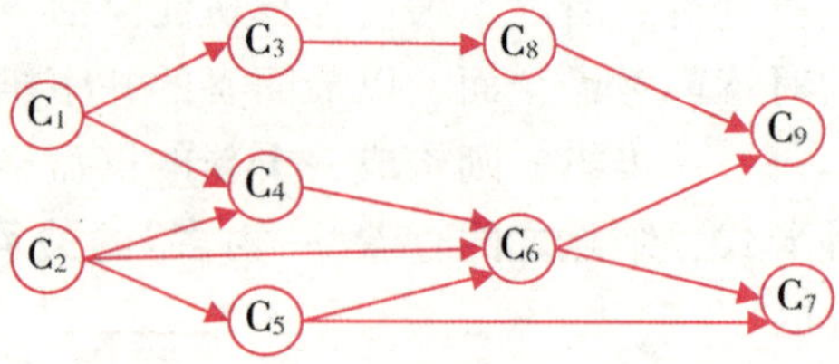

图 1.2　课程安排计划图

如图 1.2 所示的课程安排计划图中的数学模型就是图结构。诸如此类的图结构还有网络通信、地图导航等。在这类问题中，各结点都可能有多个直接前驱和多个直接后继，结点之间存在着“多对多”的网状关系。

从上面 3 个实例可知，非数值计算问题的数学模型不再是数学方程的问题，而是诸如上述表、树、图之类的数据结构。因此，数据结构是一门研究非数值计算的程序设计问题的学科，主要研究数据的逻辑结构、存储结构和算法。

1.2　基本概念和术语

(1) 数据(data)

数据指所有能输入计算机中并被计算机处理的符号表示。在计算机中，所谓数据就是计算机操作的对象的总称，它可以是数值数据，也可以是非数值数据。数值数据包括整数、实数等，主要用于科学计算、财会和商务处理等；非数值数据则包括文字、符号、图形、动画、声音等。

(2) 数据元素(data element)

数据元素(也称元素)是数据的基本单位，在计算机程序中通常作为一个整体进行考虑和处理。在有些情况下，数据元素也称为结点、顶点、记录等。数据元素用于完整地描述一个对象，如表 1.1 中的一条记录、图 1.1 中的一个状态结点以及图 1.2 中的一个顶点。

(3) 数据项(data item)

数据项是组成数据元素的、有独立含义的、不可分割的最小单位。例如，表 1.1 中一个学生的信息中的每一项(如学号、姓名、性别等)为一个数据项。

(4) 数据对象(data object)

数据对象是性质相同的数据元素的集合，是数据的一个子集。例如：整数数据对象是集合 **N**={0，1，2，3，…}，字母字符数据对象是集合 C={'A'，'B'，· · ·，'Z'，'a'，'b'，…，'z'}，学生基本信息表也可以是一个数据对象。由此可以看出，不论数据元素集合是无限集(如整数集)、有限集(如字母字符集)，还是由多个数据项组成的复合数据元素(如学生表)的集合，只要集合内元素的性质均相同，都可称之为一个数据对象。

1.3　数据结构

数据结构(data structure)是相互间存在一种或多种特定关系的数据元素的集合，是带“结构”的数据元素的集合，“结构”是指数据元素之间存在的关系。数据结构一般包括以下 3 个方面内容：

①数据元素之间的逻辑关系，也称数据的逻辑结构；

②数据元素及其关系在计算机存储器内的表示，称为数据的存储结构；

③数据的运算，即对数据施加的操作。

1.3.1　数据的逻辑结构

数据的逻辑结构是从逻辑关系上描述数据，与数据的存储无关，是独立于计算机的。

数据的逻辑结构有两个要素：一是数据元素；二是关系。数据元素的含义如上文所述，关系是指数据元素之间的逻辑关系。根据数据元素之间关系的不同特性，分为下列 4 种基本结构，如图 1.3 所示。

（a）集合结构　（b）线性结构　（c）树形结构　（d）图形结构

图 1.3　4 种基本逻辑结构关系图

①集合结构。结构中的数据元素之间除了“同属于一个集合”的关系外，没有其他关系，这是一种最简单的数据结构。

②线性结构。结构中的数据元素之间存在着“一对一”的关系。

线性结构的特点：表中数据元素之间是一种先后关系，对于线性结构中任一个结点，与它相邻且在它前面的结点(称为直接前驱)最多只有一个；线性结构中与任一个结点相邻且在其后的结点(称为直接后继)也最多只有一个。

③树形结构。结构中的数据元素之间存在着“一对多”的关系。

树形结构的特点：数据元素之间是“一对多”关系，即一个数据元素向上和一个数据元素相连(称为双亲结点)，向下和多个数据元素相连(称为孩子结点)。

④图形结构(又称为网状结构)。结构中的任意数据元素之间都可以有关系，元素之间存在着“多对多”的关系。

图形结构的特点：数据元素存在着“多对多”的任意关系。一个结点可能有多个直接前驱和直接后继。

以上 4 种结构中，集合结构、树形结构、图形结构都属于非线性结构。由于集合中元素与元素之间无任何逻辑关系，本课程对集合结构部分不进行分析处理。

线性结构包括线性表(顺序表与链表)、栈和队列(操作受限的线性表)、字符串、数组、广义表。非线性结构包括树(一般树和二叉树)、图(有向图与无向图)。这几种逻辑结构可以用层次图描述，如图 1.4 所示。

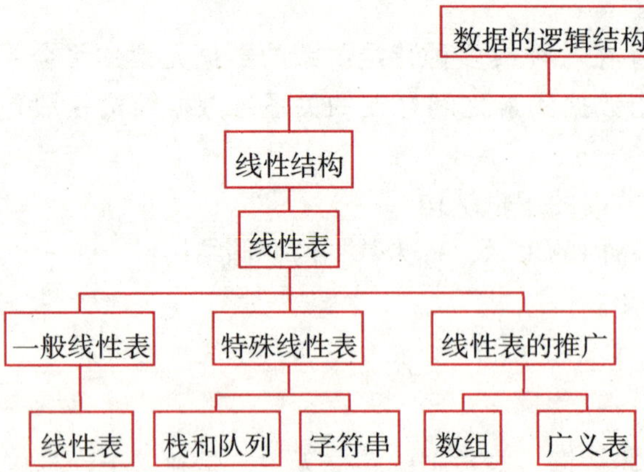

图 1.4　逻辑结构层次图

1.3.2　数据的存储结构

数据对象在计算机中的存储表示称为数据的存储结构，也称为物理结构。把数据对象存储到计算机时，通常要求既要存储各数据元素的数据，又要存储数据元素之间的逻辑关系，数据元素在计算机内用一个结点来表示。数据元素在计算机中有两种基本的存储结构，分别是顺序存储结构和链式存储结构。

(1) 顺序存储结构

顺序存储结构借助元素在存储器中的相对位置来表示数据元素之间的逻辑关系，通常借助程序设计语言的数组类型来描述。

对于表 1.1，假定每个结点(学生记录)占用 100 个存储单元，数据从 0 号单元开始由低地址向高地址方向存储，对应的顺序存储结构如表 1.3 所示。

表 1.3　学生基本信息顺序存储结构

地址	学号	姓名	性别	籍贯	入学总分	专业
0	20210101	王新	男	湖北	465	计算机科学与技术
100	20210102	杨暖	女	湖南	451	计算机科学与技术
200	20210201	赵婷婷	女	河南	477	软件工程
300	20210301	薛林	男	山东	499	通信工程
……	……	……	……	……	……	……

在 C 语言中，最简单的方法是用一维数组来实现顺序存储。

(2) 链式存储结构

顺序存储结构要求所有元素依次存放在一片连续的存储空间中；而链式存储结构无须

占用一整块存储空间，但为了表示结点之间的关系，需要给每个结点附加指针字段，用于存放后继元素的存储地址。所以链式存储结构通常借助于程序设计语言的指针类型来描述。

假定给表 1.1 中的每个结点附加“下一个结点地址”，即后继指针字段，用于存放后继结点的首地址，则可得到如表 1.4 所示的链式存储结构。从表 1.4 中可以看出，每个结点占用两个连续的存储单元：一个存放结点的信息；另一个存放后继结点首地址。

表 1.4　学生基本信息链式存储结构

地址	学号	姓名	性别	籍贯	入学总分	专业	后继结点首地址
0	20210101	王新	男	湖北	465	计算机科学与技术	200
100	20210102	杨暖	女	湖南	451	计算机科学与技术	^
200	20210201	赵婷婷	女	河南	477	软件工程	300
300	20210301	薛林	男	山东	499	通信工程	100
……	……	……	……	……	……	……	……

为了更清楚地反映链式存储结构，可采用更直观的图来表示，如表 1.4 可用图 1.5 所示的方式表示。

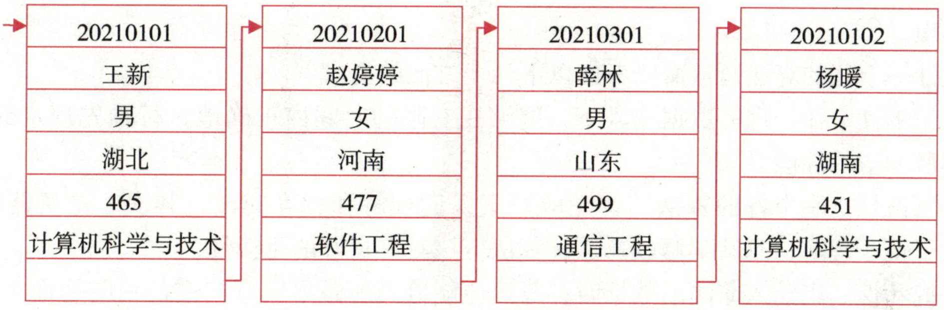

图 1.5　链式存储结构示意图

1.4　算法和算法分析

数据结构与算法之间存在着本质联系，在某一类型数据结构上，总要涉及其上施加的运算，而只有通过对所定义运算的研究，才能清楚理解数据结构的定义和作用；在涉及运算时，总要联系到该算法处理的对象和结果的数据。在“数据结构”中，将遇到大量的算法问题，因为算法联系着数据在计算过程中的组织方式，为了描述实现某种操作，常常需要设计算法，因此算法是研究数据结构的重要途径。

1.4.1 算法的概念

算法(algorithm)是由若干条指令所组成的有穷序列，其中每条指令表示计算机的一个或多个操作。

一个好的算法应该具有以下5个特性。

①**有穷性**。一个算法必须(对任何合法的输入值)在执行有穷步后完成，且每一步都必须在有穷时间内完成，不能形成无穷循环。

②**确定性**。算法中的每一条指令必须有确切的含义，不会产生二义性，使算法的执行者或者阅读者能明确其含义及如何执行。

③**可行性**。算法中的所有操作都可以通过已经实现的基本操作运算执行有限次来实现。

④**输入**。一个算法有零个或多个输入，这些输入取自某个特定对象的集合。

⑤**输出**。一个算法必有一个或多个输出，无输出的算法没有意义。

1.4.2 好算法应达到的目标

算法与数据结构是相辅相成的。解决某一特定类型问题的算法可以选定不同的数据结构，而且选择恰当与否直接影响算法的效率。反之，一种数据结构的优劣由各种算法的执行来体现。

设计一个好的算法通常需要考虑以下几个方面的要求。

①正确性。在合理的数据输入下，能够在有限的时间内正确地执行预先规定的功能，并达到所期望的性能要求。

②可读性。一个好的算法，首先应便于人们理解和相互交流，其次才是机器可执行性。为了便于理解、测试和修改算法，算法应该具有良好的可读性。

③健壮性。当输入非法的数据时，算法应能恰当地做出反应或进行相应处理，而不是产生莫名其妙的输出结果。并且处理出错的方法不应是中断程序的执行，而应是返回一个表示错误或错误性质的值，以便在更高的抽象层次上进行处理。

④高效性。高效性分为时间高效与空间高效两个方面。时间高效指算法设计合理，执行时间短，算法的效率高，可以用时间复杂度衡量；空间高效指完成相同的功能，执行算法占用的附加存储空间尽可能地少，可以用空间复杂度衡量。

实际上，算法很难做到十全十美，因为上述要求有时会相互抵触。所以，在实际操作中，以算法正确为前提，根据具体情况而有所侧重。一个好的算法在具备正确性、可读性和健壮性这3个条件后，就应考虑算法的效率问题，即算法的时间效率(所需运算的时间)和空间效率(所占存储空间)两方面。衡量算法效率的方法主要有两类：事后统计法和事前分析估算法。事后统计法需先将算法实现，然后测算其时间和空间开销。这种方法的缺陷很明显：一是必须把算法转换成可执行的程序；二是时空开销的测算结果依赖计算机的软硬件等环境因素，这容易掩盖算法本身的优劣。事前分析估算法通过计算算法的渐近复杂度来衡量算法的效率。对于求解同一个问题，可以设计出若干个算法，对于不同的算法进行性能分析是数据结构的一个重要内容。在算法满足正确性的前提下，如何评价不同算法的优劣呢？通常主要考虑算法的时间复杂度和空间复杂度两方面。一般情况下，鉴于运算空间(内存)较为充足，把算法的时间复杂度作为重点分析。

1.4.3 时间复杂度(time complexity)

(1)算法的时间复杂度定义

不考虑计算机的软硬件等环境因素，影响算法时间代价的最主要因素是问题规模。问题规模是算法求解问题输入量的多少，是问题大小的本质表示，一般用整数 n 表示。问题规模 n 对于不同的问题含义不同。例如，在排序运算中 n 为参加排序的记录数，在矩阵运算中 n 为矩阵的阶数，在多项式运算中 n 为多项式的项数，在集合运算中 n 为集合中元素的个数，在树的有关运算中 n 为树的结点个数，在图的有关运算中 n 为图的顶点数或边数。一个算法所需的执行时间大致上等于该算法中所有语句执行次数之和，而语句的执行时间则为该条语句的重复执行次数和执行一次所需时间的乘积。显然，n 越大，执行时间越长。

一条语句的重复执行次数称作**语句频度**(frequency count)。

算法分析并非精确统计算法实际执行所需时间，而是针对算法中语句的执行次数做出估计，从中得到算法执行时间的信息。设每条语句执行一次所需的时间均是单位时间，则一个算法的执行时间可用该算法中所有基本语句执行次数之和来度量。所谓“基本语句”指的是算法中重复执行次数和算法的执行时间成正比的语句，它对算法运行时间的贡献最大。

【例 1.4】求两个 n 阶矩阵的乘积算法。

```
for(i=0;i<n;i++)                              //执行次数和=1+(n+1)+n=2n+2
    for(j=0;j<n;j++){                         //执行次数和=n*[1+(n+1)+n]=2n^2+2n
        c[i][j]=0;                            //执行次数和=n^2
        for(k=0;k<n;k++)                      //执行次数和=n^2*[1+(n+1)+n]=2n^3+2n^2
      c[i][j]=c[i][j]+a[i][k]*b[k][j];        //执行次数和=n^3
    }
```

该算法中所有语句执行次数之和，是矩阵阶数 n 的函数，用 f(n)表示。换句话说，该算法的执行时间与 f(n)成正比。

$$f(n)=2n^3+5n^2+4n+2$$

通常，算法的执行时间是随问题规模增长而增长的，因此对算法的评价通常只需考虑其随问题规模增长的趋势，把算法运行所需的时间 T 表示为问题规模 n 的函数，记为 T(n)。不同的 T(n)算法，当 n 增长时，运算时间增长的快慢不同。只需要考虑当问题规模充分大时，算法中基本语句的执行次数在渐近意义下的阶。如例 1.4 矩阵的乘积算法，当 n 趋向无穷大时，显然有

$$\lim_{n\to\infty} f(n)/n^3 = \lim_{n\to\infty}(2n^3+5n^2+4n+2)/n^3 = 2$$

当 n 充分大时，f(n)和 n^3 之比是一个不等于零的常数。即 f(n)和 n^3 是同阶的，或者说 f(n)和 n^3 的数量级(order of magnitude)相同。这里，用"O"来表示数量级，记作 $T(n)=O(f(n))=O(n^3)$。由此可以给出下述算法时间复杂度的定义。

一般情况下，算法中基本语句重复执行的次数是问题规模 n 的某个函数 f(n)，算法的时间量度记作：

$$T(n)=O(f(n))$$

它表示随问题规模 n 的增大，算法执行时间的增长率和 f(n)的增长率相同，称作算法的渐近时间复杂度，简称**时间复杂度**(time complexity)。

数学符号"O"的严格定义为：若 T(n)和 f(n)是定义在正整数集合上的两个函数，则 $T(n)=O(f(n))$表示存在正的常数 C 和 n_0 使得当 $n\geqslant n_0$ 时都满足：

$$0\leqslant T(n)\leqslant C*f(n)。$$

该定义说明函数 T(n)和 f(n)具有相同的增长趋势，并且 T(n)的增长至多趋向函数 f(n)的增长。符号"O"用来描述增长率的上限，它表示当问题规模 $n>n_0$ 时，算法的执行时间不会超过f(n)，其直观定义如图 1.6 所示。

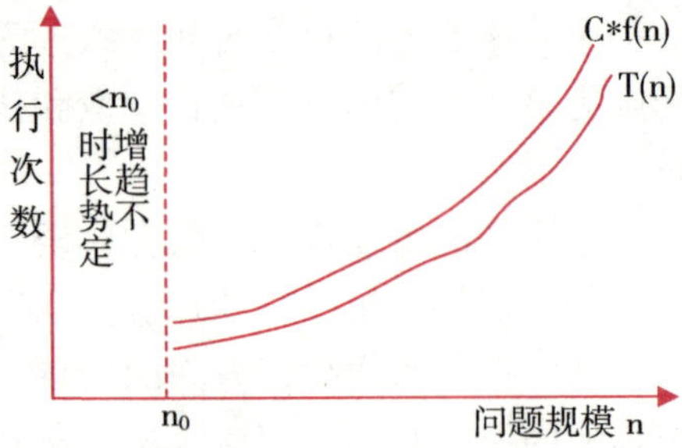

图 1.6　符号"O"的直观定义

注意，当 T(n)为多项式时，可只取其最高次幂项并省略其系数，其他的次幂项及系数均略去不写。

(2)算法的时间复杂度分析示例

【例 1.5】常量阶示例。

```
{x++;s=0;}
```

两条语句执行次数均为 1，算法的执行时间是一个常数。如果算法的执行时间不随问题规模 n 的增长而增长，算法中的语句执行次数就是某个常数，即使这个常数值再大，算法的时间复杂度都记为 $T(n)=O(1)$，称为常量阶。

【例 1.6】线性阶示例。

```
for(i=0;i<n;i++){
  x++;
  s=0;
}
```

循环体内两条语句的频度均为 $f(n)=n$，算法的时间复杂度为 $T(n)=O(n)$，称为线性阶。

【例 1.7】平方阶示例。

```
int x=0
  for(i=0;i<n;i++)
      for(j=0;j<n;j++)
        x++;
```

对于多重循环算法，只需考虑最深层循环内的基本语句的频度 f(n) 即可，例 1.7 中 x++;的频度为 $f(n)=n^2$，所以例 1.7 的时间复杂度 $T(n)=O(n^2)$，称为平方阶。

例 1.4 中的时间复杂度 $T(n)=O(n^3)$，称为立方阶。

常用的时间复杂度(如图 1.7 所示)的大小次序如下：

$$O(1)<O(\log_2 n)<O(n)<O(n\log_2 n)<O(n^2)<O(n^3)<O(2^n)$$

算法时间复杂度的数量级越大，表示该算法的效率越低，反之则越高。

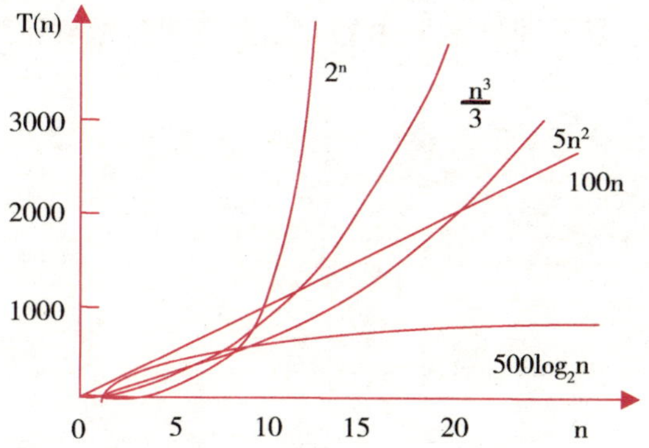

图 1.7 常见函数增长率

(3) 最好、最坏和平均时间复杂度

某些算法的时间复杂度不仅与问题的规模有关，还与问题的其他因素有关。比如某些排序的算法，其执行时间与待排序记录的初始状态有关。因此，有时会对算法有最好、最坏以及平均时间复杂度的评价。

算法在最好情况下的时间复杂度称为最好时间复杂度，是指算法计算量可能达到的最小值；算法在最坏情况下的时间复杂度称为最坏时间复杂度，是指算法计算量可能达到的最大值；算法的平均时间复杂度是指算法在所有可能情况下，按照输入实例以等概率出现时，算法计算量的加权平均值。

对算法时间复杂度的度量，人们更关心的是最坏情况下和平均情况下的时间复杂度。然而在很多情况下，算法的平均时间复杂度难以确定。因此，通常只讨论算法在最坏情况下的时间复杂度，即分析在最坏情况下，算法执行时间的上界。在本书后面内容中讨论的时间复杂度，除特别指明外，均指最坏情况下的时间复杂度。

1.4.4 算法的空间复杂度

一个算法的空间复杂度是指程序运行开始到结束所需要的存储空间，包括算法本身所占用的存储空间、输入/输出数据占用的存储空间，以及算法在运行过程中的工作单元和实现算法所需辅助空间。类似于算法的时间复杂度，算法所需存储空间的量度记作：

$$S(n)=O(f(n))$$

一般情况下，一个程序在机器上执行时，除了需要寄存本身所用的指令、常数、变量和输入数据外，还需要一些对数据进行操作的辅助存储空间。其中，输入数据所占用的具体存储量取决于问题本身，与算法无关，这样只需分析该算法在实现时所需要的辅助空间就可以了。若算法运行时所需要的辅助空间相对于输入数据量而言是一个常数，则称这个算法为原地工作，辅助空间为 O(1)，本节中前面的示例都是如此。有的算法需要占用临时的工作单元数与问题规模 n 有关，如本书第 9 章介绍的归并排序算法就属于这种情况。

下面举一个简单示例说明如何求算法的空间复杂度。

【例 1.8】数组逆序，将一维数组 a 中的 n 个数逆序存放到原数组中。

算法 1：

```
for(i=0;i<n/2;i++){
    temp=a[i];
    a[i]=a[n-i-1];
    a[n-i-1]=temp;
}
```

算法 2：

```
for(i=0;i<n;i++)
    b[i]=a[n-i-1];
for(i=0;i<n;i++)
    a[i]=b[i];
```

算法 1 仅需要另外借助一个变量 t，与问题规模 n 大小无关，所以其空间复杂度为 O(1)。算法 2 需要另外借助一个大小为 n 的辅助数组 b，所以其空间复杂度为 O(n)。

对于一个算法，其时间复杂度和空间复杂度往往是相互影响的，当追求一个较好的时间复杂度时，可能会导致占用较多的存储空间，即可能会使空间复杂度的性能变差。通常情况下，鉴于运算空间较为充足，人们都以算法的时间复杂度作为算法优劣的衡标。

1.5 小　结

本章主要介绍了有关数据结构的以下几方面内容。

①数据结构主要研究数据的逻辑结构、存储结构和运算方法。

②数据的逻辑结构包括集合结构、线性结构、树形结构、图形结构 4 种基本类型。

③数据的存储结构包括顺序存储结构、链式存储结构 2 种。

④顺序存储可以采用一维数组来存储；链式存储可以采用链表来存储。

⑤算法是对特定问题求解步骤的一种描述，是指令的有限序列。算法具有有穷性、确定性、可行性、输入、输出等特性。

⑥一个好的算法应达到正确性、可读性、健壮性、高效性等目标。

⑦算法的效率通常用时间复杂度与空间复杂度来评价，一个算法的时间复杂度越小，算法的效率就越高。

习 题

一、选择题

1. 数据结构通常研究数据的(　　)及它们之间的相互联系。

A. 存储结构和逻辑结构　　B. 存储和抽象

C. 联系和抽象　　D. 联系与逻辑

2. 从逻辑上可以把数据结构分为(　　)两大类。

A. 动态结构和静态结构　　B. 紧凑结构和非紧凑结构

C. 线性结构和非线性结构　　D. 内部结构和外部结构

3. 通常要求同一逻辑结构中的所有数据元素具有相同的特性，这意味着(　　)。

A. 数据具有同一特点

B. 不仅数据元素所包含的数据项的个数要相同，而且对应数据项的类型要一致

C. 每个数据元素都一样

D. 数据元素所包含的数据项的个数要相等

4. 数据的基本单位是(　　)。

A. 数据元素　　B. 数据项　　C. 数据类型　　D. 数据变量

5. 以下说法正确的是(　　)。

A. 数据元素是数据的最小单位

B. 数据项是数据的基本单位

C. 数据结构是带有结构的各数据项的集合

D. 一些表面上很不相同的数据可以有相同的逻辑结构

6. 数据在计算机存储器内表示时，物理地址和逻辑地址相同并且是连续的，称为(　　)。

A. 存储结构　　B. 逻辑结构

C. 顺序存储结构　　D. 链式存储结构

7. 非线性结构中的每个结点(　　)。

A. 无直接前驱结点

B. 无直接后继结点

C. 只有一个直接前驱结点和一个直接后继结点

D. 可能有多个直接前驱结点和多个直接后继结点

8. 算法在发生非法操作时可以做出处理的特性称为算法的(　　)。

A. 正确性　　B. 易读性　　C. 健壮性　　D. 高效性

9. 算法的时间复杂度取决于(　　)。

A. 问题的规模　　B. 待处理数据的初态

C. 计算机的配置　　D. A 和 B

二、填空题

1. ____________是数据的最小单位，____________是数据的基本单位。
2. 常见的数据结构有集合结构、线性结构、____________结构、____________结构。
3. 线性结构中元素之间存在____________关系，树形结构中元素之间存在____________关系，图形结构中元素之间存在____________关系。
4. 算法的 5 个重要特性是输入、输出、____________、____________、____________。
5. 数据的存储结构又称为____________。
6. 评价算法的优劣主要考虑算法的____________和____________两个方面。

三、判断题

1. 数据元素是数据的最小单位。(　　)
2. 数据项是数据不可分割的最小单位。(　　)
3. 数据的逻辑结构是指数据的各数据项之间的逻辑关系。(　　)
4. 算法的优劣与算法描述语言无关。(　　)
5. 健壮的算法不会因非法的输入数据而出现莫名其妙的状态。(　　)

四、综合应用题

1. 简述下列概念：数据、数据元素、数据项、数据结构、逻辑结构、存储结构。
2. 根据数据元素之间的逻辑关系，一般有哪几类基本的数据结构？并说明数据元素之间存在的关系。
3. 试举一个数据结构的例子，叙述其逻辑结构与存储结构两个层次的含义及相互关系。

第 2 章

线性表

从本章到第 5 章讨论的线性表、栈、队列、串和数组都属于线性结构。线性结构的特点是，数据元素之间是“一对一”的线性关系，数据元素一个接一个地排列。线性表(list)是最基本且最常用的线性结构，同时也是其他数据结构的基础，其中单链表是贯穿整个数据结构课程的基本技术。本章主要介绍线性表的逻辑结构和各种存储表示方法，以及定义在存储结构上的各种基本操作的实现。本章所涉及的许多问题都具有普遍性，因此本章是整个课程的重点与核心，也是其他后续章节的重要基础。

学习目标

掌握顺序表的定义和基本操作。
掌握顺序表的结构特点和基本运算。
掌握单链表的结构特点和基本运算。
掌握双链表的结构特点和基本运算。

思政目标

可以把单链表的头结点类比为生活中的榜样和先进。树立的先进典型可以起到引领和带头作用，带领周围的人共同进步。也正因此，我们的班委同学需要注意自己的一言一行，为周围人树立良好的榜样。

2.1 线性表的基本概念

2.1.1 线性表的定义

在日常生活中，线性表的例子比比皆是。例如，26 个英文字母表(A，B，C，D，…，X，Y，Z)是一个线性表，表中的元素是单个字母，字母之间有特定的先后次序；扑克牌同一花色的点数(1，2，3，4，…，J，Q，K，A)，表中的元素为点数，点数之间有固定的大小次序。复杂些的线性表如第1章中提到的学生基本信息表，每条学生信息为一个数据元素，包括学号、姓名、籍贯等数据项。

由上述例子可以看出，虽然数据元素不同，但同一线性表中的元素必定具有相同的特性，并且相邻元素之间存在先后顺序。

(1)线性表的定义

线性表是具有相同数据类型的n(n≥0)个数据元素的有限序列，通常记作：

$$(a_1, a_2, a_3, \cdots, a_{i-1}, a_i, a_{i+1}, \cdots, a_n)$$

其中，n为表长，即表中数据元素的个数，当n=0时称为空表。

在线性表中，相邻元素之间存在先后顺序关系。如对于元素 a_i 而言，a_{i-1} 称为 a_i 的直接前驱，a_{i+1} 称为 a_i 的直接后继。其中，a_i 是线性表中第i个数据元素(i=1，2，…，n)，通常将它的数据类型抽象为DataType，DataType既可以是基本数据类型(int，float，char等)，也可以是结构体等构造数据类型，需要根据具体问题确定。

(2)线性表的特点

对于非空的线性表或线性结构，其特点为：

存在唯一的被称为"第一个"的数据元素(又称为开始结点或头结点)。

存在唯一的被称为"最后一个"的数据元素(又称为终端结点或尾结点)。

除开始结点外，线性结构中每个结点有且仅有一个直接前驱结点。

除终端结点外，线性结构中每个结点有且仅有一个直接后继结点。

2.1.2　线性表的基本操作

数据结构的运算是定义在逻辑结构层次上的，而运算的具体实现是建立在存储结构上的。下面定义的线性表的基本操作仅是定义在逻辑结构上的，每一个操作的具体实现只有在确定了线性表的存储结构之后才能完成。

线性表的基本操作如下。

①初始化线性表InitList(L)。

初始条件：表不存在。

操作结果：其作用是建立一个空表L。

②求线性表的长度GetLength(L)。

初始条件：线性表L已存在。

操作结果：其作用是返回线性表L中所含数据元素的个数。

③按位置查找操作GetElem(L，i，x)。

初始条件：线性表L存在，i是表中元素位置，x是找到该元素返回的值。

操作结果：返回线性表中第i个数据元素的值。

④按值查找操作Locate(L，x)。

初始条件：线性表L存在，x是给定的一个待查数据元素。

操作结果：返回表L中第一个值与x相等的数据元素所在的位置。

⑤插入操作 InsElem(L, i, x)。
初始条件：线性表 L 存在且插入位置正确($1\leq i\leq GetLength(L)+1$)。
操作结果：在线性表 L 的第 i 个位置上插入一个值为 x 的新元素。
⑥删除操作 DelElem(L, i, x)。
初始条件：线性表 L 存在且删除位置正确($1\leq i\leq GetLength(L)$)。
操作结果：删除线性表 L 的第 i 个位置的数据元素并用 x 将其存储。
⑦显示操作 DispList(L)。
初始条件：线性表 L 存在且非空。
操作结果：其作用是依次扫描线性表 L，并输出各元素的值。

2.2　线性表的顺序存储

2.2.1　顺序表

线性表的顺序存储是指用一组地址连续的存储单元依次存储线性表的数据元素，这种表示也称为顺序存储结构或顺序映象。用线性存储结构存储的线性表称为顺序表。顺序表的特点为：逻辑上相邻的数据元素物理存储时位置次序上依旧相邻，采用数组编码实现。

假设顺序表($a_1, a_2, a_3, \cdots, a_{i-1}, a_i, a_{i+1}, \cdots, a_n$)共有 n 个数据元素，每个数据元素占用 k 个存储单元，第一个数据元素 a_1 的存储位置为 $Loc(a_1)$，顺序表存储结构如表 2.1 所示。

表 2.1　顺序表存储结构

数据元素在线性表中的位序	内存内容	存储地址	数组下标
1	a_1	$Loc(a_1)$	0
2	a_2	$Loc(a_1)+k$	1
⋮	⋮	⋮	⋮
i-1	a_{i-1}	$Loc(a_1)+(i-2)\times k$	i-2
i	a_i	$Loc(a_1)+(i-1)\times k$	i-1
i+1	a_{i+1}	$Loc(a_1)+i\times k$	i
⋮	⋮	⋮	⋮
n	a_n	$Loc(a_1)+(n-1)\times k$	n-1

由表 2.1 可以看出，表中相邻的元素 a_{i-1} 和 a_i 的存储位置 $Loc(a_{i-1})$ 和 $Loc(a_i)$ 也是相邻的。若顺序表中数据元素 a_1 在内存中存储地址为 $Loc(a_1)$（也称为顺序表的首地址或基地址），每个数据元素占用 k 个存储空间，则元素 a_i 的存储位置为

$$Loc(a_i)=Loc(a_1)+(i-1)\times k \qquad (1\leq i\leq n)$$

只要确定存储位置的首地址，顺序表中的任一数据元素都可以随机存储和读取，故顺序表是一种随机存取的存储结构。

顺序表的类型定义如算法 2.1 所示。

【算法描述 2.1】顺序表结构体定义

```
#define  MAXLEN  100                    //定义常量 MAXLEN 为 100 表示存储空间总量
typedef  int  DataType;                 //定义 DataType 为 int 类型
typedef  struct {                       //顺序表存储类型
  DataType  data[MAXLEN];               //顺序表采用静态分配内存空间
  int  length;                          //length 是顺序表的长度
}SeqList;
SeqList L;                              //定义顺序表 L
```

顺序表 SeqList 是一个结构体类型，由两个成员组成：data 表示顺序存储表的数组，长度 MAXLEN 表示顺序表中数据元素个数的最大值；length 表示顺序表的实际长度。

本书中程序均由 C 语言描述，C 语言中数组下标从 0 开始。

2.2.2　顺序表中基本操作的实现

当线性表以顺序结构表示时，某些操作很容易实现。由于表的长度是顺序表的一个成员，所以可以通过返回 length 的值实现求表长的操作，通过 length 的值是否为 0 判断表是否为空；修改或获取顺序表中第 i 个元素的值可以直接对数组元素 data[i-1]进行操作，这些操作算法的时间复杂度都是 O(1)。下面讨论顺序表的其他几个主要操作的实现。

(1)顺序表的初始化

【算法描述 2.2】顺序表静态初始化

```
void  InitSeqList( SeqList  *L ){        //构造一个空的顺序表 L
     L->length=0;                        //空表长度为 0
}
```

动态分配线性表的存储区域可以有效地利用系统的资源，当不需要此线性表时，可以使用销毁操作及时释放占用的空间。

(2)顺序表的建立

【算法描述 2.3】

```
void  CreateSeqList(SeqList  *L, int n){     //建立含有 n 个元素的顺序表
      int i;                                 //记录数组下标
      for(i=0;i<n;i++)                       // 为线性表的元素赋值
           scanf("%d",&L->data[i]);
      L->length=n;                           // 设置表中元素个数
}
```

(3)顺序表元素的查找

顺序表元素的查找分为按值查找与按序号查找，下面分别介绍这两种方法的实现，可根据具体问题选择相应的查找方法。

①按元素位置查找。

【算法描述 2.4】

```
DataType   GetNode(SeqList   *L,int   i){          //返回表的第 i 个数据元素
    if(i<1||i>L->Length){                          //位置不合理,退出。
      printf("位置错误! \n");
      exit(0); }
    else
      return L->data[i-1];                    //返回第 i 个元素的值。
}
```

②按值查找。

顺序表元素的按值查找是指在顺序表中查找与给定值 x 相等的数据元素的所在位置。

【算法描述 2.5】

```
int   LocateSeqList(Seqlist *L,DataType x){     // 查找线性表 L 中值为 x 的第一个结点
    int   i=0;
    while (i<L->length&& L->data[i]!=x)      //查找值为 x 的第一个结点
      i++ ;
      if   (i==L->length){                   //值为 x 的元素不存在
      printf("要定位的数据元素不存在! \n");
      return -1;}
    else
      return i+1 ;                           //查找值为 x 的第一个结点的存储位置
}
```

(4)顺序表元素的插入

顺序表元素的插入是指在表的第 i 个位置上插入一个值为 x 的新元素，使线性表

$$(a_1,\ a_2,\ a_3,\ \cdots,\ a_{i-1},\ a_i,\ a_{i+1},\ \cdots,\ a_n)$$

成为长度为 n+1 的表

$$(a_1,\ a_2,\ a_3,\ \cdots,\ a_{i-1},\ x,\ a_i,\ a_{i+1},\ \cdots,\ a_n)$$

顺序表插入元素的过程如图 2.1 所示。

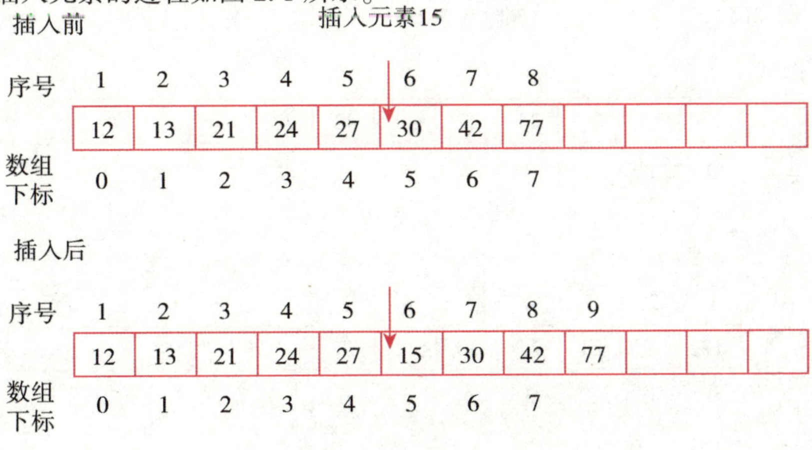

图 2.1　顺序表插入元素示意图

【算法描述 2.6】将新结点 x 插入顺序表 L 的第 i 个结点 a_i 的位置上

```
void InsertSeqList(SeqList *L,DataType x,int i){
  int j;
  if (i<1||i>L->length+1){              //插入位置的有效性
       printf("position error");
       exit(1);
  }
    if (L->length==MAXLEN){
       printf ("overflow");                      //表空间溢出,退出运行
       exit(1);
  }
  for(j=L->length-1; j>=i-1; j--)
          L->data[j+1]=L->data[j];                 //数据元素后移
          L->data[i-1]=x;                          //插入 x
          L->length++;
  }
```

算法时间主要耗费在移动元素的操作上，而移动元素的个数取决于插入元素的位置。在长度为 n 的线性表中所有可能进行插入操作的位置有 n+1 个，设 P_i 是在第 i 个元素之前插入一个元素的概率，则 $P_i = 1/(n+1)$，第 i 个位置上插入需要移动 n-i+1 个元素，则所需移动的元素次数的平均次数为

$$E_{ins} = \sum_{i=1}^{n+1} P_i(n - i + 1) = \frac{n}{2}$$

由此可见，顺序表插入元素的平均时间复杂度为 O(n)。

(5) 顺序表元素的删除

顺序表元素的删除是指将表的第 i 个位置上的元素删除，使线性表

$$(a_1,\ a_2,\ a_3,\ \cdots,\ a_{i-1},\ a_i,\ a_{i+1},\ \cdots,\ a_n)$$

成为长度为 n-1 的表

$$(a_1,\ a_2,\ a_3,\ \cdots,\ a_{i-1},\ a_{i+1},\ \cdots,\ a_n)$$

顺序表删除元素的过程如图 2.2 所示。

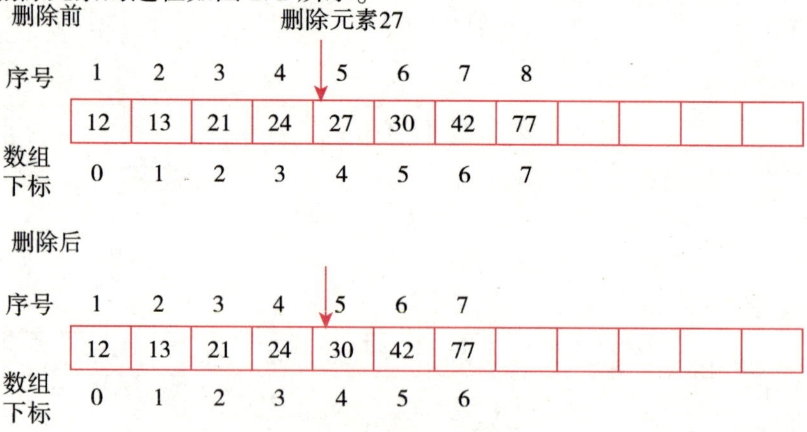

图 2.2　顺序表删除元素示意图

【算法描述 2.7】删除顺序表 L 第 i 个位置上的元素

```
int DeleteSeqList(Seqlist *L,int i){
    int k;
    int x;
    if(L->length==0){                    //判断表是否为空
      printf("线性表 L 为空! \n");
      return -1;
    }
    else if ( i<1||i>L->length ){       //判断位置 i 是否合法
        printf("要删除的数据元素不存在! \n");
        return -1 ;
    }
    else {
      x=L->data[i-1];                    //保存结点的值
      for ( k=i ; k<L->length ; k++)
        L->data[k-1]=L->data[k];         // i 位置以后的所有结点前移
      L->length--;
    return x;
    }
}
```

算法时间主要耗费在移动元素的操作上，而移动元素的个数取决于删除元素的位置。在长度为 n 的顺序表中所有可能进行插入操作的位置有 n 个，设 P_i 是删除第 i 个元素的概率，则 $P_i=\frac{1}{n}$，删除第 i 个位置上元素需要移动 n-i 个元素，则所需移动的元素次数的平均次数为

$$E_{ins}=\sum_{i=1}^{n}P_i(n-i)=\frac{n-1}{2}$$

由此可见，顺序表删除元素的平均时间复杂度为 O(n)。

(6) 顺序表元素的输出

由于顺序表采用数组实现，所以顺序表元素的输出代码与数组元素的输出代码一致。

【算法描述 2.8】输出顺序表 L 的全部元素

```
void PrintSeqList(Seqlist *L){
    int i ;
    if(L->length==0)                 //判断表是否为空
        printf("线性表 L 为空! \n");
    else
        for (i=0 ; i<L->length ; i++)
```

```
        printf("%d\t", L->data[i]);
    printf("\n");
}
```

线性表的顺序存储结构在添加数据前需要判断表空间是否已满，若空间已满还继续添加则会产生数据上溢；而在删除元素前需判断表空间是否为空，若空间已空还继续删除则会出现数据下溢的情况。

顺序存储结构的优点是节约存储空间，结构简单，便于随机访问表中任意数据元素；缺点是插入和删除操作需移动大量的数据元素，特别是当顺序表的数据元素含有复杂的信息时，移动工作量大、程序运行效率低。另外，顺序表的存储空间是连续且预先分配的，若顺序表的长度变化较大，则难以准确估计顺序表的长度，因此，若预先分配的空间估计过大会造成空间浪费，分配空间估计过小会导致元素溢出，还需重新申请内存，从而导致存储空间更大的浪费。以上所有问题都可以通过线性表的另一种表示方法——链式存储——来解决。

2.3 线性表的链式存储

线性表链式存储结构的特点是：逻辑上相邻的元素物理地址不一定相邻，可以用一组任意的存储单元存储线性表的数据元素(这组存储单元可以是连续的，也可以是不连续的)。因此，为了表示线性表中每个数据元素之间的逻辑关系，链表中存储数据元素本身信息的部分称为数据域(data)，除此之外用于存储元素与直接前驱和直接后继的地址的部分称为指针域(pointer)或链(link)，这两部分信息组成链表中的存储结构，称为结点(node)。根据线性表链式存储中每个结点的指针个数、指针指向和指针连接方式，可简单地将链表分为单链表、循环单链表和双链表。

2.3.1 单链表的定义

每个结点中只包含一个指针域的线性链表称为单链表。单链表中结点结构如图 2.3 所示。其中 data 为结点的数据域，用于存储数据元素本身。next 为指针域，存储当前元素的直接后继的存储地址信息。

data	next

图 2.3 单链表结点结构

单链表分为带头结点(其 next 指向链表第一个结点的存储地址)和不带头结点两种类型。在许多情况下，带头结点的链表中每个结点的存储地址均放在其前驱结点中，这样算法对所有结点的处理可一致化，因此，本节讨论的单链表均指带头结点的单链表。带头结点的空单链表如图 2.4(a)所示，带头结点的非空单链表如图 2.4(b)所示。

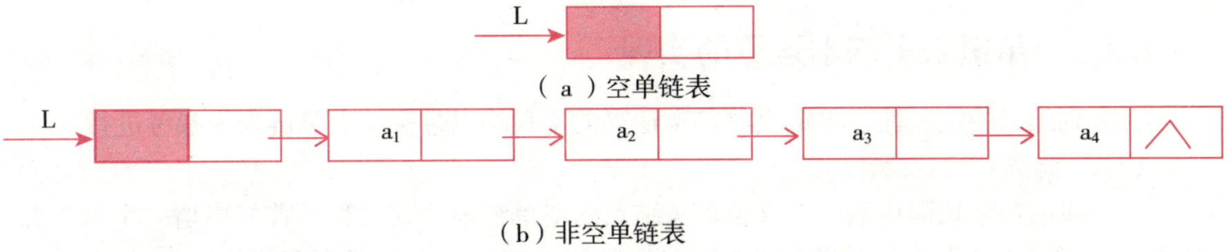

图 2.4　链式存储方式

其中，头结点的数据域既可以不存储任何信息，也可以存放特殊的信息；头结点的指针域存储链表中第一个结点的地址。当头结点的指针域为空(用 NULL 表示)时，此表为空表。在非空表中，当某个结点的指针域为空，表示它为链表的最后一个结点。

通常用“头指针”来标示一个线性链表，如头指针 L 是指某链表第一个结点的地址放到了指针变量 L 中，带头结点的链表的头结点的指针域为“NULL”则表示一个空表(L->next = =NULL)，不带头结点的单链表头指针为空则表示一个空表(L= =NULL)。

单链表由一个个相同结构的结点构成，下面用 C 语言的结构体指针来描述。

【算法描述 2.9】

```
typedef  int  DataType ;
typedef  struct  node{                    // 结点类型定义
     DataType  data;                      // 结点的数据域
     struct  node  * next ;               // 结点的指针域
}LinkNode , * LinkList ;
```

定义的每个结点包含两部分：第一部分是数据域，数据类型可根据实际需求进行调整，既可以是基本数据类型，也可以是构造数据类型；第二部分是指针域，指向当前结点的直接后继结点的地址。L 表示此单链表的头指针，值为头结点或第一个元素结点的首地址。

结点的数据结构定义后，在建立单链表的过程中涉及一些插入、删除操作，为了方便操作和更好地节约资源，往往还需要频繁使用分配结点存储空间和释放结点变量空间的操作。在 C 语言中通常采用以下函数进行操作。

①生成结点变量的标准函数。

p=(LinkListMode *)malloc(sizeof(LinkListNode));

函数 malloc 分配一个类型为 LinkListNode 的结点变量的空间，并将其首地址放入指针变量 p 中。

②释放结点变量空间的标准函数。

free(p);

函数 free 用于释放 p 所指的结点空间。

建立一个结点后，对该结点的域的访问可以利用结点变量的名字 p 来访问结点分量。例如，p->data 和 p->next 分别访问的是结点 p 所指向的 data 的值和 next 的值。

2.3.2 单链表上基本运算的实现

考虑到编码的统一性，单链表的基本运算的实现均以带头结点单链表为参考进行。

(1)单链表L的初始化

单链表的初始化即构造一个仅包含头结点的空单链表。其过程是首先申请一个结点并让指针L指向该结点，然后将它的指针域赋为空(NULL)，最后返回头指针L。

【算法描述2.10】

```
LinkList InitLinkList( ){
  LinkList L;
  L=(LinkNode *)malloc(sizeof(LinkNode));          //为单链表头指针申请结点空间
  if(L==NULL){
    printf("分配空间失败！\n");
    exit(1);
  }
  L->next=NULL;                                     //头指针结点指针域设置为空
  return L;                                         //返回单链表头指针
}
```

(2)创建一个单链表L

动态地创建单链表的常用方法有两种：头插法建表和尾插法建表。

①头插法创建单链表L。

头插法创建单链表的示意图如图2.5所示。

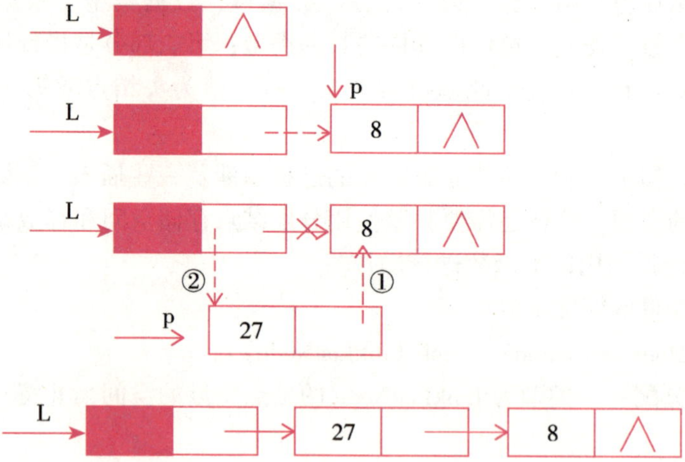

图2.5 头插法创建单链表

【算法描述2.11】

```
LinkList  CreateHeadLinkList(LinkList  L){        //头插法创建单链表
```

```
  LinkNode *p;
  DataType x;   scanf("%d",&x);
while(x!=0){                                    //0表示输入结束
  p=(LinkNode *)malloc(sizeof(LinkNode));//为新结点申请空间并将地址存储在p中
  if(p==NULL){
        printf(" 分配空间失败! \n");
        exit(1);
    }
  p->data=x;
  p->next=L->next;
  L->next=p;
  scanf("%d",&x);
}
return  L;                                      //返回单链表头指针
}
```

利用头插法创建单链表时，插入新结点的两条钩链语句顺序不能颠倒，并且生成的链表的结点次序与输入顺序相反，头插法时间复杂度为O(n)。

②尾插法创建单链表L。

尾插法创建单链表的示意图如图2.6所示。

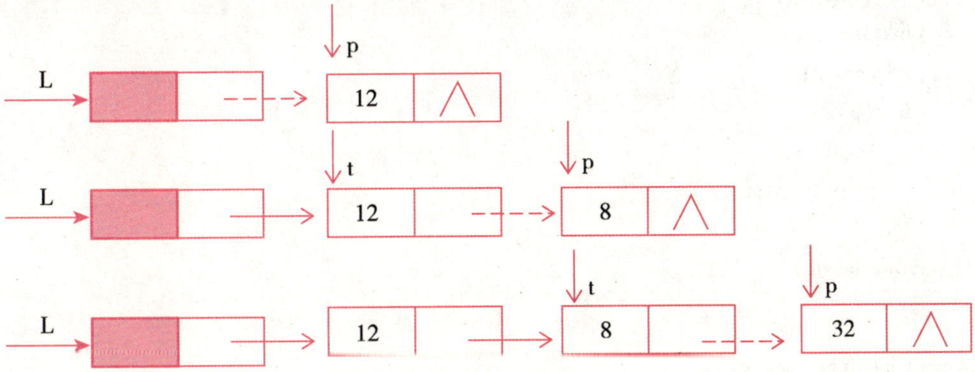

图2.6 尾插法创建单链表

【算法描述2.12】

```
LinkList  CreateTailLinkList(LinkList  L){          //尾插法创建单链表
  DataType  x;
  LinkNode *p, *t;
  t=L;
  scanf("%d",&x);
  while(x!=0){                                      //0表示输入结束
  p=(LinkNode *)malloc(sizeof(LinkNode));           //为新结点申请空间并将地址存储在p中
```

```
    if(p==NULL){
        printf("分配空间失败！\n");
        exit(1);
    }
    p->data=x;
    p->next=t->next;                              //或者 p->next=NULL;
    t->next=p;
    t=p;
    scanf("%d",&x);
    }
    return  L;                                    //返回单链表头指针
}
```

尾插法创建单链表需要在每次插入新结点后标记尾结点指针 t，并且采用尾插法生成的链表的结点次序与输入顺序相同，尾插法时间复杂度为 O(n)。

(3) 求单链表 L 的长度

求单链表长度，即求单链表中元素的个数，用 length 表示。

【算法描述 2.13】

```
int  getLinkListLength(LinkList  L ){          // 求单链表表长
    int  length=0;
    LinkList p;
    p=L->next;
    while(p){
        length++;
        p=p->next;
    }
    return length;
}
```

该算法时间复杂度为 O(n)。

(4) 查找单链表 L 中的元素

①按序号查找单链表 L 中的元素。

单链表是顺序存取结构。在链表中，即使知道被访问结点的序号 i，也不能像顺序表中那样直接按序号 i 访问结点，而只能从链表的头指针出发，顺着链域 next 逐个结点往下搜索，直至搜索到第 i 个结点为止。

【算法描述 2.14】获取单链表第 i 个元素指针

```
LinkList  getLinkNode(LinkList  L , int i ){
    int  j=1;
    LinkNode  *p;
```

```
    if(i<1||i>getLinkListLength(L)){
        printf("查找的位置不正确!");
        exit(1);
    }
    p=L->next;
    while(p!=NULL&&j<i){
        p=p->next;
        j++;
    }
    return p;
}
```

②查找单链表 L 中值为 e 的元素。

按照元素查找是从链表的头指针出发，将每个结点的数据与 e 进行比较：若单链表中有值为 e 的元素，则返回第 1 个值为 e 的元素指针；若单链表中没有值为 e 的元素，则返回 NULL。

【算法描述 2.15】获取单链表中值为 e 的第 1 个元素指针

```
LinkList getLinkNode(LinkList  L ,DataType e ){
    LinkNode  *p=L->next;
    while(p!=NULL&&p->data!=e)
      p=p->next ;
    return p;
}
```

(5)删除单链表 L 中的元素

删除元素是将单链表的第 i 个结点删掉。删除结点时，首先要从头结点出发找到元素 a_{i-1} 的存储位置 q，再用另一个结点 p 指向元素结点 a_i，然后修改结点指针，最后释放 a_i 的存储空间，如图 2.7 所示。

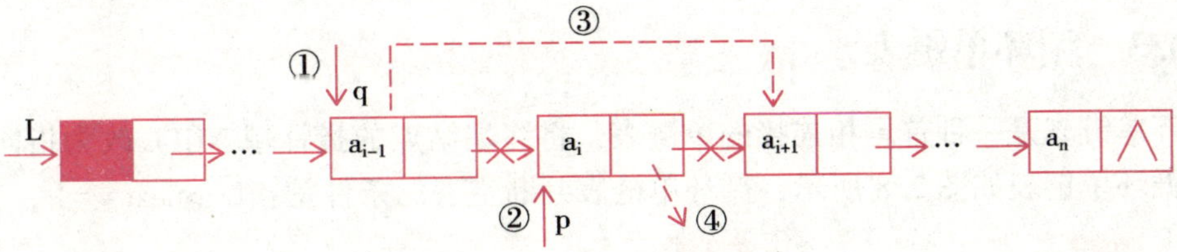

图 2.7　删除单链表中第 i 个元素

【算法描述 2.16】删除单链表中第 i 个元素

```
void  deleteLinkNode(LinkList *L ,int  i ){
    LinkNode  *p , *q;
    int j=1;
    q=L;
```

```
        if(i<1||i>getLinkListLength(L)){
            printf("删除位置不正确! \n");
            exit(1);
        }
        while(j<i){
            q=q->next;
            j++;
        }
        p=q->next;
        q->next=p->next;
        free(p);
}
```

(6)输出单链表 L 中的元素

输出单链表元素，首先要从头结点出发找到第一个元素的存储位置 p 并输出元素内容，指针继续后移输出，直至输出表中最后一个元素为止。

【算法描述 2.17】

```
void    printLinkList(LinkList *L){              //输出单链表中元素
        LinkNode   *p;
        p=L->next;
        while(p!=NULL){
            printf("%d\t",p->data);
            p=p->next;
        }
        printf("\n");
}
```

2.3.3 循环单链表

循环单链表是一种首尾相连接的单链表，将终端结点的指针域 NULL 改为指向头结点即可，循环单链表如图 2.8 所示，循环单链表判断空表的条件是：L->next==L。

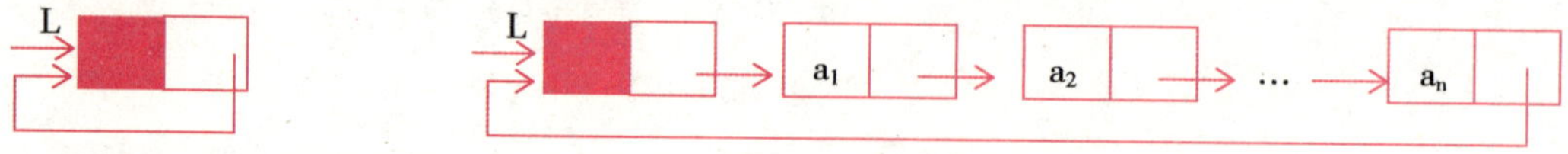

（a）带头结点的空循环单链表　　（b）带头结点的非空循环单链表

图 2.8　循环单链表

循环单链表的特点是无须增加存储量，仅对表的存储方式稍加改变，设定最后元素结点的指针域指向头结点，可以使对表的操作更加方便灵活。

2.3.4　双链表

单链表只有一个指向后继的指针来表示结点之间的逻辑关系，若要查找任一结点 p 的后继结点很方便。但若要查找其前驱结点就需要从头结点开始逐个向后查找，这样就会比较困难。双链表增加了一个指向前驱的指针域，很轻松地解决了这个问题。考虑到代码的统一性，这里只讨论带头结点的双链表。

双链表中有两条方向不同的链，即每个结点中除 next 存放直接后继结点地址外，还增加一个指向其直接前驱的指针域 prior，如图 2.9 所示。

prior	data	next

图 2.9　双链表结点结构

在双链表中，如果一个指针 p 指向了一个结点，则通过该结点的指针 p 可以直接访问其直接后继结点，即由指针 p->next 所指向的结点；也可以直接访问其直接前驱结点，即由指针 p->prior 指向的结点。这样在查找前驱结点的操作中就不需要从头开始遍历整个链表了。

(1) 双链表的结点结构

【算法描述 2.18】

```
typedef   int   DataType;
typedef   struct   doulinknode{
      DataType   data;
      struct   doulinknode   * prior, * next;
} * DouLinkList , DouLinkNode;
```

由于双链表的对称性，在双链表中能方便地完成插入、删除操作。本小节只介绍双链表的插入、删除基本运算。

(2) 双链表插入结点

在双链表的第 i 个元素位置插入元素 x 的过程如图 2.10 所示。并在图下面添加图标。

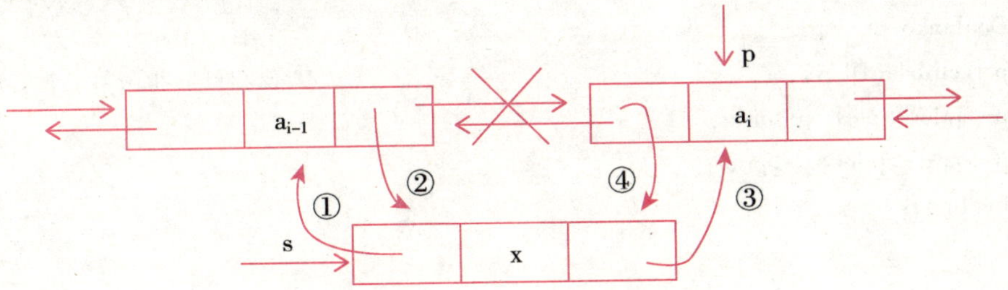

图 2.10　双链表插入元素

【算法描述 2.19】

```
void  InsertDouLinkList(DouLinkList  DL,DataType  x, int i){
    DouLinkNode  *p, *s;
    p=getDouLinkNode(DL,i);                          // 使指针 p 指向第 i 个元素地址
    s=(DouLinkNode *)malloc(sizeof(DouLinkNode));
    if(! s){
        printf("申请空间失败!");
        exit(1);
    }
    s->data=x;
    s->prior=p->prior;                               // ①
    p->prior->next=s;                                // ②
    s->next=p;                                       // ③
    p->prior=s;                                      // ④
}
```

双链表在插入新数据时，需要编写四条钩链语句，且四条语句之间有相对次序关系。如图 2.11 所示，第 i 个结点地址为直接地址 p，第 i-1 个结点地址为间接地址 p->prior，所以在修改 p->prior 的值之前需要先将 p->prior 的值传递出去。

(3)双向链表删除结点

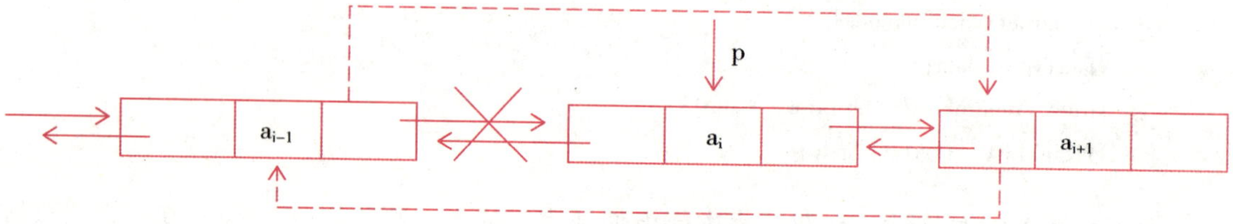

图 2.11 双链表删除元素

【算法描述 2.20】

```
void  DeleteDouLinkList(DouLinkList  DL,int i){      //删除双链表 DL 中的第 i 个元素
    DouLinkNode  *p;
    p=getNode(DL,i);                                 // 使指针 p 指向第 i 个元素地址
    p->prior->next=p->next;
    p->next->prior=p->prior;
    free(p);
}
```

2.4　顺序表与链表比较

通过前面对顺序表和链表进行的插入、删除等操作可知，顺序表有以下优点。

①实现简单，一般高级语言中都有数组数据类型。

②无额外开销。顺序表可以直接用数组之间的物理位置关系来表示各个结点之间的逻辑关系，因此不用专门描述结点间逻辑关系而花费额外的开销。

③可以随机访问各结点元素。这也是数组的特点，此操作时间复杂度为 O(1)。

但是顺序表也有以下两个显著的缺点。

①在顺序表的插入、删除操作中，需要移动大量的元素，平均移动表中一半的元素，因此当数据规模 n 较大时，顺序表的插入、删除操作效率低。

②在创建表时需要估算出顺序表的大小：如果估计值过小，后面添加数据时可能会导致溢出；如果估计值过大，会使大量的存储空间闲置，浪费了存储空间。

链表的优缺点则刚好和顺序表相反，与顺序表相比其优点如下。

①建表过程中不需要事先估算表的大小，需要时动态申请结点空间即可，这样就避免了顺序表中出现溢出或大量空间闲置的情况。

②在对链表进行插入、删除时，不需要移动其他结点，只要能够找到要插入或删除的位置，修改相应结点的指针域即可完成，这样就大大提高了插入、删除的效率。

但是和顺序表相比，链表的缺点也是显而易见的，有以下几点。

①建表过程比顺序表复杂，需要申请相应的结点空间。另外，为了表示每两个结点之间的逻辑关系，必须用指针来实现，而指针又会受到某些高级语言的限制。

②不能进行随机存取，必须用指针进行查找来获取相应的结点元素值，此操作的时间复杂度是 O(n)，比顺序表的随机存取效率低。

总之，两种存储结构各有特点，选择哪种结构要根据实际情况来确定。

通常，插入、删除操作较少的“较稳定”的线性表采用顺序存储结构，而插入、删除操作比较频繁的线性表采用链式存储结构。

2.5　线性表应用举例

2.5.1　案例 1：有序表的合并

若线性表中的数据元素相互之间可以比较，并且数据元素在线性表中按值非递减或非递增有序排列，则称该线性表为有序表(ordered list)。

【问题描述】

有序集合是指集合中的元素有序排列。已知两个有序集合 A 和 B，数据元素按值非递减有序排列，现要求一个新的集合 C=A∪B，使集合 C 中的数据元素仍按值非递减有序排列。

例如，设

A=(3，5，8，11)

B=(2，6，8，9，11，15，20)

则

C=(2，3，5，6，8，8，9，11，11，15，20)

【问题分析】

可以利用两个线性表 LA 和 LB 分别表示集合 A 和 B，不同的是，此例中的 LA 和 LB 有序，这样便没有必要从 LB 中依次取得每个数据元素，到 LA 中进行查访。

如果 LA 和 LB 两个表长分别记为 m 和 n，则合并后的新表 LC 的表长应该为 m+n。由于 LC 中的数据元素或是 LA 中的元素，或是 LB 中的元素，因此只要先设 LC 为空表，然后将 LA 和 LB 中的元素逐个插入 LC 中即可。为使 LC 中的元素按值非递减有序排列，可设两个指针 pa 和 pb 分别指向 LA 和 LB 中的某个元素，若设 pa 当前所指的元素为 a，pb 当前所指的元素为 b，则当前应插入 LC 中的元素为 c。

显然，指针 pa 和 pb 的初值分别指向两个有序表的第一个元素，在所指元素插入 LC 之后，在 LA 或 LB 中顺序后移。

根据上述分析，分别给出有序表的顺序存储结构和链式存储结构相应合并算法的实现。

(1)顺序有序表的合并

算法 2.21：顺序有序表的合并

【算法步骤】

①创建一个表长为 m+n 的空表 LC。

②指针 pc 初始化，指向 LC 的第一个元素。

③指针 pa 和 pb 初始化，分别指向 LA 和 LB 的第一个元素。

④当指针 pa 和 pb 均未到达相应表尾时，依次比较 pa 和 pb 所指向的元素值，从 LA 或 LB 中“摘取”元素值较小的结点插入 LC 的最后。

⑤如果 pb 已到达 LB 的表尾，依次将 LA 的剩余元素插入 LC 的最后。

⑥如果 pa 已到达 LA 的表尾，依次将 LB 的剩余元素插入 LC 的最后。

【算法描述 2.21】

```
SeqList merge(SeqList *LA,SeqList *LB,SeqList *LC){
    int i=0,j=0,k=0;
    while (i<LA->length && j<LB->length){
      if (LA->data[i]<LB->data[j]){
        LC->data[k]=LA->data[i];i++;k++; }
      else {
        LC->data[k]=LB->data[j]; j++;k++; }
    }
    while (i<LA->length){
```

```
        LC->data[k]=LA->data[i];i++; k++; }
    while (j<LB->length){
        LC->data[k]=LB->data[j];j++;k++; }
    LC->length=k;
    return *LC;
}
```

该算法的时间复杂度与空间复杂度均为 O(m+n)。

(2)链式有序表的合并

假设头指针为 LA 和 LB 的单链表分别为线性表 LA 和 LB 的存储结构，现要归并 LA 和 LB 得到单链表 LC。因为链表结点之间的关系是通过指针指向建立起来的，所以用链表进行合并不需要另外开辟存储空间，可以直接利用原来两个表的存储空间，合并过程中只需把 LA 和 LB 两个表中的结点重新进行链接即可。

按照算法 2.21 给出的合并思想，需设立 3 个指针 pa，pb 和 pc，其中 pa 和 pb 分别指向 LA 和 LB 中当前待比较插入的结点，而 pc 指向 LC 中当前最后一个结点(LC 的表头结点设为 LA 的表头结点)。指针的初值为：pa 和 pb 分别指向 LA 和 LB 表中的第一个结点，pc 指向空表 LC 中的头结点。同算法 2.21 一样，通过比较指针 pa 和 pb 所指向的元素的值，依次从 LA 或 LB 中取元素值较小的结点插入 LC 的最后，当其中一个表变空时，只要将另一个表的剩余段链接在 pc 所指结点之后即可。

算法 2.22：链式有序表的合并

【算法步骤】

①指针 pa 和 pb 初始化，分别指向 LA 和 LB 的第一个结点。

②LC 的结点取值为 LA 的头结点。

pc=LC->data;

③当指针 pa 和 pb 均未到达相应表尾时，依次比较 pa 和 pb 所指向的元素值，从 LA 或 LB 中“摘取”元素值较小的结点插入 LC 的最后。

④将非空表的剩余段插入 pc 所指结点之后。

⑤释放 LB 的头结点。

【算法描述 2.22】

```
void  MergeSeqList(SeqList *LA,SeqList *LB,SeqList *LC){
    pa=LA->next;
    pb=LB->next;
    LC=LA;
    while(pa&&pb){
        if(pa->data<=pb->data){
            pc->next=pa;
            pc=pa;
```

```
            pa=pa->next;
        }
        else{
            pc->next=pb;
            pc=pb;
            pb=pb->next;
        }
    }
    pc->next=pa? pa:pb;
    free(LB);                          //释放 LB 的头结点
}
```

该算法的时间复杂度为 O(m+n)，空间复杂度为 O(1)。

2.5.2 案例2：图书信息管理系统

【案例分析】

把图书表抽象成一个线性表，每本图书(包括 ISBN、书名、定价等)作为线性表中的一个元素。在图书信息管理系统中要求实现查找、插入、删除、修改、排序和计数总计 6 个功能，功能实现核心代码如下所示：

```
#include<stdio.h>
#include<stdlib.h>
#include<string.h>
#include<math.h>
typedef struct book{
    char ISBN[10];
    char bookName[30];
    char author[20];
    char publishHouse[30];
    char publishTime[10];
    float price;
}BOOK;
typedef struct seqbooklist{
    BOOK book[1000];
    int length;
} SeqBookList;

void InitBookSeqList(SeqBookList *BL){              //初始化线性表 BL
    BL->length=0;
}
```

```
void DestroyBookSeqList(SeqBookList *BL){          //销毁线性表 BL
    free(BL);
}
void CreateBookSeqList(SeqBookList *BL,int n){
  int i;
  for(i=0;i<n;i++){
    printf("请输入第%d 本书的书号:",i+1);
    scanf("%s",BL->book[i].ISBN);
    printf("请输入第%d 本书的书名:",i+1);
    scanf("%s",BL->book[i].bookName);
    printf("请输入第%d 本书的作者:",i+1);
    scanf("%s",BL->book[i].author);
    printf("请输入第%d 本书的出版社:",i+1);
    scanf("%s",BL->book[i].publishHouse);
    printf("请输入第%d 本书的出版时间:",i+1);
    scanf("%s",BL->book[i].publishTime);
    printf("请输入第%d 本书的价格:",i+1);
    scanf("%f",&BL->book[i].price);
    printf("\n");
  }
  BL->length=n;
}
void InsertBookSeqList(SeqBookList *BL,int n){     //表尾新增图书信息
  int i;
  for(i=BL->length;i<BL->length+n;i++){
    printf("请输入第%d 本书的书号:",i+1);
    scanf("%s",BL->book[i].ISBN);
    printf("请输入第%d 本书的书名:",i+1);
    scanf("%s",BL->book[i].bookName);
    printf("请输入第%d 本书的作者:",i+1);
    scanf("%s",BL->book[i].author);
    printf("请输入第%d 本书的出版社:",i+1);
    scanf("%s",BL->book[i].publishHouse);
    printf("请输入第%d 本书的出版时间:",i+1);
    scanf("%s",BL->book[i].publishTime);
    printf("请输入第%d 本书的价格:",i+1);
    scanf("%f",&BL->book[i].price);
    printf("\n");
  }
  BL->length=i;
```

```
}
void  PrintBookSeqList(SeqBookList *BL){
  int i;
  printf("书号\t\t书名\t\t作者\t\t出版社\t\t出版时间\t价格\t\n");
  for(i=0;i<BL->length;i++){
    printf("%s\t",BL->book[i].ISBN);
    printf("\t%s\t",BL->book[i].bookName);
    printf("\t%s\t",BL->book[i].author);
    printf("\t%s\t",BL->book[i].publishHouse);
    printf("\t%s\t",BL->book[i].publishTime);
    printf("\t%.2f\n",BL->book[i].price);
  }
}
void  PrintBookNumSeqList(SeqBookList *BL,int i){          //输出编号为i的图书信息
  printf("书号\t\t书名\t\t作者\t\t出版社\t\t出版时间\t价格\t\n");
  printf("%s\t",BL->book[i].ISBN);
  printf("\t%s\t",BL->book[i].bookName);
  printf("\t%s\t",BL->book[i].author);
  printf("\t%s\t",BL->book[i].publishHouse);
  printf("\t%s\t",BL->book[i].publishTime);
  printf("\t%.2f\n",BL->book[i].price);
}
void  SelectBookSeqList(SeqBookList *BL,char str[]){        //通过书号查找图书信息
  int i;
  for(i=0;i<BL->length;i++){
    if(strcmp(str,BL->book[i].ISBN)==0){
      PrintBookNumSeqList(BL,i);
      break;
    }
  }
  if(i==BL->length)
      printf("没有此图书信息！\n");
}
void  DeleteBookNumSeqList(SeqBookList *BL,int n){          //删除第n本图书信息
  int i;
  for(i=n;i<BL->length;i++){
    strcpy( BL->book[i].ISBN,BL->book[i+1].ISBN);
      strcpy( BL->book[i].bookName,BL->book[i+1].bookName);
    strcpy( BL->book[i].author,BL->book[i+1].author);
    strcpy( BL->book[i].publishHouse,BL->book[i+1].publishHouse);
```

```
    strcpy( BL->book[i].publishTime,BL->book[i+1].publishTime);
    BL->book[i].price=BL->book[i+1].price;
  }
  BL->length--;
void InsertBookNumSeqList(SeqBookList *BL,int n){        //第 n 个位置新增 1 本图书信息
  int i;
  for(i=BL->length;i>=BL->length;i--){
    strcpy( BL->book[i].ISBN,BL->book[i-1].ISBN);
      strcpy( BL->book[i].bookName,BL->book[i-1].bookName);
      strcpy( BL->book[i].author,BL->book[i-1].author);
    strcpy( BL->book[i].publishHouse,BL->book[i-1].publishHouse);
    strcpy( BL->book[i].publishTime,BL->book[i-1].publishTime);
    BL->book[i].price=BL->book[i-1].price;
  }
  printf("请输入书号:");
  scanf("%s",BL->book[i].ISBN);
  printf("请输入书名:");
  scanf("%s",BL->book[i].bookName);
  printf("请输入作者:");
  scanf("%s",BL->book[i].author);
  printf("请输入出版社:");
  scanf("%s",BL->book[i].publishHouse);
  printf("请输入出版时间:");
  scanf("%s",BL->book[i].publishTime);
  printf("请输入价格:");
  scanf("%f",&BL->book[i].price);
}
  printf("\n");
  BL->length++;
}
void  DeleteBookSeqList(SeqBookList *BL,char str[]){           //通过书号删除图书信息
  int i;
  for(i=0;i<BL->length;i++){
    if(strcmp(str,BL->book[i].ISBN)==0){
      DeleteBookNumSeqList(BL,i);
      break;
    }
  }
  if(i>=BL->length)
      printf("没有此图书信息! \n");
```

```
}
void main(){
  SeqBookList   BL;
  int select,n;
  char str[20];
  while(1){
      printf("\n**********图书管理信息系统*******\n");
      printf("1. 创建图书信息\n");
    printf("2. 查询图书(通过书号查找)\n");
      printf("3. 增加新图书\n");
    printf("4. 指定位置插入新图书\n");
    printf("5. 删除下架图书\n");
      printf("6. 输出图书信息表\n");
    printf("0. 退出\n");
      printf("******************************\n\n");
      printf("请输入要选择的操作(0—5):\n");
      scanf("%d",&select);
    switch(select){
        case 1:
          InitBookSeqList(&BL);
          printf("输入线性表的长度:");
          scanf("%d",&n);
        printf("\n");
          CreateBookSeqList(&BL,n);
          break;
        case 2:
          printf("输入要查找的图书编号:\n");
        scanf("%s",str);
          SelectBookSeqList(&BL,str);
          break;
        case 3:
          printf("输入要添加的图书的数量:\n");
        scanf("%d",&n);
        printf("\n");
          InsertBookSeqList(&BL,n);
          break;
        case 4:
          printf("输入要插入的图书位置:\n");
        scanf("%d",&n);
        printf("\n");
```

```
            InsertBookNumSeqList(&BL,n);
              break;
            case 5:
              printf("输入要删除的图书编号:");
              scanf("%s",str);
              DeleteBookSeqList(&BL,str);
              break;
            case 6:
              PrintBookSeqList(&BL);
              break;
            case 0:
              return;
        }                                   //switch
    }                                       //while
}
```

代码的具体分析如下。

①对于查找、插入、删除这 3 个功能的算法，本章已分别给出了线性表利用顺序存储结构和链式存储结构表示时相应的算法描述。

②对于修改功能，可以通过调用查找算法，找到满足条件的图书进行修改。

③对于排序功能，在没有时间复杂度限制的情况下，可以采用读者熟悉的冒泡排序法。如果图书数目较多，对排序算法的时间效率要求较高，在学完本书第 8 章的内部排序算法后，可以选取一种较高效的排序算法来实现，例如，快速排序法。

④对于计数功能，如果采取顺序存储结构，线性表的长度是它的属性，可以直接通过返回 length 的值实现图书本数的统计功能，时间复杂度是 $O(1)$；如果采取链式存储结构，则需要从首元结点开始，附设一个计数器进行计数，一直“数”到最后一个结点，时间复杂度是 $O(n)$。

在实现图书信息管理系统时，具体采取哪种存储结构，可以根据实际情况而定。如果图书数据较多，需要频繁地进行插入和删除操作，则宜采取链表表示；反之，如果图书数据个数变化不大，很少进行插入和删除操作，则宜采取顺序表表示。

此案例中所涉及的算法比较基础，但非常重要，读者可以分别采用顺序表和链表实现此案例的相应功能，作为本章内容的实验题目来完成。

2.6　小　结

线性表是整个数据结构课程的重要基础，本章主要内容如下。

①线性表的逻辑结构特性是指数据元素之间存在着线性关系，在计算机中表示这种关系的两类不同的存储结构是顺序存储结构(顺序表)和链式存储结构(链表)。

②对于顺序表，元素存储的相邻位置反映出其逻辑上的线性关系，可借助数组来表示。给定数组的下标，便可以存取相应的元素，可称为随机存取结构。而对于链表，是依靠指针来反映其线性逻辑关系的，链表结点的存取都要从头指针开始，顺链而行，所以不属于随机存取结构，可称为顺序存取结构。不同的特点使顺序表和链表有不同的适用情况，表 2.2 分别从空间、时间和适用情况三方面对二者进行了比较。

表 2.2　顺序表和链表的比较

比较项目		存储结构	
		顺序表	链表
空间	存储空间	预先分配，会导致空间闲置或溢出现象	动态分配，不会出现存储空间闲置或溢出现象
	存储密度	存储密度等于 1，不用为表示结点之间的逻辑关系而增加额外的存储开销	存储密度小于 1，需要借助指针来体现元素间的逻辑关系
时间	存取元素	随机存取，按位置访问元素的时间复杂度为 O(1)	顺序存取，按位置访问元素的时间复杂度为 O(n)
	插入、删除	平均移动表中一半元素，时间复杂度为 O(n)	确定插入、删除位置后，无须移动元素，时间复杂度为 O(1)
适用情况		①表长变化不大，且能事先确定变化的范围； ②很少进行插入或删除操作，经常按元素位置序号访问数据元素	①长度变化较大； ②频繁进行插入或删除操作

单链表、循环链表和双链表，有不同的应用场合。表 2.3 对三者的几项有差别的基本操作进行了比较。

表 2.3　单链表、循环链表和双向链表的比较

链表名称	操作名称		
	查找表头结点	查找表尾结点	查找结点 *p 的前驱结点
带头结点的单链表 L	L->next，时间复杂度 O(1)	从 L->next 依次向后遍历，时间复杂度O(n)	通过 p->next 无法找到其前驱
带头结点仅设头指针 L 的循环单链表	L->next，时间复杂度 O(1)	从 L->next 依次向后遍历，时间复杂度 O(n)	通过 p->next 可以找到其前驱时间复杂度O(n)

表 2.3(续)

链表名称	操作名称		
	查找表头结点	查找表尾结点	查找结点 * p 的前驱结点
带头结点仅设尾指针 R 的循环单链表	R->next，时间复杂度 O(1)	R，时间复杂度 O(1)	通过 p->next 可以找到其前驱时间复杂度O(n)
带头结点的双循环链表 L	L->next，时间复杂度 O(1)	L->prior，时间复杂度 O(1)	p->prior，时间复杂度 O(1)

习 题

一、选择题

1. 关于线性表的正确说法是(　　)。
   A. 每个元素都有一个前驱元素和一个后继元素
   B. 线性表中至少有一个元素
   C. 表中元素的排序顺序必须是由小到大或由大到小
   D. 除第一个元素和最后一个元素外，其余每个元素有且仅有一个直接前驱元素和一个直接后继元素
2. 以下属于顺序表的优点的是(　　)。
   A. 插入元素方便　　B. 删除元素方便　　C. 存储密度大　　D. 以上都不对
3. 将两个各有 n 个元素的递增有序顺序表归并成一个有序顺序表，其最少的比较次数是(　　)。
   A. n　　B. 2n-1　　C. 2n　　D. n-1
4. 不带头结点的单链表 head 为空的判定条件是(　　)。
   A. head==NULL　　B. head->next==NULL
   C. head->next==head　　D. head!=NULL
5. 在一个单链表中，已知 q 所指结点是 p 所指结点的前驱结点，若在 q 和 p 之间插入 s 结点，则执行(　　)。
   A. s->next=p->next；p->next=s；　　B. p->next=s->next；s->next=p；
   C. q->next=s；s->next=p；　　D. p->next=s；s->next=q；
6. 在一个具有 n 个结点的有序单链表中插入一个新结点并仍然有序的时间复杂度是(　　)。
   A. O(1)　　B. O(n)　　C. $O(n^2)$　　D. $O(n\log_2 n)$
7. 在单链表中，增加一个头结点的目的是(　　)。
   A. 使单链表至少有一个结点　　B. 标识链表中重要结点的位置
   C. 方便运算的实现　　D. 说明单链表是线性表的链式存储结构

8. 下面关于线性表的叙述中，错误的是(　　)。

A. 线性表采用顺序存储，必须占用一片连续的存储单元

B. 线性表采用顺序存储，便于进行插入和删除操作

C. 线性表采用链式存储，不必占用一片连续的存储单元

D. 线性表采用链式存储，便于进行插入和删除操作

9. 若想存储固定数量的数据元素，关于采用不同存储方式的比较，下列说法中正确的是(　　)。

A. 顺序存储比链式存储少占空间

B. 顺序存储比链式存储多占空间

C. 顺序存储和链式存储都要求占用整块存储空间

D. 链式存储比顺序存储难于扩充空间

10. 在一个长度为 n 的单链表上，设有头指针 h 和尾指针 t，执行(　　)的时间复杂度与链表的长度有关。

A. 删除单链表中的第一个元素

B. 删除单链表中的最后一个元素

C. 在单链表第一个元素前插入一个新元素

D. 在单链表最后一个元素后插入一个新元素

11. 以下关于单链表的叙述中，不正确的是(　　)。

A. 结点除自身信息外还包括指针域，因此存储密度小于顺序存储结构

B. 逻辑上相邻的元素物理上不必相邻

C. 可以通过头结点直接计算第 i 个结点的存储地址

D. 插入、删除运算操作方便，不必移动结点

12. 非空循环单链表的头指针为 head，则其尾指针 p 满足(　　)。

A. p->next= =NULL　　B. p= =NULL　　C. p->next= =head　　D. p= =head

13. 在一个双链表中，在 * p 结点之后插入结点 * q 的操作是(　　)。

A. q->prior=p；p->next=q；p->next->prior=q；q-next=p->next；

B. q->next=p->next；p->next->prior=q；p->next=q；q->prior=p；

C. p->next=q；q->prior=p；q->next=p->next；p->next->prior=q；

D. p->next->prior=q；q->next=p->next；q->prior=p；p->next=q；

14. 在长度为 n 的(　　)上，删除第一个元素，其算法的时间复杂度为 O(n)。

A. 只有表头指针的不带表头结点的循环单链表

B. 只有表尾指针的不带表头结点的循环单链表

C. 只有表尾指针的带表头结点的循环单链表

D. 只有表头指针的带表头结点的循环单链表

15. 设有两个长度为 n 的单链表，结点类型相同，若以 h1 为头结点指针的单链表是非循环的，以 h2 为头结点指针的单链表是循环的，则(　　)。

A. 对于两个链表来说，删除第一个结点的操作，其时间复杂度都是 O(1)

B. 对于两个链表来说，删除尾结点的操作，其时间复杂度都是 O(n)

C. 循环链表要比非循环链表占用更多的内存空间

D. h1 和 h2 是不同类型的变量

二、填空题

1. 在一个长度为 n 的顺序存储结构的线性表中，当向第 i 个元素($1\leqslant i\leqslant n+1$)之前插入一个新元素时，需要从后向前一次后移__________个元素。
2. 线性表 L=(a_1，a_2，…，a_n)用数组表示，假定删除表中任一元素的概率相同，则删除一个元素平均需要移动元素的个数是__________。
3. 在长度为 n 的顺序表中插入一个元素的时间复杂度为__________，删除一个元素的时间复杂度为__________，查找特定值的元素的时间复杂度为__________。
4. 删除顺序表的__________的元素，不需要移动任何元素；删除顺序表的__________的元素，需要移动最多的元素；在顺序表__________插入一个元素，不需要移动任何元素；在顺序表__________插入一个元素，需要移动最多的元素。
5. 在单链表中，在 p 所指结点之后插入 s 所指向结点，应执行 s->next=__________和p->next=__________的操作。
6. 对于一个具有 n 个结点的单链表，在已知 p 所指结点后插入一个新结点的时间复杂度是__________；在给定值为 x 的结点后插入一个新结点的时间复杂度是__________。
7. 对于双链表，在两个结点之间插入一个新结点时，需要修改__________个指针域；删除其中某个结点时，需要修改__________个指针域。
8. 带头结点的双循环链表 L 为空表的条件是__________。

三、判断题

1. 当线性表的元素总数基本稳定，且很少进行插入和删除操作，但要求以最快的速度存取线性表中的元素时，应采用顺序存储结构。 (　　)
2. 在单链表中，要删除某一指定的结点，必须找到该结点的直接前驱结点。 (　　)
3. 删除单链表 L 中某结点 *p 之前的一个结点，其时间复杂度为 O(1)。 (　　)
4. 线性表的链式存储结构是一种随机存取的存储结构。 (　　)

四、综合应用题

1. 若计算机专业有 150 名学生，每名学生有班级、学号、姓名、性别、C 语言程序设计成绩、数据库应用技术成绩等数据，存储这些数据采用什么样的存储结构最方便？写出此数据结构的结构体定义。
2. 将两个递增的有序链表合并为一个递增的有序链表。要求结果链表仍使用原来两个链表的存储空间，不另外占用其他存储空间。表中不允许有重复的数据。
3. 已知两个链表 A 和 B 分别表示两个集合，其元素递增排列。请设计一个算法，用于求出 A 与 B 的交集，并存放在 A 链表中。
4. 已知两个链表 A 和 B 分别表示两个集合，其元素递增排列。请设计算法求出两个集合 A 和 B 的差集(即仅由在 A 中出现而不在 B 中出现的元素所构成的集合)，并以同样的形式存储，同时返回该集合的元素个数。

5. 设计一个算法，通过一趟遍历确定长度为 n 的单链表中值最大的结点。
6. 已知长度为 n 的线性表 A 采用顺序存储结构，请写一个时间复杂度为 O(n)、空间复杂度为 O(1) 的算法，该算法可删除线性表中所有值为 item 的数据元素。

第 3 章 栈

张姐在厨房刷碗，将刷好的碗碟依次放在沥水架沥水，待碗碟完全干后，又依次将碗碟放入碗柜，而放入碗柜中碗碟的顺序与放入沥水架碗碟的顺序恰好相反，先洗好放入沥水架的碗碟最后才放入碗柜，这与本章的栈的操作特别相似。

栈又称为堆栈，从数据的逻辑结构角度看，它是线性表，是一种操作受限制的特殊的线性结构，它的插入、删除等操作只能在表的一端进行。栈的逻辑结构和线性表相同，其特点是按照“后进先出”的原则进行操作。

学习目标

掌握栈的概念和存储结构。
掌握栈的各种操作。
掌握栈的应用。

思政目标

实践教学环节采用情境式教学方法，创设软件开发企业情境，开展敬业、守法、诚信等道德教育，引导学生树立社会主义核心价值观。

3.1 栈的定义及基本运算

3.1.1 栈的定义

设有一个栈 $S=(a_1, a_2, \cdots, a_n)$，栈中元素按 $a_1, a_2, \cdots, a_n$ 的次序进栈，按 $a_n, \cdots, a_2, a_1$ 的顺序出栈。进栈的第一个元素 a_1 为栈底元素，出栈的第一个元素 a_n 为栈顶元素。这种后进先出(last in first out)的线性结构称为栈(stack)，如图 3.1 所示，栈中没有元素时称为空栈。

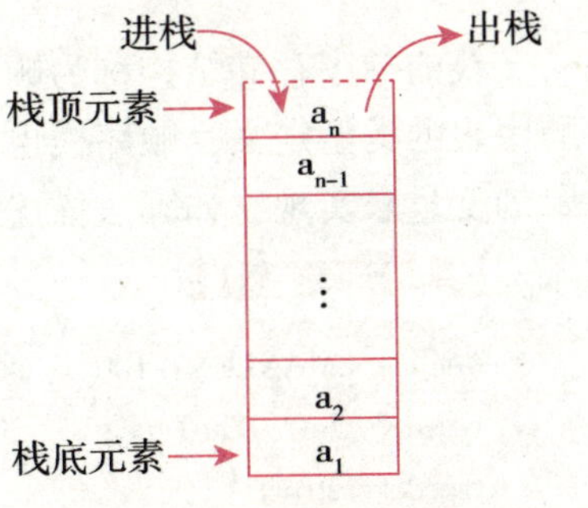

图 3.1 栈结构示意图

3.1.2 栈的基本操作

栈除了在栈顶进行进栈与出栈外，还有初始化、判空等操作，常用的基本操作主要有以下几种。

①初始化栈 InitStack(S)。

初始条件：栈不存在。

操作结果：其作用是构造一个空栈 S。

②判断栈空 EmptyStack(S)。

初始条件：栈 S 已存在。

操作结果：其作用是判断是否空栈：若栈 S 为空，则返回 1；否则返回 0。

③判断栈满 FullStack(S)。

初始条件：栈 S 已存在。

操作结果：若栈已满则返回 1；否则返回 0。

④进栈 Push(S，x)。

初始条件：栈 S 已存在且非满。

操作结果：其作用是将数据元素 x 插入栈 S 中，使其为栈 S 的栈顶元素。

⑤出栈 Pop(S，x)。

初始条件：栈 S 已存在且非空。

操作结果：其作用是将栈顶元素赋给 x，并从栈 S 中删除当前栈顶元素。

⑥取栈顶元素 GetTop(S，x)。

初始条件：栈 S 已存在且非空。

操作结果：其作用是将栈顶元素赋给 x 并返回，操作结果只是读取栈顶元素，栈 S 不发生变化。

3.2 栈的顺序存储和实现

3.2.1 顺序栈的定义

栈的顺序存储结构称为顺序栈，因为栈是操作受限的线性表，所以顺序栈定义类似于顺序表的类型定义，顺序栈也是用一个预设的足够长度的一维数组和一个记录栈顶元素位置的变量来实现，如算法描述 3.1 所示。

【算法描述 3.1】

```
#define  MAXLEN  100          //定义常量 MAXLEN 为 100 表示存储空间总量
typedef  int  DataType;       //定义 DataType 为 int 类型
typedef  struct {             //顺序栈存储类型
```

```
DataType   data[MAXLEN];                //存放顺序栈的数组
int   top;                              //top 为栈顶元素
}SeqStack;
SeqStack   SS;                          //定义一个顺序栈 SS
```

顺序栈被定义为一个结构体类型，其中 DataType 为栈元素的数据类型，可以根据需要指定某种具体的类型。data 为一个一维数组，用于存储栈中的数据元素，top 为 int 类型，用于记录栈顶元素所在位置。

3.2.2　顺序栈的基本操作

(1)栈操作状态示意图

顺序栈操作示意图如图 3.2 所示，栈顶指针动态反映了栈中元素的变化情况，通常下标为 0 的空间设为栈底。

①当 top=0 时，表示栈空，如图 3.2(a)所示，

②当 top=1 时，表示栈中有一个元素，如图 3.2(b)表示栈中已输入一个元素 a_1。

③进栈时，栈顶指针上移，指针 top 加 1，如图 3.2(c)所示是 2 个元素进栈后的状况。出栈时，栈顶指针下移，指针 top 减 1，指针指向了新的栈顶，但是出栈后的元素仍然在原来的存储单元中，只是栈中查找不到了，如图 3.2(d)所示，因为栈是只能在栈顶进行操作的线性表。

④当 top=MAXLEN-1 时，表示栈满，如图 3.2(e)所示。

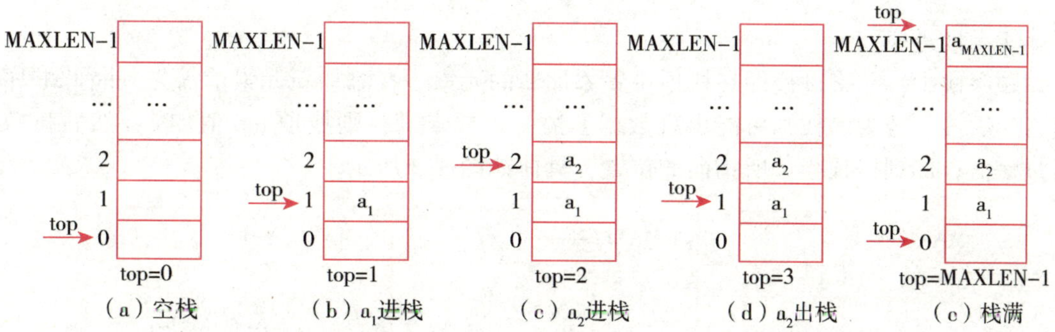

图 3.2　顺序栈栈顶指针与栈中元素状态关系图

(2)顺序栈基本操作实现

①初始化。

顺序栈的初始化操作就是创建一个空栈，并将栈顶指针 top 初始化为 0，如算法描述 3.2 所示。

【算法描述 3.2】

```
void   InitSeqStack(SeqStack  * SS){
  SS->top=0;
}
```

②判断一个顺序栈是否为空栈。

判断一个顺序栈是否为空即判断栈顶指针 top 值是否为 0。

【算法描述 3.3】

```
int EmptySeqStack(SeqStack *SS){
  if(SS->top==0)
    return 1;
  else
    return 0;
}
```

③判断一个顺序栈是否为满栈。

判断一个顺序栈是否为满栈即判断栈顶指针 top 值是否为数组下标的最大值(MAXLEN-1)。

【算法描述 3.4】

```
int FullSeqStack(SeqStack *SS){
  if(SS->top==MAXLEN-1)
    return 1;
  else
    return 0;
}
```

④元素进栈。

顺序栈中，元素进栈即在栈顶位置添加新的元素。在添加新元素前需先判断此顺序栈是否为满栈，若为满栈则可能出现数据上溢；若栈未满，则栈顶 top 值加 1，然后将数据通过赋值存储到栈顶指针所指向的位置，具体如图 3.3 所示。

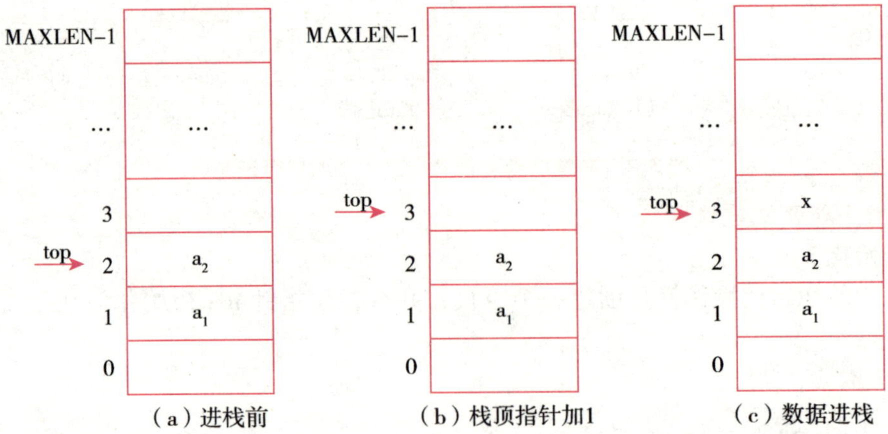

图 3.3 进栈操作示意图

【算法描述 3.5】

```
void  PushSeqStack(SeqStack  *SS,DataType x){
   if(SS->top==MAXLEN-1){
      printf("栈已满,无法进栈! \n");
      exit(1);
   }
   else{
      SS->top++;
      SS->data[SS->top]=x;
   }
}
```

⑤元素出栈。

顺序栈中，元素出栈即将栈顶位置元素从栈中删除。在删除栈顶元素之前需先判断此顺序栈是否为空栈，若栈为空则会出现数据下溢；若栈非空，则栈顶 top 值减 1，具体如图 3.4 所示。

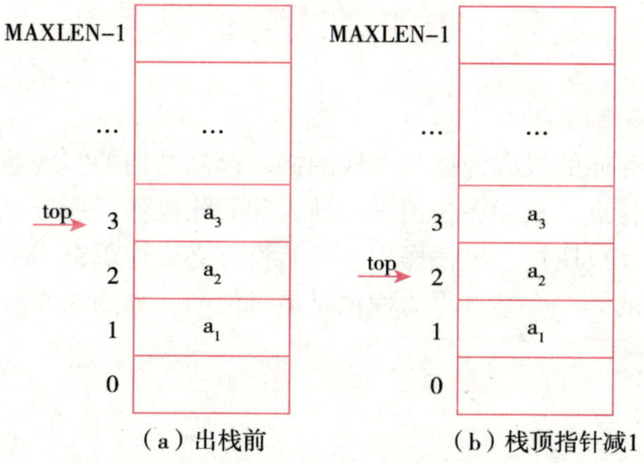

图 3.4　出栈操作示意图

【算法描述 3.6】

```
void  PopSeqStack(SeqStack  *SS,DataType x){
   if(SS->top==0){
      printf("栈为空,无法出栈! \n");
      exit(1);
   }
   else{
      x=SS->data[SS->top];               //存储欲删除的数据
      SS->top--;                         //栈顶指针减 1
   }
}
```

⑥读取栈顶元素。

【算法描述 3.7】

```
DataType   getSeqStack(SeqStack  * SS){
  if(SS->top==0){
    printf("栈为空,没有元素! \n");
    exit(1);
  }
  else{
    return SS->data[SS->top];
  }
}
```

顺序栈是操作受限的顺序表，所以在添加元素前需判断顺序栈空间是否为满，若已满则会出现数据上溢；在删除或读取数据前需判断顺序栈空间是否为空，空顺序栈删除或读取元素时会出现数据下溢。

3.3　栈的链式存储和实现

(1)栈的链式存储结构

通常将采用链式存储的栈称为链栈。栈的链式存储结构的实现通常是以"单链表"作为存储结构。由于栈的特点，只能在栈顶进行插入和删除操作，所以在链栈中，通常把单链表的表头作为栈顶，完成压栈、出栈操作。显然没有必要像单链表一样为了操作方便而附加头结点，而将链表的第一个结点作为栈顶是最方便的，如图 3.5 所示。

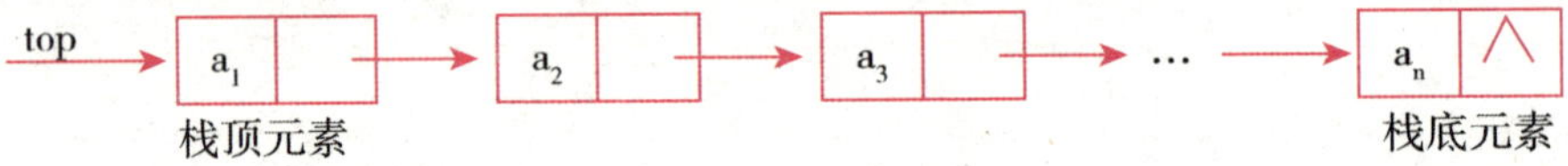

图 3.5　链栈结构示意图

(2)链栈的类型定义

【算法描述 3.8】

```
typedef int DataType ;
typedef struct stacknode{
   DataType data;
   struct stacknode  * next ;
}StackNode ,  * LinkStack ;
LinkStack LS ;
```

(3)链栈的基本操作实现

①初始化。

首先创建一个空栈，因为链栈是无头结点的单链表，所以将头结点指针指向空即可。

【算法描述 3.9】

```
LinkStack InitLinkStack(){
    LinkStack    top=NULL;
    return    top;
}
```

②空栈判断。

判断链栈是否为空栈，即判断栈顶指针 top 值是否为空。

【算法描述 3.10】

```
int    EmptyLinkStack(LinkStack top){
    if( top==NULL)                                  //栈为空
        return 1;
    else
        return 0;
}
```

③元素进栈。

先创建一个以 x 为值的新结点 p，其 data 域值为 x，通过修改指针域将新结点 p 作为新的栈顶元素。元素进栈操作过程如图 3.6 所示。

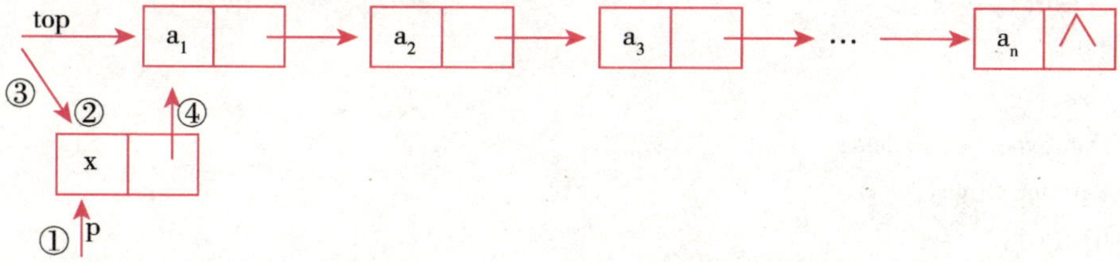

图 3.6　链栈元素进栈示意图

【算法描述 3.11】

```
LinkStack    PushLinkStack(LinkStack top,DataType x){
    StackNode    *p=(StackNode *)malloc(sizeof(StackNode));          //①
    if(p==NULL){
        printf("结点空间申请失败！\n");
        exit(1);
    }
    else{
    p->data=x;                                                       //②
    p->next=top;                                                     //③
    top=p;                                                           //④
    return top;
    }
}
```

④元素出栈。

链栈中只有栈顶元素才可以出栈，在操作前需判断栈是否为空，若为空则不能出栈；栈非空时，只需把栈顶指针指向头结点的下一个结点即可。但被删除的结点元素虽从链栈中删除，却仍然在存储空间中，所以删除结点前应先暂存结点空间地址，以备从存储空间中彻底删除。元素出栈操作过程如图 3.7 所示。

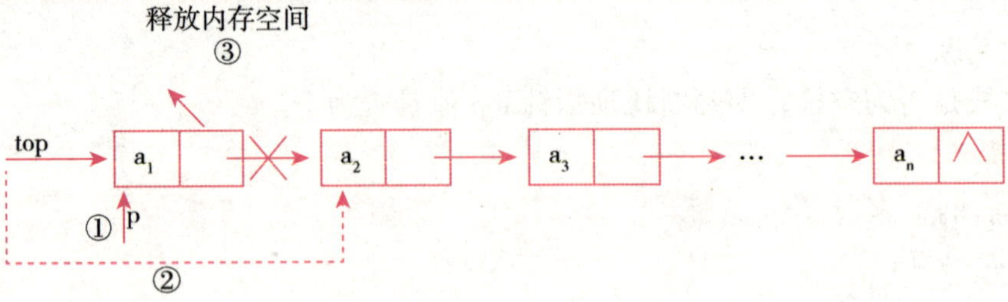

图 3.7 链栈元素出栈示意图

【算法描述 3.12】

```
LinkStack PopLinkStack(LinkStack top){
    StackNode * p=top;                  // ①
    if(p= =NULL){
      printf("栈为空! \n");
      exit(1);
    }
    else{
    DataType x=p->data;
    top=top->next;                      //②
    free(p);                            //③
    return  top;
    }
}
```

⑤获取栈元素。

在链栈非空的情况下获取栈元素时只能通过栈顶指针 top 获取栈顶元素，而栈中元素不发生变化。

【算法描述 3.13】

```
DataType  GetTopLinkStack(LinkStack  top){
    if( top= =NULL) {                          //栈为空
      printf("栈为空! \n");
      exit(1);
    }
    else
      return top->data ;
}
```

(6)显示栈元素。

显示输出链栈中所有元素，需判断栈是否为空，若栈为空则无元素可以输出；当链栈非空时，设定指针 p 先指向栈顶，输出栈顶元素后指针 p 后移，依次输出剩余元素。

【算法描述 3.14】

```
void  PrintLinkStack(LinkStack   top){
    LinkStack p=top;
    if( p==NULL) {                              //栈为空
      printf("栈为空! \n");
      exit(1);
    }
    else {
      while(p!=NULL){
        printf("%d\t",p->data);
        p=p->next;
      }
    }
}
```

3.4 栈应用举例

3.4.1 共享栈

将两个栈的栈底设置在数组空间两端，让两个栈都向中间延伸。这样当一个栈的元素较多，超过数组空间的一半时，只要另一个栈的元素不多，那么前者就可以占用后者的部分存储空间，只有当整个栈空间都被占满时(即两个栈顶相遇时)，才会发生上溢。

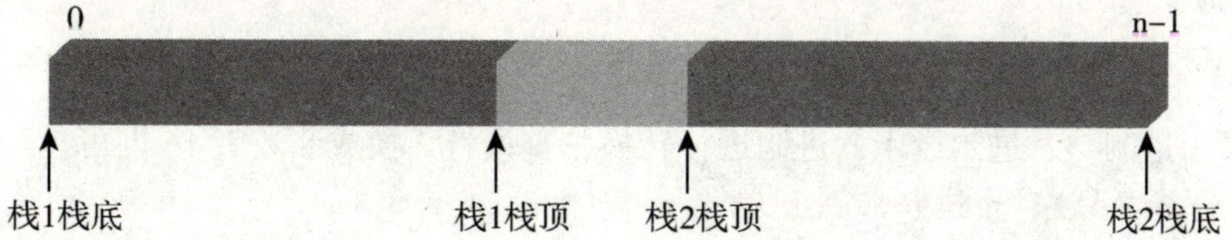

图 3.8 共享顺序栈示意图

如图 3.8 所示为长度为 n 的共享顺序栈，两栈的栈底分别位于数组下标为 0 和数组下标为 n-1 的空间，只有当两栈的栈顶指向相同存储空间时才会产生数据溢出。共享栈的优点是在有限的存储空间中两栈可以相互调节，灵活性强，减少了溢出的机会。

3.4.2 数制转换

当将一个十进制整数N转换为二进制数时，在计算过程中，把N与2求余得到的二进制数的各位依次进栈，计算完毕后将栈中的二进制数依次出栈输出，输出结果就是求得的二进制数。

在具体实现时，栈可以采用顺序存储表示，也可以采用链式存储表示。

算法3.15：数制的转换

【算法步骤】

①初始化一个空栈S。

②当十进制数N非零时，循环执行以下操作：

· 把N与2求余得到的八进制数压进栈S；

· N更新为N与2的商。

③当栈S非空时，循环执行以下操作：

· 弹出栈顶元素e；

· 输出e。

【算法描述3.15】十进制转二进制

```
void  D_B(LinkStack   *top,DataType   x){
  while (x){                                //x 非 0
    top=Push(top,x%2);                      //余数进栈
    x/=2;                                   //x 被 2 整除,得到的商赋值给 x
  }
  printf("转换后的二进制为:\n");
  while(! EmptyStack(top)){
    top=Pop(top,&x);                        //依次从栈中将余数出栈并输出
    printf("%d",x);
  }
  printf("\n");
}
```

如果十进制与八进制或十六进制进行转换，直接将2换成8或者16即可。

【算法描述3.16】十进制转N进制

```
char B[]="0123456789ABCDEF";                 //16 进制表示范围数组
void  D_N(int   n,int   N){                  //N 代表将 10 进制转换的进制数,可为 2,8,16
  int x;
  Stack st;
  InitStack(&st);
  while(n){
    PushStack(&st,n%N);
```

```
        n=n/N;
    }
    while(! EmptyStack(&st)){
        x=n/N;
        printf("%c",B[x]);
    }
}
```

程序运行后结果如图 3.9 所示。

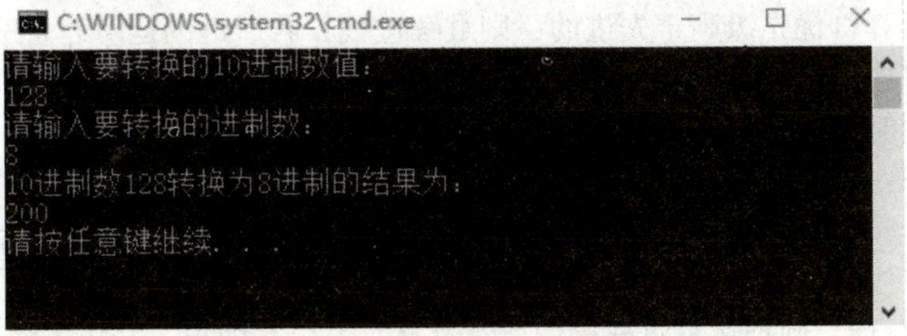

图 3.9　进制转换运行图

3.4.3　表达式求值

任何一个表达式都是由操作数(operand)、运算符(operator)和界限符(delimiter)组成的，表达式求值是程序设计语言中的基本操作。一般地，操作数既可以是常数，也可以是被说明为变量或常量的标识符；运算符可以分为算术运算符、关系运算符和逻辑运算符 3 类；基本界限符有左右括号和表达式结束符等。为了叙述简洁，在此仅讨论简单算术表达式的求值问题，这种表达式只含加、减、乘、除 4 种运算符。读者不难将它推广到更一般的表达式上。

下面把运算符和界限符统称为算符。

我们知道，算术四则运算遵循以下 3 条规则：

①先乘除，后加减；

②从左到右计算；

③先计算括号内，后计算括号外。

根据上述 3 条运算规则，在运算的每一步中，任意两个相继出现的算符 01 和 02 之间的优先关系，至多是下面 3 种关系之一：

$$01 < 02 \quad 01\text{ 的优先权低于 }02$$

$$01 = 02 \quad 01\text{ 的优先权等于 }02$$

$$01 > 02 \quad 01\text{ 的优先权高于 }02$$

为了方便，假设所讨论的算术运算符包括+、-、*、/、^(乘方)和括号，各种运算符的优先级为：()→^→*、/→+、-。

①有括号时，先运算括号内的，后运算括号外的；存在多层括号时，由内向外进行计算。

②除了括号，按照先乘除，后加减的运算顺序计算。

③乘方连续出现时，先算最右面的。

在中缀表达式中，例如，运算 a-b/c+d，编译器并不知道要先做 b/c，它只能从左向右逐一扫描每个运算符，当检查到第一个+时还不知道能否执行；等检查到第二个运算符/时，知道/优先级别高于+，才知道 a-b 是不能执行的；当继续检查第三个运算符+时，才确定应执行 b/c，然后继续向右扫描，……，所以运算速度比较慢。

①读入操作数，直接送入输出符号栈。

②读入运算符，压入运算符栈。

若后进的运算符优先级高于先进的，则继续进栈；若后进的运算符优先级不高于先进的，则将运算符栈内高于或等于后进运算符级别的运算符依次弹出后进栈，注意每弹出一个运算符需要同时从操作数栈中弹出两个操作数。

③括号处理：

遇到开括号(，进运算符栈；遇到闭括号)，则把最靠近的开括号及其后进栈的运算符依次弹出运算符栈，而闭括号不压入运算符栈。

④遇到结束符#，则把运算符栈内的所有运算符号依次弹出，并压入输出符号栈。

【例 3.1】5+6 * (1+2)-4

表 3.1 中缀表达式运算过程

输入数据	操作数栈	运算符栈	操作说明
5	5		5 压入操作数栈
+		+	+ 压入运算符栈
6	5 6	+	6 压入数据栈
*		+ *	* 优先级高于+，压入运算符栈
(		+ * (	(优先级高于 *，压入运算符栈
1	5 6 1	+ * (	1 压入操作数栈
+		+ * (+	+ 压入运算符栈
2	5 6 1 2	+ * (+	2 压入操作数栈
)	5 6 3	+ *	)不压栈，(及其后面进栈操作数与运算符全部出栈并将 1+2 运算结果 3 压入操作数栈
-	5 18	+	- 优先级低于 *，-不压栈，* 出栈，同时操作数栈顶 3 和 6 依次出栈，并将 6 * 3 的结果 18 压入操作数栈
	23		- 优先级等于+，-不压栈，+出栈，同时操作数栈顶 18 和 5 依次出栈，并将 5+18 的结果 23 压入操作数栈
	23	-	- 压入运算符栈

表 3.1(续)

输入数据	操作数栈	运算符栈	操作说明
4	23 4	-	4　压入操作数栈
#	19	-	#　运算结束符，操作数栈与运算符栈全部依次出栈，并将 23-4 的结果 19 压入操作数栈，19 即为最终结果

运算表达式是计算机高级编程中的常用操作，但是操作符的优先级判别在编码过程中操作烦琐，为了使编码实现过程中优先级判别简便一些，可以采用后缀表达式。

计算机编码常用的表达式可以分为先缀表达式、中缀表达式、后缀表达式。

①中缀表达式。运算符在两个操作数中间。

如：5+6＊(1+2)-4

②先缀表达式。运算符在两个操作数前面。由中缀表达式转为先缀表达式需要按照优先级次序逐一进行转换，如将上述中缀表达式 5+6＊(1+2)-4 进行转换，转换过程需要按照优先级顺序逐一转换。

如：5 + 6 ＊ (1+2)　-4

5 + 6 ＊ {+ 1 2} -4

5 + { ＊ 6 + 1 2} -4

{+ 5 ＊ 6 + 1 2} -4

- + 5 ＊ 6 + 1 2 4　　　　//转换后的先缀表达式

③后缀表达式。运算符在两个操作数后面。由中缀表达式转为后缀表达式也需要按照优先级次序逐一进行转换，如将上述中缀表达式 5+6＊(1+2)-4 进行转换。

如：5 + 6 ＊ (1+2) -4

5 + 6 ＊{1 2 +} - 4

5 +{6 1 2 + ＊} - 4

{5 6 1 2 + ＊ +} - 4

5 6 1 2 + ＊ +　4 -　　//转换后的后缀表达式

表达式求值的先缀表达式及后缀表达式可以去掉括号，并且在运算过程中可以免除运算符优先级的判别，所以计算机表达式求值一般都用后缀表达式。

【例 3.1 续】5+6＊(1+2)-4 后缀表达式求值过程

将上述表达式的后缀表达式 5 6 1 2 + ＊ + 4 - 中数据依次压入数据栈，无须运算符栈，每次遇到运算符则依次从栈顶出栈两个操作数进行运算，并将运算结果压入操作数栈。

表 3.2　后缀表达式运算过程

输入数据	操作数栈	操作说明
5	5	5　压入数据栈
6	5　6	6　压入数据栈

表 3.2(续)

输入数据	操作数栈	操作说明
1	5 6 1	1 压入数据栈
2	5 6 1 2	2 压入数据栈
+	5 6 3	运算符不压栈，数据栈顶两个元素出栈并将 1+2 的结果 3 压入数据栈
*	5 18	运算符不压栈，数据栈顶两个元素出栈并将 6 * 3 的结果 18 压入数据栈
+	23	运算符不压栈，数据栈顶两个元素出栈并将 5+18 的结果 23 压入数据栈
4	23 4	4 压入数据栈
-	19	运算符不压栈，数据栈顶两个元素出栈并将 23-4 的结果 19 压入数据栈
#	19	# 运算结束符，数据栈中 19 即为最终结果。

由此可以看到，后缀表达式可以免去运算符优先级的判别，而从中缀表达式转为后缀表达式可以用后面章节的树形结构进行操作。

3.4.4 栈与递归

(1)递归的概念

递归是一种非常重要的数学概念和解决问题的方法，在计算机科学领域和数学领域有着广泛的应用。在计算机科学领域中，诸如广义表、树等数据结构，由于其自身固有的递归性质，都可以通过递归方式进行定义并实现许多问题的算法设计。在计算机内部，可以通过栈实现递归算法，所以递归是栈的一个应用举例。

【例 3.2】计算 Fibonacci 数列：0，1，1，2，3，5，8，13，21，…。其数学定义描述为

$$\mathrm{Fib}(n)=\begin{cases}0, & n=1\\ 1, & n=2\\ \mathrm{Fib}(n-1)+\mathrm{Fib}(n-2), & n>2\end{cases}$$

【算法描述 3.17】计算 Fibonacci 数列

```
long  Fib(int n){
  if(n==1)
    return  0;
  if(n==2)
    return 1;
  return Fib(n-1)+Fib(n-2);
}
```

【例 3.3】汉诺塔(Hanoi)问题

在印度，有一个古老的传说：在世界中心瓦拉纳西(又称贝拿勒斯)的圣庙里，一块黄铜板上插着三根宝石针 A，B，C。印度教的主神梵天在创造世界的时候，在其中一根针(A)从下到上地串好了由大到小的 64 片金盘，这就是所谓汉诺塔。不论白天还是黑夜，总有一个僧侣在按照下面的法则移动这些金盘，直至所有的金盘从 A 针移动到 C 针。

①金盘可以在 A，B，C 三根宝石针上任意移动，即可以借助 B 针进行金盘的移送。

②一次只能移动一片金盘。

③不管在哪根针上，小片金盘必须在大片金盘的上面。

汉诺塔问题的算法思想：设 A 上有 n 个金盘。

若 n=1，将金盘从 A 直接移动到 C；

若 n≥2，则：

①将 A 上的 n-1 个金盘移动到 B 上(此步骤解决方法与移动 n 阶金盘的方法完全一样，只是问题规模减小了一阶)；

②将 A 上的 1 个金盘移动到 C 上；

③将 B 上的 n-1 个金盘移动到 C 上。

如图 3.10 所示，若现在只有 3 个金盘，则汉诺塔问题为：如何按照上述移动金盘原则，借助 B 针，将这 3 个金盘从 A 针移动到 C 针。

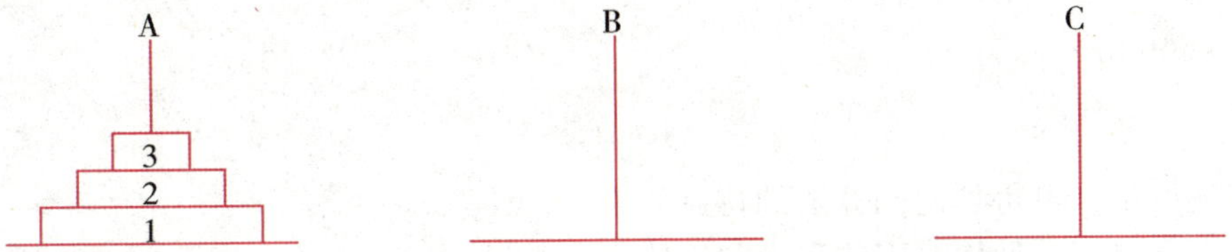

图 3.10　3 阶汉诺塔问题

①将 A 上的标号为 2 和 3 的两个金盘借助 C 移动到 B：
- 将 A 上的标号为 3 的金盘移动到 C 上；
- 将 A 上的标号为 2 的金盘移动到 B 上；
- 将 C 上的标号为 3 的金盘移动到 B 上。

②将 A 上的标号为 1 的金盘移动到 C 上。

③将 B 上的标号为 2 和 3 的两个金盘借助 A 移动到 C 上：
- 将 B 上的标号为 3 的金盘移动到 A 上；
- 将 B 上的标号为 2 的金盘移动到 C 上；
- 将 A 上的标号为 3 的金盘移动到 C 上。

到此为止，3 个金盘全部移动完毕。

【算法描述 3.18】汉诺塔问题算法实现

```
#include<stdio.h>
void move(char x,char y){                //move 函数,只是在屏幕上输出移动方案
   printf("%c---->%c\n",x,y);
}
```

```
void hanoi(int n,char one,char two,char three){
  void move(char x,char y);
  if(n==1)                          //若只有1个盘子直接移动即可,是本题递归算法的出口
    move(one,three);
  else{
    hanoi(n-1,one,three,two);
    move(one,three);
    hanoi(n-1,two,one,three);
  }
}
int main(){
  int n;
  void hanoi(int n,char one,char tow,char three);
  print ("Input the number of diskes:");
  scanf("&d",&n);
  printf ("The moveingresults:\n");
  hanoi (n, 'A', 'B','C');
  return 0;
}
```

由上述例子，可得到递归算法的特点如下。

①通常在以下 3 种情况下使用递归算法。

• 很多数学函数是递归定义的，如例 3.2 的 Fibonacci 数列。

• 有的数据结构，如二叉树、广义表等，由于结构本身固有的递归特性，可利用递归来对其进行定义。

• 有的问题虽然本身没有明显的递归结构，但用递归求解比迭代求解更简单，如例 3.3 中的汉诺塔问题。

②递归算法的采用有以下两个条件。

• 规模较大的原问题能分解成一个或多个规模较小但具有类似原问题特性的子问题，称为递归步骤。

• 存在一个或多个无须分解即可直接求解的最小子问题，称为终止条件。在递归步骤分解问题时，应使子问题相对原问题而言更接近递归终止条件，以保证经过有限次递归步骤后，子问题的规模减至最小，达到递归终止条件而结束递归。

③在函数递归调用过程中需注意以下两个过程。

a. 函数调用。当在一个函数运行期间调用另一个函数时，在运行该被调用函数之前，需先完成以下 3 项任务。

• 将返回地址及所有实参等信息传递给被调用函数保存。

• 为被调用函数的局部变量分配存储区。

• 将控制转移到被调用函数的入口。

b. 函数返回。从被调用函数返回调用函数之前，应该完成下列3项任务。

- 保存被调用函数的计算结果。
- 释放被调用函数保存局部变量的数据区。
- 依照被调用函数保存的返回地址将控制转移到调用函数。
- 函数嵌套调用时，后调用的函数先返回。

(2) 栈与递归

在函数调用过程中，当有多个函数构成嵌套调用时，需按照“后调用先返回”的原则，即符合栈的特性，所以递归函数调用时，函数间的信息传递和控制转移必须通过栈来实现，即系统将整个程序运行时所需的数据空间安排在一个栈中，每当调用一个函数时，就为它在栈顶分配一个存储区，每当从一个函数退出时，就释放它的存储区，则当前正运行的函数的数据区必在栈顶。

虽然在递归调用过程中需要用栈来管理数据，但这个管理过程对用户是透明的，无须用户管理，而是由系统来管理递归工作栈。

由于递归函数结构清晰，程序易读，故利用递归可以给用户编制程序带来很大的方便。但利用递归会导致消耗大量内存与CPU时间，所以递归的使用需谨慎。

3.5 小 结

栈是操作受限的线性表。

栈只允许在表的一端进行插入和删除操作，称允许进行插入和删除操作的一端为栈顶，另一端为栈底。

栈可以采用顺序存储，也可以采用链式存储。

栈的操作特点为后进先出或先进后出。

习 题

、选择题

1. 下列关于栈的叙述中正确的是(　　)。

A. 在栈中只能插入数据　　B. 在栈中只能删除数据

C. 栈是先进先出的线性表　　D. 栈是先进后出的线性表

2. 设abcdef以所给的次序进栈，若在进栈操作时，允许连续进栈操作，则下面得不到的序列为(　　)。

A. fedcba　　B. bcafed　　C. dcefba　　D. cabdef

3. 一个栈的输入序列为1 2 3 4 5，则下列序列中不可能是栈的输出序列的是(　　)。

A. 1 5 4 3 2　　B. 5 4 1 3 2　　C. 2 3 1 4 5　　D. 2 3 4 1 5

4. 输入序列为ABC，输出序列为CBA时，经过的栈操作为(　　)

A. push，pop，push，pop，push，pop　B. push，push，push，pop，pop，pop

C. push，push，pop，pop，push，pop　D. push，pop，push，push，pop，pop

5. 设栈的初始状态为空，当字符序列“n9_ ”作为栈的输入时，输出长度为 3 且可用作 C 语言标识符的序列有(　　)个。

A. 4　　B. 6　　C. 3　　D. 5

6. 设有 5 个元素的进栈序列为 a，b，c，d，e，其输出序列是 c，e，d，b，a，则该栈的容量至少是(　　)。

A. 1　　B. 2　　C. 3　　D. 4

7. 若进栈序列为 A，B，C，则通过进栈、出栈运算后可能得到的 A，B，C 的不同的出栈序列个数为(　　)。

A. 7　　B. 8　　C. 2　　D. 5

8. 向一个栈顶指针为 hs 的带头结点的链栈中插入一个 *s 结点时，执行(　　)。

A. hs->next=s;　　B. s->next=hs->next; hs->next=s;

C. s->next=hs; hs=s　　D. s->next=hs; hs=hs->next;

9. 向一个不带头结点的栈顶指针为 lst 的链栈中插入一个 *s 结点时，则执行(　　)。

A. lst->next=s;　　B. s->next=lst->next; lst->next=s;

C. s->next=lst; lst=s　　D. s->next=lst; lst=lst->next;

10. 链栈与顺序栈相比有一个明显的优点，即(　　)。

A. 插入操作更方便　　B. 通常不会出现栈满的情况

C. 总是不会出现栈空的情况　　D. 删除操作更方便

11. 如果以链表作为栈的存储结构，则退栈操作时(　　)。

A. 必须判断链栈是否满　　B. 判断链栈元素的类型

C. 必须判断链栈是否空　　D. 对链栈不做任何判断

12. 栈适合在(　　)中应用。

A. 递归调用　　B. 括号匹配的检查　　C. 表达式求值　　D. 以上都对

13. 一个栈的输入序列为 1，2，3，…，n，若输出序列的第 1 个元素是 n，则第 i(1≤i≤n)个输出的元素是(　　)。

A. 不确定　　B. n-i+1　　C. i　　D. n-i

14. 以下各链表均不带头结点，其中最不适合用作链栈的链表是(　　)。

A. 只有表头指针没有表尾指针的循环双链表

B. 只有表尾指针没有表头指针的循环双链表

C. 只有表尾指针没有表头指针的循环单链表

D. 只有表头指针没有表尾指针的循环单链表

二、填空题

1. 栈只能在__________位置插入和删除元素。

2. 在顺序栈中，当栈顶指针 top=0 时，表示__________。

3. 在有 n 个元素的栈中，进栈操作的时间复杂度为__________；出栈操作的时间复杂度为__________。

4. 已知顺序栈S，在对S进行压栈操作前首先要判断__________；在对S进行出栈操作前首先要判断__________。

5. 4个元素按A，B，C，D顺序进栈S，执行两次Pop(S，x)运算后，x值是__________。

6. 当栈中元素为n个时，进栈操作发生数据上溢，则说明栈的最大容量为__________。

7. 表达式a×(b+c)-d的后缀表达式是__________。

三、判断题

1. 栈是运算受限制的线性表。 ( )
2. 在栈空的情况下，不能做出栈操作，否则产生下溢。 ( )
3. 栈一定是顺序存储的线性结构。 ( )
4. 栈的特点是“后进先出”。 ( )
5. 链栈与顺序栈相比，其特点之一是通常不会出现栈满的情况。 ( )
6. 个栈的输入序列为：A，B，C，D，可以得到输出序列：C，A，B，D。 ( )
7. 将十进制数转换为二进制数是栈的典型应用之一。 ( )

四、综合应用题

1. 请写出下面程序段的输出结果。

```
typedef char DataType;
int main(){
  Stack S;
  DataType x,y;
  InitStack(&S);
  x='c';
  y='k';
  Push(&S,x);
  Push(&S,'a');
  Push(&S,y);
  x=Pop(&S);
  Push(&S,'t');
  Push(&S,x);
  x=Pop(&S);
  Push (&S,'s');
  while(! EmptyStack(&S)){
    y=Pop(&S);
    printf("sc",y);
  }
  printf("&c",x);
```

```
    return 0;
}
```

2. 设计一个算法，实现将一个非负十进制整数转换成八进制数。
3. 设计一个算法，判别算术表达式中的圆括号是否配对正确。

第4章

队 列

假期，张姐陪孩子去游乐园玩，到达游乐园门口售票处排队买票。排队过程中只有排在最前面的人可以办理买票业务，而新到达的人只能排在队伍的最后面。排队办理买票业务的过程与本章的队列的操作特别相似。

队列也是一种操作受限制的特殊的线性结构，它只允许在表的一端进行插入操作、在另一端进行删除操作。队列的逻辑结构和线性表相同，其特点是按照“先进先出”的原则进行操作，队列也有两种存储结构，即顺序存储结构和链式存储结构。

学习目标

掌握队列的概念。
掌握顺序队列和循环队列的各种操作。
掌握链队列的各种操作。
了解队列的应用。

思政目标

队列与生活中的排队联系紧密，从如排队买票、排队停车等生活中的现象出发，通过队列先进先出的基本原理，引出先到先服务，将生活中要遵守社会秩序、遵循社会公德的内容传达给学生，引导学生树立正确的社会导向。

4.1 队列的定义及基本运算

4.1.1 队列的定义

现有一个队列 $Q=(a_1, a_2, \cdots, a_n)$，队列中元素按 a_1，a_2，…，a_n 的次序入队后，入队的第一个元素 a_1 为队头元素，最后一个元素 a_n 为队尾元素。在这个队列中，只有队

头元素 a_1 可以离开队列(删除操作)，新元素入队列只能排在 a_n 之后成为新的队尾元素(插入操作)。这种先进先出的规则应用在数据结构中称为队列，队列又称为先进先出(first in first out)的线性表，简称 FIFO 表。其结构如图 4.1 所示。

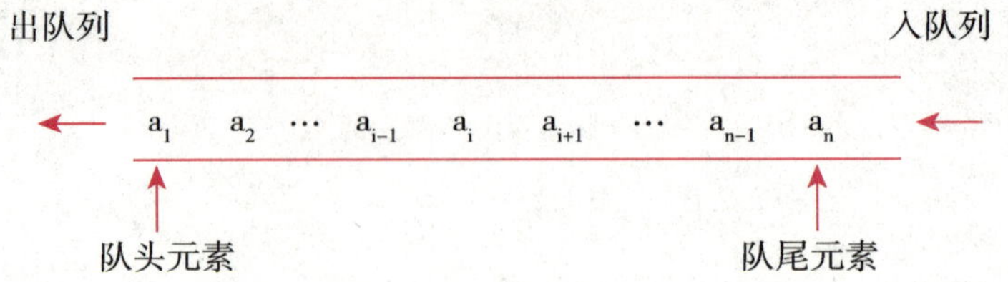

图 4.1　队列结构示意图

4.1.2　队列的基本操作

队列除了在队头进行出队和队尾进行入队外，还有初始化、判空等操作，常用的基本操作如下。

(1)初始化队列 InitQueue(Q)。

初始条件：队列不存在。

操作结果：构造一个空队列 Q。

(2)判断队列空 EmptyQueue(Q)。

初始条件：队列 Q 存在。

操作结果：判断是否空队列，若队列 Q 为空，则返回 1；否则返回 0。

(3)入队 EnQueue(Q，x)。

初始条件：队列 Q 已存在且非满。

操作结果：将数据元素 x 插入队列 Q 的队尾，使其成为队列 Q 的队尾元素。

(4)出队 DeQueue(Q，x)。

初始条件：队列 Q 已存在且非空。

操作结果：将队头元素赋给 x，并从队列 Q 中删除当前队头元素，其后继元素成为队头元素。

(5)取队头元素 GetFront(Q，x)。

初始条件：队列 Q 已存在且非空。

操作结果：将队头元素赋给 x 并返回，操作结果只是读取队头元素，队列 Q 不发生变化。

(6)显示队列元素 ShowQueue(Q)。

初始条件：队列 Q 已存在且非空。

操作结果：将队列中所有元素从队头开始依次输出。

4.2 队列的顺序存储和实现

4.2.1 顺序队列的定义

队列的顺序存储结构称为顺序队列。类似于顺序表的类型定义，顺序队列用一个一维数组和两个分别指向队头元素与队尾元素的变量来实现，如算法描述 4.1 所示。

【算法描述 4.1】

```
#define  MAXLEN  100                //定义常量 MAXLEN 为 100 表示存储空间总量
typedef  int  DataType;             //定义 DataType 为 int 类型
typedef  struct  {                  //顺序队列存储类型
    DataType  data[MAXLEN];         //存放顺序队列的数组
    int  front,rear;                //front 为队头指针,rear 为队尾指针
}SeqQueue;
```

顺序队列被定义为一个结构体类型，其中 DataType 为栈元素的数据类型，可以根据需要指定某种具体的类型。data 为一个一维数组，用于存储栈中的数据元素，front 和 rear 为 int 类型，用于记录队头元素之前和队尾元素所在的位置。

4.2.2 顺序队列的基本操作

顺序队列中元素用一维数组存储，数组的低下标一端为队头，高下标一端为队尾。

为了操作方便，通常约定：头指针 front 总是指向队头元素的前一位置，尾指针 rear 总是指向队尾元素的位置。所以顺序队列的存储空间是从 data[1]到 data[MAXLEN-1]，最多可存储 MAXLEN-1 个元素。

若 front==rear==0，则称为队空。

若一维数组中所有位置上都被元素装满，即尾指针 rear 指向一维数组最后，头指针指向一维数组开头，称为队满。

顺序队列的几种状态如图 4.2 所示(设 MAXLEN=6)，具体分析如下。

①图 4.2(a)所示为队空状态，此时 front==rear==0。

②图 4.2(b)所示为元素 a_1 入队后的状态。

③图 4.2(c)所示为元素 a_2 至 a_5 依次入队列后，到达队满的状态，此时 front==0，rear==MAXLEN-1。

④图 4.2(d)所示为元素 a_1 和 a_2 依次出队列后的状态，此时 front==0，rear==MAXLEN-1。

⑤图 4.2(e)所示为在④状态下 a_3 至 a_5 连续出队后达到的状态，队列又达到队空状态，此时 front==rear==MAXLEN-1。

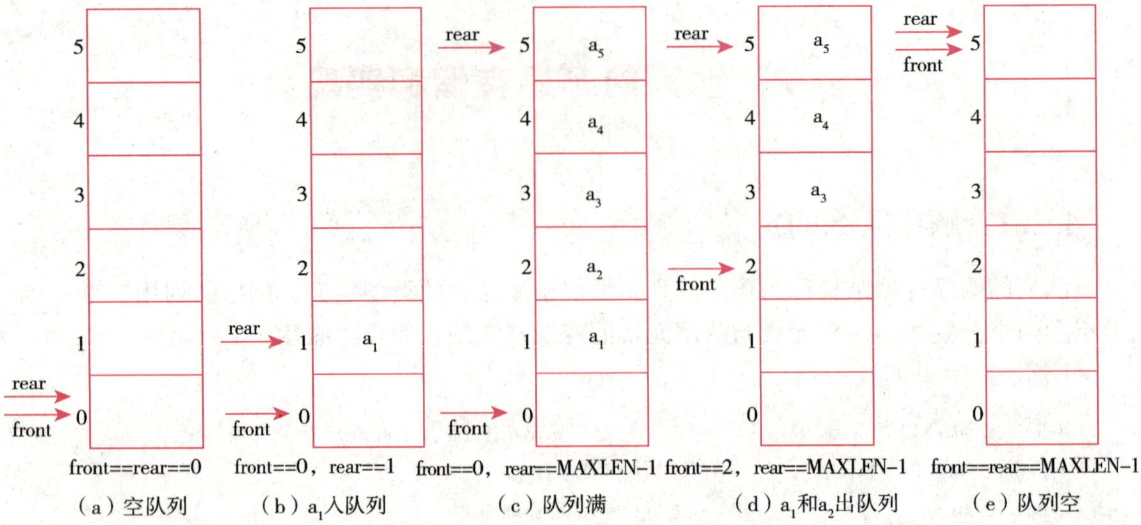

图 4.2　顺序队列状态图

顺序队列的这种顺序存储方式会产生假溢出。如图 4.2(e)所示状态下，此时若想入队，则进行的操作是 rear+1，但此时 rear+1 = = MAXLEN，表示队满，已不能再入队；但由图 4.2(e)可以看出，队列中的低下标端还有很多空余位置，这就是顺序队的“假溢出”现象。

克服假溢出的方法通常有两种：①将队列中的所有元素均向最前端的位置移动；②采用循环队列。但因为第①种方法操作费时，所以通常采用第②种方法来解决顺序队列的“假溢出”。

4.2.3　循环队列

(1) 循环队列的定义

将顺序存储队列的元素的一维数组首尾相接，形成一个环状。循环队列仍然是顺序队列结构，并且充分利用了数组空间，图 4.2 所示状态对应循环队列状态如图 4.3 所示。

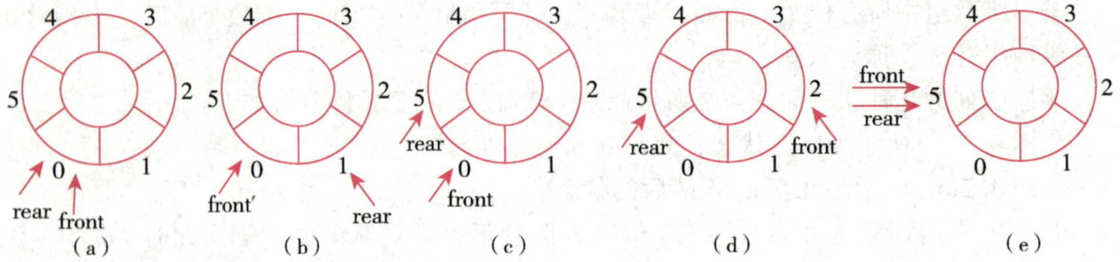

图 4.3　循环队列状态图

假设队列开辟的数组单元数为 MAXLEN，它的数组下标在 0～MAXLEN-1，若使队头或队尾增 1，可以利用取模运算实现。

入队时的队尾指针加 1 操作修改为：

rear=(rear+1)%MAXLEN;

出队时的队头指针加1操作修改为：

front=(front+1)&MAXLEN;

(2)循环队列基本操作实现

①初始化。

循环队列的初始化操作就是创建一个空队列，并将队列的队头指针与队尾指针同时置为0，如算法描述4.2所示。

【算法描述4.2】

```
void  InitCirQueue(CirQueue  *CQ){
    CQ->front=CQ->rear=0;
}
```

②判断是否为空队列。

判断一个循环队列是否为空即判断front与rear的值是否相等。

【算法描述4.3】

```
int  EmptyCirQueue(CirQueue  *CQ){
    if(CQ->front==CQ->rear)
        return 1;
    else
        return 0;
}
```

③判断是否为满队列。

【算法描述4.4】

```
int  FullCirQueue(CirQueue  *CQ){
    if((CQ->rear+1)%MAXLEN==CQ->front)
        return 1;
    else
        return 0;
}
```

④元素入队。

在循环队列中，元素入队前需先判断此循环队列是否为满((CQ->rear+1)%MAXLEN==CQ->front)，若为满则可能出现数据上溢；若队列未满，则尾指针rear循环加1，然后将数据通过赋值存储到尾指针rear所指向的位置。

【算法描述4.5】

```
void InsertCirQueue(CirQueue  *CQ,DataType x){
    if((CQ->rear+1)%MAXLEN==CQ->front){
```

```
        printf("队列已满,无法入队! \n");
        exit(1);
    }
    else{
        CQ->rear=(CQ->rear+1)%MAXLEN;
        CQ->data[CQ->rear]=x;
    }
}
```

⑤元素出队。

在循环队列中，元素出队前需判断此循环队列是否为空队列(CQ->front==CQ->rear)，若为空队列则会出现数据下溢；若为非空队列，则队头指针 front 值循环减 1。

【算法描述 4.6】

```
DataType  DeleteCirQueue(CirQueue *CQ,DataType x){
    if(CQ->front==CQ->rear){
        printf("队列为空,无法出队! \n");
        exit(1);
    }
    else{
        CQ->front=(CQ->front+1)%MAXLEN;
        x=CQ->data[CQ->front];
        return  x;
    }
}
```

⑥读取队头元素。

在循环队列中，读取队头元素需判断此循环队列是否为空队列(CQ->front==CQ->rear)，若为空队列则读取失败；否则直接返回队头指针指向的循环下一空间中数据。

【算法描述 4.7】

```
DataType  GetCirQueue(CirQueue *CQ){
    int p;
    if(CQ->front==CQ->rear){
        printf("队列为空,无法读取! \n");
        exit(1);
    }
    else{
        p=(CQ->front+1)%MAXLEN;
        return CQ->data[p];
    }
}
```

⑦输出队列元素。

输出循环队列元素需判断此循环队列是否为空队列(CQ->front==CQ->rear)，若为空队列则输出失败；否则从队头元素开始逐一输出每个元素。

【算法描述 4.8】

```
void  PrintCirQueue(CirQueue *CQ){
  int i=CQ->front;
  if(CQ->front==CQ->rear){
    printf("队列为空,无法读取! \n");
  }
  else{
    while(i!=CQ->rear){
      i=(i+1)%MAXLEN;
      printf("%d\t",CQ->data[i]);
    }
  }
}
```

循环队列可以有效解决普通顺序队列的假溢出问题，但是在操作中还需要一些常规判断，否则也会出现数据的上溢或下溢情况，因此需要特别注意算法实现过程中的基本判断语句的编写。

4.3　队列的链式存储和实现

(1)队列的链式存储结构

通常将采用链式存储的队列称为链队列。队列的链式存储结构的实现通常是以“单链表”作为存储结构。由于队列的特点，只能在队头进行删除操作，在队尾进行插入操作，所以链队列是一个同时带有头指针和尾指针的单链表。头指针指向表头结点，而尾指针则指向队尾元素。链队列结构示意图如图 4.4 所示。

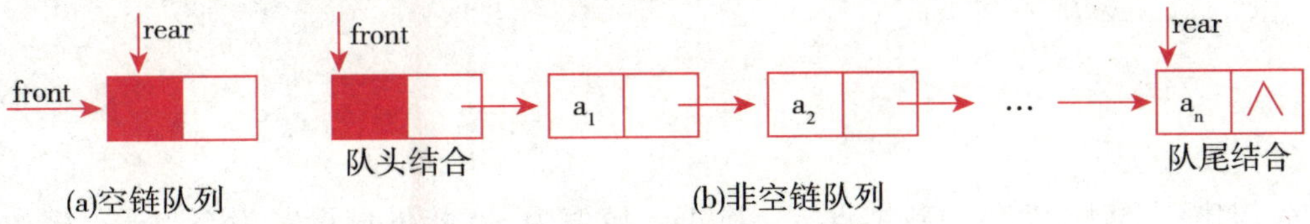

图 4.4　链队列结构示意图

(2)链队列的类型定义

【算法描述 4.9】

```
typedef struct qnode{            //定义结点结构
```

```
    DataType data;
    struct qnode * next;
}QNode;

typedef struct{                    //定义链队列结构
    QNode * front;
    QNode * rear;
}Queue, * QueueList;
```

(3)链队列的基本操作实现

①初始化。

首先创建一个空链队列，将头指针与尾指针指向头结点即可。

【算法描述 4.10】

```
QueueList initNode(){
    QNode * QN=(QNode * )malloc(sizeof(QNode));
    QueueList LQ=(Queue * )malloc(sizeof(Queue));
    QN->next=NULL;
    LQ->front=QN;
    LQ->rear=QN;
    return LQ;
}
```

②空队列判断。

判断链队列是否为空，即判断队头指针与队尾指针是否指向相同结点。

【算法描述 4.11】

```
int  EmptyLinkQueue(LinkQueue  LQ){
    if( LQ->front= = LQ->rear)            //队列为空
        return  1;
    else
        return  0;
}
```

③元素入队。

先创建一个以 x 为值的新结点 p，其 data 域值为 x，指针域设置为空。通过修改指针域将新结点 p 作为新的队尾元素。元素入队操作过程如图 4.5 所示。

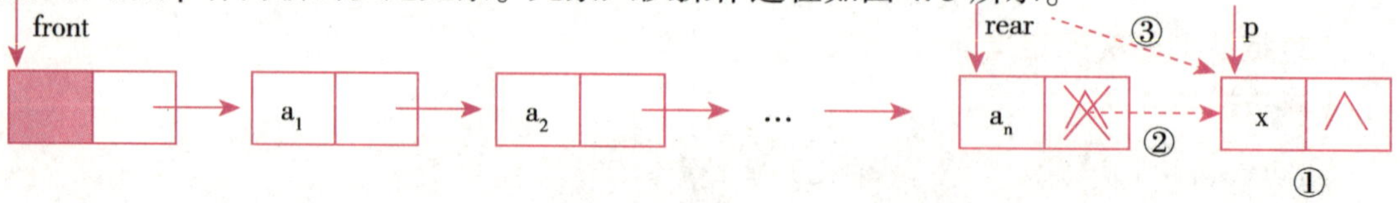

图 4.5　链队列元素入队示意图

【算法描述 4.12】

```
LinkQueue  InsertLinkQueue(LinkQueue LQ,DataType  x){  //元素入队列
  QNode  *p=(QNode  *)malloc(sizeof(QNode));         // 为新元素申请结点空间
  if(p==NULL){
    printf("结点空间申请失败! \n");
    exit(1);
  }
  else{
    p->data=x;                 //设置结点数据域
    p->next=NULL;              //设置结点指针域
    LQ->rear->next=p;          //将新结点设置为队列最后一个结点
    LQ->rear=p;                //尾指针指向最后结点
    return LQ;
  }
}
```

④元素出队。

链队列中只有队头元素才可以出队，在操作前需判断栈是否为空，若为空则不能出队；队列非空时只需把队头结点的指针域指向队头元素的下一个结点即可。但被删除的结点元素虽从链队列中删除，却仍然在存储空间中，所以删除结点前应先暂存结点空间地址，以备从存储空间中彻底删除。元素出队操作过程如图 4.6 所示。

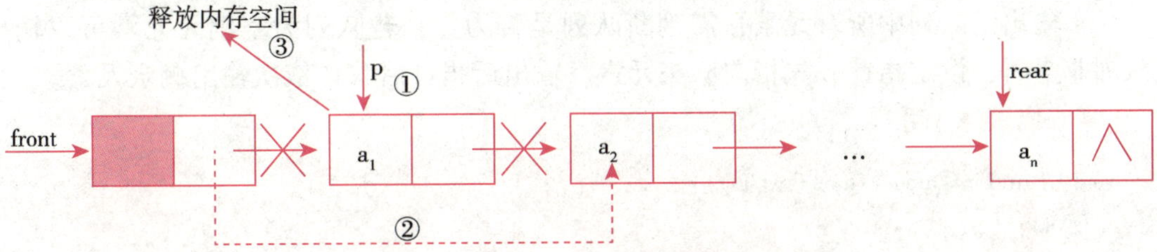

图 4.6　链队列元素出队列示意图

【算法描述 4.13】

```
QueueList  DeleteLinkQueue(QueueList LQ){
    QNode  *p;
  DataType x;
  if(LQ->front==LQ->rear){
    printf("队列为空! \n");
    exit(1);
  }
  else{
    p=LQ->front->next;                //存储删除元素的结点地址
```

```
        x=p->data;                    //存储删除结点的元素值
        LQ->front->next=p->next;      //修改指针,将队头元素从队列中删除
          free(p);                    //释放队头元素指针
      }
    return LQ;
}
```

⑤获取队头元素。

在链队列非空的情况下获取队列元素时只能通过队头指针 front 获取栈顶元素，而队中元素不发生变化。

【算法描述 4.14】

```
DataType   GetHeadLinkQueue(QueueList LQ){
    if(LQ->front==LQ->rear){
      printf("队列为空！\n");
      exit(1);
    }
    else
      return LQ->front->next->data ;
}
```

⑥显示队列元素。

显示输出链队列中所有元素，需判断队列是否为空，若队列为空则无元素可以输出；链队列非空时，设定指针 p 先指向队头元素，输出后指针后移，依次输出剩余元素。

【算法描述 4.15】

```
void   PrintLinkQueue(QueueList LQ){
    QNode *p;
    if(LQ->front==LQ->rear){
      printf("队列为空！\n");
      exit(1);
    }
    else{
      p=LQ->front->next;
      while(p!=LQ->rear->next){
        printf("%d\t",p->data);
        p=p->next;
      }
      printf("\n");
    }
}
```

4.4 队列应用举例

4.4.1 队列在输入、输出管理中的应用

在计算机进行数据输入、输出处理时，由于外部设备的速度远远低于CPU数据处理的速度，此时可以设定一个“队列缓冲区”进行缓冲。当计算机要输出数据时，将计算机的数据按块(例如每块256 B)逐个添加到“队列缓冲区”的尾端，而外部设备则按照其输出速度从队头逐个取出数据块输出。这样，虽然输出数据速度较慢，但能保证与计算机输出的数据有完全相同的次序，而不致发生输出次序混乱或数据丢失。

例如，一个局域网上有一台共享的网络打印机，局域网上每个用户都可以将数据发送到网络打印机进行打印。为了保证能够正常打印，操作系统为网络打印机生成一个“作业队列”，每个申请打印的“作业”应按先后顺序进行排队，打印机从“作业”队列中逐一获取作业进行打印。

在实际应用中，队列应用的例子很多，如加油站加油、食堂打饭、窗口买票、机场安检等，这些事件的基本原理都是排在前面的先处理(即先进先出)。

4.4.2 对CPU的分配管理

一般的计算机系统只有一个CPU，如果在系统中有多个进程都满足运行条件，就可以用一个就绪队列进行管理。当某个进程需要运行时，它的进程名就被插入就绪队列的尾端。如果此队列是空的，CPU就立即执行该进程；如果此队列非空，则该进程需要排在队列的尾端等待。CPU总是首先执行排在队头的进程，一个进程分配的一段时间执行完，又将它插入队尾等待，CPU转而为下一个出现在队头的进程服务。如此，按“先进先出”的原则一直进行下去，直到执行完的进程从队列中逐个删除掉。

4.4.3 优先队列

在实际应用中，往往需要根据任务的优先级别来决定先做最重要的事情，这时必须对“先进先出”的规则进行适当修改。假设每个元素都有一个相当于权的数据项，那么就可以根据权值的大小来决定元素出队的顺序。也就是说，在队列中哪一个优先级最高，哪一个就优先出队。这种按优先级高低决定出队顺序的队列，称为优先队列。优先队列的一个典型应用就是批处理操作系统中的作业处理。每个作业都有一个优先级，系统在处理文件时，并不是根据一般队列的“先进先出”原则，而是根据文件优先级的高低来选择处理对象。优先队列中的每一个元素都有一个被称为权的数据项，权的大小决定了元素的优先级。实现优先队列有两种方法：

①按权的大小进行插入，使整个队列始终保持按优先级次序排列的状态；而删除操作

则和普通队列一样，只删除队头元素。

②插入操作和普通队列一样，只在队尾进行插入；而删除操作则根据元素的优先级进行，即只能删除优先级最高的元素。

4.4.4 舞伴问题

有男女若干人参加华尔兹舞会，男女各排一队。舞曲响起，依次从男女队伍的队头出一人配成舞伴。若两队初始人数不相同，则较长的一队中并未配对的人等待下一轮舞曲。

在此种问题中，可以设置两个队列分别存放男士和女士入队者，先入队列的男士或女士先出队列配成舞伴。假设男士和女士存储在一个数组中作为输入，然后依次扫描该数组的各元素，并根据性别确定进入男队或女队。两队列构造完成后，依次将两队的队头元素出队列配对成舞伴，直至其中一队列为空，另一队列中元素等待下一轮舞曲时优先出队列进行舞伴配对。

【算法描述 4.16】舞伴配对算法函数

```
void  DancePartner( ) {
   DataType x;                              //3 位整数表示舞者信息,末尾数表示性别,1 代表男,2 代表女
   Queue   Q1;                              //男队
   Queue   Q2;                              //女队
   InitQueue( &Q1) ;
   InitQueue( &Q2) ;
   printf("请输入舞者信息:\n");
   scanf("%d",&x);
   while(x!=0) {
     if(x%10==1)                            //男士,入 Q1 队列
        InsertQueue( &Q1,x) ;
     if(x%10==2)                            //女士,入 Q2 队列
        InsertQueue( &Q2,x) ;
     scanf("%d",&x);
   }
   printf("本舞曲的男女舞伴为:\n");
   while(! EmptyQueue( &Q1)&&! EmptyQueue( &Q2) ) {
     x=DeleteQueue( &Q1) ;
     printf("%d\t",x);
     x=DeleteQueue( &Q2) ;
     printf("%d\n",x);
   }
   if(! EmptyQueue( &Q1) )
     printf("下支舞曲的第一位男士舞伴为:%d\n",GetHeadQueue( &Q1) ) ;
   if(! EmptyQueue( &Q2) )
```

```
    printf("下支舞曲的第一位女士舞伴为:%d\n",GetHeadQueue(&Q2));
}
```

若跳舞者总人数为n，则算法的时间复杂度为O(n)，空间复杂度取决于两个队列的长度，因为两个队列的长度之和小于或等于n，因此空间复杂度也为O(n)。

4.5 小 结

队列是操作受限的线性表。

队列只允许在表的一端进行插入操作，而在另一端进行删除操作，称允许进行插入操作的一端为队尾，允许进行删除操作的为队头。

队列可以采用顺序存储，也可以采用链式存储。

队列的操作特点为先进先出。

习 题

一、选择题

1. 下列关于队列的叙述中正确的是(　　)。

　A. 在队列中只能插入数据　　B. 在队列中只能删除数据

　C. 队列是先进先出的线性表　　D. 队列是先进后出的线性表

2. 存放循环队列元素的数组data有10个元素，则data数组的下标范围是(　　)。

　A. 0~10　　B. 0~9　　C. 1~9　　D. 1~10

3. 一个队列的入队顺序为1 2 3 4 5，则下列序列中(　　)是队列的出队序列。

　A. 1 2 3 4 5　　B. 5 4 3 2 1　　C. 2 3 1 4 5　　D. 2 3 4 1 5

4. 在具有n个单元的顺序存储的循环队列中，假定front和rear分别为队头指针和队尾指针，则判断队空的条件是(　　)。

　A. front==rear+1　B. front+1==rear　　C. front==rear　　D. front==0

5. 在具有n个单元的顺序存储的循环队列中，假定front和rear分别为队头指针和队尾指针，则判断队满的条件是(　　)。

　A. rear%n==front　　B. (rear-1)%n==front

　C. (rear-1)%n==rear　　D. (rear+1)%n==front

6. 设循环队列A[n]的队头指针为front，队尾指针为rear，当插入元素时队尾指针rear加1，队头指针front总是指向队列中第一个元素的前一个位置，则队列中元素个数计数为(　　)。

　A. rear-front　　B. n-(rear-front)

　C. (rear-front+n)%n　　D. (front-rear+n)%n

7. 若某循环队列有队头指针front和队尾指针rear，在队不满时进队操作仅会改变(　　)。

A. front　　B. rear　　C. front 和 rear　　D. 以上都不对

8. 循环队列 qu 的队满条件(front 队头指针指向队头元素的前一个位置，rear 队尾指针指向队尾元素)是(　　)。

A. (qu. rear+1)%MaxSize==(qu. front+1)%MaxSize

B. (qu. rear+1)%MaxSize==qu. front+1

C. (qu. rear+1)%MaxSize==qu. front

D. qu. rear==qu. front

9. 循环队列 qu 的队空条件(front 队头指针指向队头元素的前一个位置，rear 队尾指针指向队尾元素)是(　　)。

A. (qu. rear+1)%MaxSize==(qu. front+1)%MaxSize

B. (qu. rear+1)%MaxSize==qu. front+1

C. (qu. rear+1)%MaxSize==qu. front

D. qu. rear==qu. front

10. 设循环队列的存储空间为 a[0…20]，且当前队头指针(f 指向队头元素的前一位置)和队尾指针(r 指向队尾元素)的值分别为 8 和 3，则该队列中的元素个数为(　　)。

A. 5　　B. 6　　C. 16　　D. 17

11. 若用一个大小为 6 的数组来实现循环队列，且当前 front 和 rear 的值分别为 3 和 0，当从队列中删除一个元素，再加入两个元素后，front 和 rear 的值分别为(　　)

A. 5 和 1　　B. 4 和 2　　C. 2 和 4　　D. 1 和 5

12. 设循环队列中数组的下标是 0~N-1，其队头、队尾指针分别为 f 和 r(f 指向队头元素的前一位置，r 指向队尾元素)，其元素个数为(　　)。

A. r-f　　B. r-f-1　　C. (r-f)%N+1　　D. (r-f+N)%N

13. 在一个链队列中，假定 front 和 rear 分别为队头指针和队尾指针，则进行插入 *s 结点的操作时应执行(　　)。

A. front->next=s；front=s;　　B. rear->next=s；rear=s;

C. front=front->next;　　D. front=rear->next;

14. 在单链表存储队列时，队列在进行删除操作时(　　)。

A. 仅修改队头指针　　B. 仅修改队尾指针

C. 队头、队尾指针都要修改　　D. 队头、队尾指针都可能要修改

二、填空题

1. 队列只能在__________位置插入元素，只能在__________位置删除元素。
2. 最大容量为 n 的循环队列，队尾指针是 rear，队头是 front，则队满条件是__________，队空条件是__________。
3. 循环队列的引入是为了克服__________现象。
4. 队列在进行入队操作时，首先要判断是否为__________；在进行出队操作时，首先要判断是否为__________。

5. 若在一个大小为 8 的数组上实现循环队列，且当尾指针 rear = 2，头指针 front = 7 时，问此时队列中有__________个元素。

三、判断题

1. 循环队列占用的空间必须连续。 (　　)
2. 判断顺序队列为空的标准是头指针和尾指针都指向同一个结点。 (　　)
3. 在链队列上进行出队操作时，会改变 front 指针的值。 (　　)
4. 在循环队列中，若尾指针 rear 大于头指针 front，其元素个数为 rear−front。 (　　)
5. 链队列在一定范围内不会出现队满的情况。 (　　)
6. 在循环链队列中无溢出现象。 (　　)
7. 顺序队和循环队关于队满和队空的判断条件是一样的。 (　　)
8. 队列既可以是顺序存储，也可以是链式存储。 (　　)

四、综合应用题

1. 写出下面程序段的执行结果。

```
typedef charDataType;
int main(){
  Queue Q;
  InitQueue (&Q);
  char x='e', y='c';
  InsertQueue (&Q,'h');
  InsertQueue (&Q,'r');
  x=DeleteQueue(&Q);
  InsertQueue(&Q,x);
  x=DeleteQueue (&Q);
  InsertQueue (&Q,'a');
  printf ("%c", y);
  while(! EmptyQueue(&Q)){
    y=DeleteQueue(&Q);
    printf ("%c", y);
  }
  printf("%c",x);
  return 0;
}
```

2. 简述线性表、栈、队列的异同。
3. 一个用单链表组成的循环队列，只设一个尾指针 rear，不设头指针，请编写如下算法：
(1) 向循环队列中插入一个元素为 x 的结点；
(2) 从循环队列中删除一个结点。

第 5 章 串、数组和广义表

计算机上的非数字处理对象大部分是字符串数据，简称串。串是一种特殊的线性表，其特殊性在于它的每个数据元素都由一个字符组成，也就是说，串是一种内容受限的线性表。为了有效地对字符串进行处理，要了解串的内部表示和处理过程，从而根据具体情况使用合适的存储结构。本章首先讨论串的定义、存储结构和基本操作，重点讨论串的模式匹配算法；然后讨论多维数组和广义表，这可以看成线性表的一种扩充。高级语言都支持数组，本章的重点在于讨论数组的内部实现。广义表也称为列表(Lists，用复数形式以示与一般表 List 区别)，它是广泛用于人工智能等领域的表处理语言，本章的重点讨论广义表的基本概念和存储结构。

学习目标

掌握串的概念。
掌握串的顺序存储和链式存储结构。
掌握串的模式匹配算法。
掌握多维数组的存储顺序、存储结构及地址计算。
了解广义表的定义及常用操作。

思政目标

串的模式匹配与生活中的信息检索相关，都是利用碎片式信息进行模糊查询。串的模式匹配难度较大，鼓励学生要勇于克服困难，勇攀高峰。由视频、图片等多维数据存储在一维内存中引出多维数组转换为一维数组，计算数组的地址时鼓励学生认真细心。

5.1 串

5.1.1 串的定义及基本运算

(1) 串的定义

串(string)是由零个或任意多个字符组成的有限序列。一般记为

$$S="a_1a_2\cdots a_n"\ (n\geq 0)$$

其中，S 为串名，在本章节中用双引号作为串的定界符，引号括起来的字符序列为串值，$a_i(1\leq i\leq n)$可以是字母、数字或其他字符，n 为串的长度。

(2) 串的相关术语

①空串。不含任何字符的串称为空串，即串的长度 n=0 时的串为空串。

②空格串。由一个或多个称为空格的特殊字符组成的串称为空格串，它的长度是串中空格字符的个数。

③子串。串中任意个连续的字符组成的子序列称为该串的子串。另外，空串是任意串的子串，任意串是自身的子串。

④主串。包含子串的串称为该子串的主串。

⑤模式匹配。子串的定位运算又称为串的模式匹配，是求子串在主串中第一次出现的第一个字符的位置。

⑥两个串相等。指两个串的长度相等且各个位置上对应的字符也都相同。

(3) 串的基本操作

串的基本操作有很多，下面介绍部分基本运算。

①串的赋值 StrAssign(S，chars)。

初始条件：chars 是字符串常量。

操作结果：生成一个值等于 chars 的串 S。

②串的复制 StrCopy(S，T)。

初始条件：串 S 存在。

操作结果：由串 T 复制得串 S。

③求串长度 StrLength(S)。

初始条件：串 S 存在。

操作结果：返回串 S 的长度，即串 S 中的元素个数。

④串的连接 StrCat(S，T)。

初始条件：串 S 和 T 存在。

操作结果：将串 T 的值连接在串 S 的后面。

⑤求子串 SubString(Sub，S，pos，len)。

初始条件：串 S 存在，1≤pos≤StrLength(S)且 1<len≤StrLength(S)-pos+1。

操作结果：用 Sub 返回串 S 的第 pos 个字符起长度为 len 的子串。

⑥串的定位(也称模式匹配)StrIndex(S，T)。

初始条件：串 S 和 T 存在，T 是非空串。

操作结果：若串 S 中存在与串 T 相同的子串，则返回它在串 S 中第一次出现的位置；否则返回-1，代表错误的值。

⑦串的插入 StrInsert(S，pos，T)。

初始条件：串 S 和 T 存在，1≤pos≤StrLength(S)+1。

操作结果：在串 S 的第 pos 个字符前插入串 T。

⑧串的删除 StrDelete(S，pos，len)。

初始条件：串 S 存在，1≤pos≤StrLength(S)且 1≤len≤StrLength(S)-pos+1。

操作结果：从串 S 中删除第 pos 个字符起长度为 len 的子串。

⑨串的替换 StrReplace(S，pos，len，V)。

初始条件：串 S，V 存在。

操作结果：用 V 替换串 S 中从第 pos 个字符开始长度为 len 的子串。

⑩判断串空 StrEmpty(S)。

初始条件：串 S 存在。

操作结果：若串 S 为空串，则返回 1；否则返回 0。

⑪串的比较 StrCompare(S，T)。

初始条件：串 S 和 T 存在。

操作结果：若S>T，则返回值大于0；若S=T，则返回值等于0；若S<T，则返回值小于0。

⑫串的相等判断 StrEqual(S，T)。

初始条件：串 S 和 T 存在。

操作结果：若 S 与 T 相等，则结果为 1；若 S 与 T 不相等，则结果为 0。

⑬串的清空 StrClear(S)。

初始条件：串 S 存在。

操作结果：将 S 清为空串。

⑭输出串 DispStr(S)。

初始条件：串 S 存在。

操作结果：显示串 S 的所有字符。

5.1.2 串的存储结构

(1)顺序串存储

与线性表的顺序存储一样，用一组地址连续的存储单元存储串的字符序列，构成串的顺序存储，简称顺序串。

顺序串的类型定义与顺序表的定义相似，可以用一个字符型数组和一个整型变量表示，其中字符数组存储串，整型变量表示串的长度。具体的算法实现代码可以参考线性表的顺序存储实现代码。

如串 S="software"，字符串从 S.data[0]单元开始存放，用'\0'来表示串的结束，则串 S 的存储示意图如图 5.1 所示。

元素存储	's'	'o'	'f'	't'	'w'	'a'	'r'	'e'	'\0'	……	
数组下标	0	1	2	3	4	5	6	7	8		MAXLEN-1

图 5.1 串的顺序存放示意图

串的顺序存储结构定义描述如下。

【算法描述 5.1】串的顺序存储结构定义

```
#define MaxLen 100
typedef struct{
   char str[MaxLen];        //存储字符串的数组,最大长度 MaxLen
```

```
    int curlen;              //字符串当前长度
}SString;
```

下面介绍顺序存储结构下，串的部分常用基本运算实现。

①串的赋值 StrAssign(S，chars)。

【算法描述 5.2】串的顺序存储结构下的赋值

```
void StrAssign(SString *S,char chars[ ]){          //生成一个值等于 chars 的串
    int  i,j;
    for(j=0;j<strlen(chars);j++)
       for(i=0;i<j;i++)
          s->str[i]=chars[i];
       s->curlen=strlen(chars);
}
```

②串的复制 StrCopy(S，T)。

【算法描述 5.3】串的顺序存储结构下的复制

```
void StrCopy(SString *S,SString *T){          //将串 T 中的内容赋值到串 S 中
    int i;
    for(i=0;i<=t->curlen;i++)
          s->str[i]=t->str[i];
       s->curlen=t->curlen;
}
```

③串的相等判断 StrEqual(S，T)。

【算法描述 5.4】顺序存储结构下两串的比较

```
int StrEqual(SString *S,SString *T){
    int i,j;
    if(s->curlen= =t->curlen)              //首先判断两个串的长度是否相等
       for(i= 0;i<s->curlen;i++){          //长度相等则继续比较对应位置的每个字符是否相等
          if(s->str[i]= =t->str[i])        //若对应位置字符也相等,则判定两个串相等,返回 1
             j=1;
          else{
             j=0;
             break;
          }
       }
       else                                /*长度不相等则判定两个串不相等,返回 0*/
          j=0;
    return j;
}
```

④求串长度 StrLength(S)。

【算法描述 5.5】顺序存储结构下求串的长度

```
int Length(SString *s){              //返回串的元素个数
    return s->curlen;
}
```

⑤串的连接 StrCat(S, T)。

串的连接运算是将两个串 S 和 T 的串值分别传送到新串 ch 的相应位置，超过 MaxLen 部分截去。其运算结果可能有 3 种情况：

- s->curlen+t->curlen≤MaxLen，得到的串 ch 是正确的结果；
- s->curlen+t->curlen>Maxlen，而 s->curlen<MaxLen，则 T 的一部分截去，得到的新串 ch 中只包含 T 的一个子串；
- s->curlen=Maxl. en，则得到的新串 ch 中只含有 S 一个串。

下面的算法实现只针对第一种情况，其他两种情况可修改程序自己添加。

【算法描述 5.6】顺序存储结构下串的连接算法

```
void StrCat(SString *ch,SString *s,SString *t){
//将串 T 的第一个字符紧接在串 S 的最后一个字符之后并存储在 ch 中
    int i;                                     //计算新串的长度
    ch->curlen=s->curlen+t->curlen;            //新串长度
//将 s->str[0]至 s->str[s->curlen-1]复制到 ch->str[0]至 ch->str[s->curlen-1]
    for(i=0;i<s->curlen;i++)
        ch->str[i]=s->str[i];
    //t->str[0]至 t->str[t->curlen-1]复制到 ch->str[s->curlen]至 ch->str[ch ->curlen-1]
    for(i=0;i<t->curlen;i++)
        ch->str[s->curlen+i]=t->str[i];
    ch->str[ch->curlen]='\0';                  //在新串的最后添加串的结束符
}
```

⑥求子串 SubString(Sub, S, pos, len)。

【算法描述 5.7】顺序存储结构下的求子串算法

```
void  SubString(SString *Sub,SString *S,int pos,int len){
                    //求串 S 中从第 pos 个字符开始长度为 len 的字符序列并存储至 Sub 中
    int i,j=0;
    if((pos>=1&&pos<=S->curlen)&&(len>=0 &&len<=S->curlen-pos+1)){
        for(i=pos-1;i<len+pos-1;i++)      //将 s->str[pos-1]至 s->str[len+pos-2]复制至 Sub
            Sub->str[j++]=S->str[i];
        Sub->curlen=len;
        Sub->str[Sub->curlen]= '\0';
```

```
    }
    else
        printf(" \nerror! \n");                //参数不正确时返回错误信息
}
```

⑦判断串空 StrEmpty(S)。

【算法描述 5.8】顺序存储结构下的空串判断算法

```
int Empty(SString *S){
    if(S->curlen==0)
        return 1;
    else
        return 0;
}
```

⑧串的插入 StrInsert(S, pos, T)。

【算法描述 5.9】顺序存储结构下串的插入算法

```
int StrInsert(SString *S,int pos,SString *T){
    int i;
    if(pos+1<1||pos+1>S->curlen+1)
        return 0;
    if(S->curlen+T->curlen<=MaxLen){
        for(i=S->curlen;i>=pos;i--)
            S->str[i+T->curlen]=S->str[i];
        for(i=pos;i<pos+T->curlen;i++)
            S->str[i]=T->str[i-pos];
        S->curlen=S->curlen+T->curlen;
        S->str[S->curlen]='\0';
        return 1;
    }
    else{
        for(i=MaxLen;i<=pos;i--)
            S->str[i]=S->str[i-T->curlen];
        for(i=pos;i<pos+T->curlen;i++)
            S->str[i]=T->str[i-pos];
        S->curlen=MaxLen;
        return 0;
    }
}
```

⑨串的删除 StrDelete(S, pos, len)。

【算法描述 5.10】顺序存储结构下串的删除算法

```
int Delete(SString *S,int pos,int len){
  int i;
  if(pos<1||pos>S->curlen-len+1||len<0)
    return 0;
  for(i=pos+len-1;i<=S->curlen;i++)
    S->str[i-len]=S->str[i];
  S->curlen=S->curlen-len;
  S->str[S->curlen]='\0';
  return 1;
}
```

⑩串的替换 StrReplace(S, pos, len, T)。

在串的替换算法中，先要判断 len 和将要被置换的字符串的串长关系，如果刚好相等，就让 T 从第一个元素开始，S 从第 pos 个元素开始逐一赋值；如果 T 的串长值比较小，用循环将 S 串中被替换的部分后面的字符前移，S 串中剩余的空间刚好用来存放 T；如果 T 的串长值比较大，则用循环将 S 串中被替换的部分后面的字符后移，这样剩余的空间刚好可以用来存放 T，具体实现如下。

【算法描述 5.11】顺序存储结构下串的替换算法

```
void Replace(SString *S,int pos,int len,SString *T){
  int k=0,l,n,m,p;
  l=pos+len;
  if(len==T->curlen){
    for(k= 0;k<T->curlen;k++){
      S->str[pos-1]=T->str[k];
      pos++;
    }
    S->curlen= S->curlen+T->curlen- len;
    S->str[S->curlen]='\0';
  }
  else
    if(len>T->curlen){
      while(S->str[l-1]!='\0'){
        m=len-T->curlen;
        S->str[l-m-1]=S->str[l-1];
        l++;
      }
      for(k=0;k<T->curlen;k++){
        S->str[pos-1]=T->str[k];
```

```
            pos++;
        }
    S->curlen=S->curlen+T->curlen- len;
    S->str[S->curlen]='\0';
    }
    else{
        if(len<T->curlen){
            p=n=S->curlen;
            while(n>=pos+len){
                m=T->curlen-len;
                S->str[n+m-1]=S->str[n-1];
                n--;
            }
            for(k=0;k<T->curlen;k++){
                    S->str[pos-1]=T->str[k];
            pos++;
        }
        S->curlen=p+T->curlen-len;
        S->str[S->curlen]='\0';
        }
    }
}
```

⑪串的定位 StrIndex(S, T)。

【算法描述 5.12】顺序存储结构下串的定位(经典)算法

```
int StrIndex(SString * S,SString * T){   //返回子串 T 在主串 S 中的位置。若不存在,则函数值为 0
  int i,j;
  i=0;
  j=0;
  while(i<s->curlen&&j<t->curlen){
    if(s->str[i]==t->str[j]){
      i++;
      j++;
    }
    else {                                  //指针后退重新开始匹配
      i=i-j+1;
      j=0;
    }
  }
```

```
    if(j==t->curlen)
        return i-t->curlen+1;
    else
        return 0;
}
```

⑫串的输出 StrPrint(S)。

【算法描述 5.13】顺序存储结构下串的输出

```
void StrPrint(SString * S){
    int i;
    for(i=0;i<S->curlen;i++)
        printf("%c",S->str[i]);
    printf("\n");
}
```

(2)链式串存储

对于长度不确定的字符串的输入，若采用定长字符串存储就会产生问题：存储空间定得大，而实际输入字符串长度小，则造成内存空间得浪费；反之，存储空间定得小，而实际输入字符串长度大，则不够存储。此时可采用链式存储的方法。

①链式存储的描述。

用链表存储字符串，每个结点有两个域：一个数据域(data)和一个指针域(next)。在串的链式存储结构中，有如下结构：

数据域(data)：存放串中的字符；

指针域(next)：存放后继结点的地址。

仍然以存储 S="software"为例，链式存储结构如图 5.2 所示。

- 链式存储的优点：插入、删除运算方便；
- 链式存储的缺点：存储、检索效率较低。

图 5.2　带头结点的非空单链表

②串的存储密度。

在各种串的处理系统中，所处理的串往往很长或很多。例如，一本书有几百万个字符，情报资料有几千万个条目，这就必须考虑字符串的存储密度。

存储密度=串值所占的存储位/实际分配的存储位

串的链式存储的存储密度小，存储空间浪费较多，此时可以考虑使用结点大小大于 1 的链表。如图 5.3 所示为结点大小为 3(即每个结点存储 3 个字符)的链表，由于串长不一定是结点大小的整数倍，则链表最后一个结点不一定全部被串值填满，此时可用'#'或非串值字符进行填充。

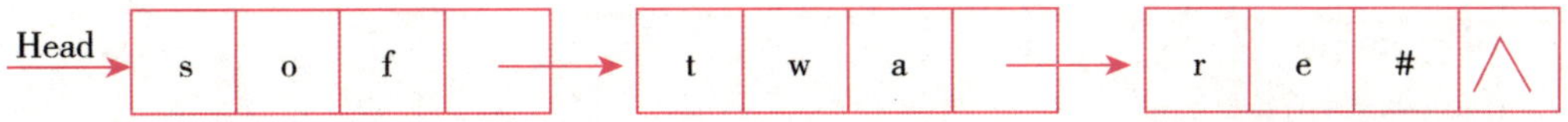

图 5.3　结点大小为 3 的链表

结点大小大于 1 的串的运算处理，特别是对串的连接等操作的实现比较方便。由于字符串的特殊性，用链表作为字符串的存储方式也不太实用，因此使用机会较少。

③串的基本运算在链式存储结构上的实现。

由于串的链式存储是内容受限的链式存储，操作也类似，所以这里只讨论针对串的常用操作。

【算法描述 5.14】串的结点大小为 1 的链式存储结构定义描述

```
typedef struct node{                    // 结点类型定义
  char   data;                          // 结点的数据域
  struct   node   * next ;              // 结点的指针域
}Node, * LinkString;
```

• 串的相等判断运算。

【算法描述 5.15】链式存储结构下判断两串是否相同的算法

```
int LinkStrEqual(LinkString s,LinkString t){
  while(s!=NULL &&t!=NULL && s->data==t->data){
    s=s->next;
    t=t->next;
  }
  if(s==NULL&&t==NULL)                  //串长相等且串中所有字符都相等,返回 1
    return 1;
  else
    return 0;
}
```

• 串的连接运算。

【算法描述 5.16】链式存储结构下判断串的连接的算法

```
LinkString LinkStrConcat(LinkString s,LinkString t){
  LinkString ptr,p,q;
  ptr=(Node  * )malloc(sizeof(Node));
  q=ptr;
  p=(Node  * )malloc(sizeof(Node));
  s=s->next;
  t=t->next;                        //将指针指向链表的第一个结点
  while(s!=NULL){                   //将串 s 中的字符连接到新的串结构中
    p->data=s->data;
```

```
        s=s->next;
        q->next=p;
        q=p;
        p=(Node *)malloc(sizeof(Node));
    }
    while(t!=NULL){                    //在新串的尾部连接串 t
        p->data=t->data;
        t=t->next;
        q->next=p;
        q=p;
        p= (Node *)malloc(sizeof(Node));
    }
    free(p);
    q->next=NULL;                      //将最后一个结点的指针域置空
    return ptr;
}
```

- 串的子串求解运算。

【算法描述 5.17】链式存储结构下求子串的算法

```
LinkString LinkSubStr (LinkString s,int pos,int len){
    LinkString ptr,p,q,r;
    int m;
    p=s->next;
    ptr=(Node *)malloc(sizeof(Node));
    ptr->next=NULL;
    ptr->data='\0';
    if(pos<=0||pos>StrPrint(s)||len<0||pos+len-1>StrPrint(s)){
        printf("给定的范围不合法! \n");
        return ptr;
    }
    else{
        q=(Node *)malloc(sizeof(Node));
        r=ptr;
        for(m=0;m<pos-1;m++)                //找到给定的位置
            p=p->next;
        for(m=1;m<=len;m++){                //将子串单独存放在一个链表里
            q->data=p->data;
            r->next=q;
            r=q;
            p=p->next;
```

```
        q=(Node *)malloc(sizeof(Node));
      }
      free(q);
      r->next=NULL;
      return ptr;
    }
  }
```

5.1.3　串的模式匹配

子串的定位运算通常称为串的模式匹配或串匹配，这种运算方法应用非常广泛，比如在搜索引擎、拼写检查、语言翻译、数据压缩等应用中，都需要进行串匹配。

设有两个字符串 S 和 T，设 S 为主串，也称为正文串；设 T 为子串，也称为模式。在主串 S 中查找与模式 T 相匹配的子串，如果匹配成功，确定相匹配的子串中的第一个字符在主串 S 中出现的位置。

著名的模式匹配算法有 BF 算法和 KMP 算法，下面详细介绍这两种算法。

(1) BF 算法

最简单直观的模式匹配算法是 BF(Brute-Force)算法，BF 算法也称为古典算法、经典算法、朴素算法、穷举算法等，具体算法步骤如下：

①将主串与模式串存储在两个一维数组中。

②将主串的第一个字符和模式串的第一个字符比较。

若相等，继续逐个比较后续字符；

若不等，从主串的下一字符起，重新与模式串的第一个字符比较。

③直到主串的一个连续子串字符序列与模式串相等。返回值为 S 中与 T 匹配的子序列第一个字符的序号，即匹配成功；否则，匹配失败。

主串 S="a b a b c a b"、模式串 T="a b c"的具体匹配过程如图 5.4 所示。

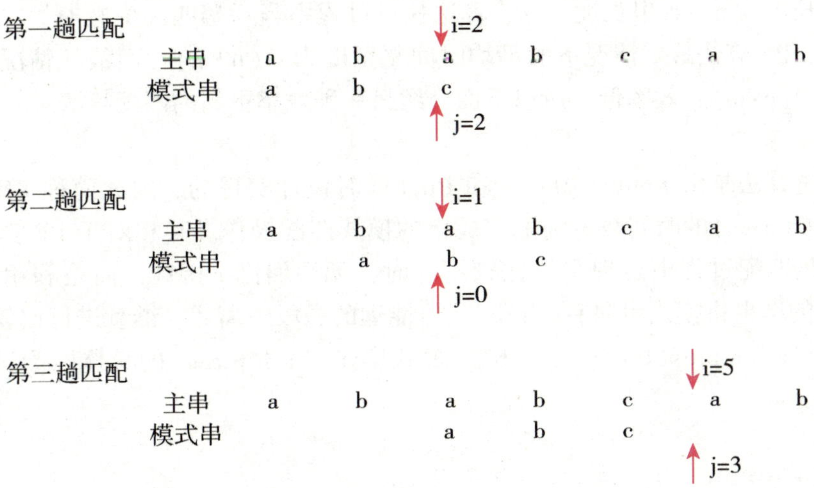

图 5.4　BF 算法的匹配过程

如图 5.4 所示，第一次匹配时主串与模式串指针初始置为 0，当匹配至模式串第 3 位(数组下标为 2)时匹配失败，主串指针置为 1，模式串指针重置为 0，进行下一趟匹配。第二趟匹配时模式串第一个字符匹配失败，主串指针置为 2，模式串指针重置为 0，进行下一趟匹配。第三趟匹配时，当模式串指针值等于模式串长度时，匹配成功，返回此次匹配初始时主串字符位置。

模式匹配不一定从主串的第一个位置开始，可以指定主串中查找的起始位置 pos。如果采用字符串顺序存储结构，可以写出不依赖其他串操作的匹配算法，如算法描述 5.18 所示。

【算法描述 5.18】

```
int Index_BF(SString *S,SString *T,int pos){        //S为主串,T为模式串,pos为主串初始匹配字符
  int  i=pos, j=0;
  while(i<=S->curlen && j<=T->curlen){             //两个串均未比较到串尾
    if(S[i].str==T[j].str){
       ++i;
       ++j;
    }
    else{
       i=i-j+1;
       j=1;
    }
  }
    if(j>T->curlen)
       return i-T->curlen;
    else
       return 0;
}
```

设主串长度为 n，子串长度为 m，算法执行过程中当一趟匹配失败时，主串指针都需要进行回溯，BF 算法最好情况下的平均时间复杂度为 O(n+m)，而最坏情况下的平均时间复杂度为 O(n×m)，效率低。所以下面介绍另一种效率更高的匹配算法。

(2) KMP 算法

这种改进算法是由 Knuth、Morris 和 Pratt 同时设计实现的，因此简称 KMP 算法。此算法可以在 O(n+m)的时间数量级上完成串的模式匹配操作。其相对于 BF 算法的改进在于：每当一趟匹配过程中出现字符比较不等时，无须回溯 i 指针，而是利用已经得到的“部分匹配”的结果将模式串向右“滑动”尽可能远的一段距离后，继续进行比较。

主串 S="a b a b c a b c a c b a b"，模式串 T="a b c a c"的具体匹配过程如图 5.5 所示。

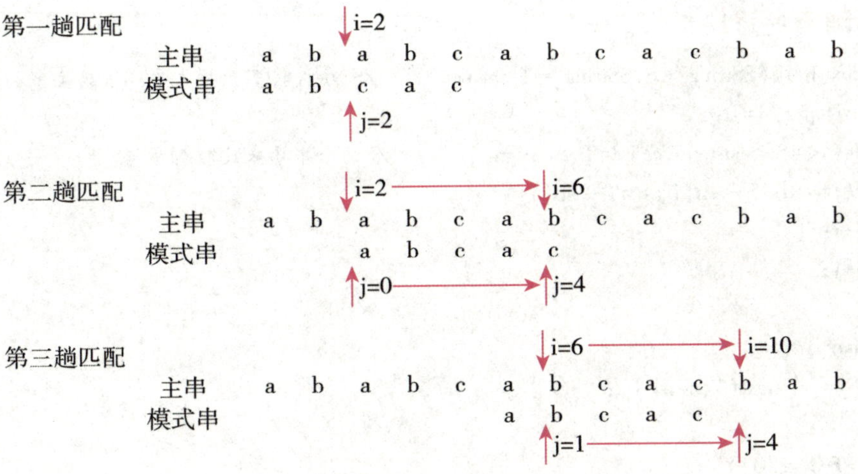

图 5.5　KMP 算法的匹配过程

假设主串为"$S_1S_2\cdots S_n$"，模式串为"$t_1t_2\cdots t_m$"，：由图 5.5 的分析可知，为了实现改进算法，需要解决下述问题：当匹配过程中产生"失配"(即 $s\neq t_i$)时，模式串"向右滑动"可行的距离有多远？换句话说，当主串中第 i 个字符与模式中第 j 个字符"失配"(即比较不等)时，主串中第 i 个字符(i 指针不回溯)应与模式中哪个字符继续比较？

假设此时应与模式串中第 k(k<j)个字符继续比较，则模式串中前 k-1 个字符的子串必须满足式(5.1)，且不可能存在 K>k 满足式(5.1)：

$$"t_1t_2\cdots t_{k-1}" = "S_{i-k+1}S_{i-k+2}\cdots S_{i-1}" \tag{5.1}$$

而已经得到的"部分匹配"的结果是

$$"t_{j-k+1}t_{j-k+2}\cdots t_{j-1}" = "S_{i-k+1}S_{i-k+2}\cdots S_{i-1}" \tag{5.2}$$

由式(5.1)和式(5.2)推得下列等式：

$$"t_1t_2\cdots t_{k-1}" = "t_{j-k+1}t_{j-k+2}\cdots t_{j-1}" \tag{5.3}$$

反之，若模式串中存在满足式(5.3)的两个子串，则当匹配过程中，主串中第 i 个字符与模式串中第 j 个字符比较不等时，仅需将模式串向右滑动至其第 k 个字符与主串中第 i 个字符对齐，此时，模式串中头 k-1 个字符的子串"$t_1t_2\cdots t_{k-1}$"必定与主串中第 i 个字符之前长度为 k-1 的子串"$S_{i-k+1}S_{i-k+2}\cdots S_{i-1}$"相等，由此，匹配仅需从模式串中第 k 个字符与主串中第 i 个字符开始，依次向后进行比较。

那么在匹配失败时，模式串指针移动的位置记为 next，即主串指针不变而模式串下一次指针的数值。若令 next[j]=k，则 next[j]表明当模式串中第 j+1 个字符与主串中相应字符"失配"时，在模式串中需重新和主串中该字符进行比较的字符的数组下标。由此可引出模式串的 next 函数的定义：

$$\text{next}[j]=\begin{cases}-1 & j=0(t_1 \text{ 与 } s_i \text{ 比较不相等时，下一步进行 } t_1 \text{ 与 } s_{i+1} \text{ 的比较})\\ \text{Max}\{k \mid 1<k<j \text{ 且有}"t_1t_2\cdots t_{k-1}"="t_{j-k+1}t_{j-k+2}\cdots t_{j-1}"\} & \\ 0 & k=1(\text{不存在相同子串，下一步进行 } t_1 \text{ 与 } s_i \text{ 的比较})\end{cases} \tag{5.4}$$

由此定义可推出模式串的 next 函数值，具体实现如算法描述 5.19 所示。

【算法描述 5.19】

```
int Index_KMP(SString *S,SString *T,int pos){    //S为主串,T为模式串,pos为主串初始匹配字符
  int  i=pos, j=0;
  while(i<=S->curlen && j<=T->curlen){        //两个串均未比较到串尾
    if(j==0||S->str[i]==T->str[j]){
    ++i;
    ++j;
    }
    else
      j=get_next(T,next[]);
  }
  if(j>T->str[0])
    return i-T->str[0];
  else
    return 0;
}
```

KMP 算法是在已知模式串的 next 函数值的基础上执行的，那么，如何求得模式串的 next 函数值呢？从上述讨论可见，此函数值仅取决于模式串本身，而和相匹配的主串无关，可从分析其定义出发用递推的方法求得 next 函数值。计算机 next 函数值的算法如算法描述 5.20 所示。

【算法描述 5.20】

```
int get_next(SString *T,int next[]){        //求模式串T的next函数值并存入数组next
  int i=0, j=0;
  next[0]=-1;
  while(i<T->str[0]){
  if(j==0||T->str[i]==T->str[j]){
    ++i;
    ++j;
    next[i]=j;
  }
  else
    j=next[j];
  }
  return j;
}
```

算法 5.20 的时间复杂度为 O(m)。通常，模式串的长度 m 比主串的长度 n 要小得多，因此，对整个匹配算法来说，所增加的这点时间是值得的。最后，要说明以下两点。

①虽然 BF 算法的时间复杂度是 O(n×m)，但在一般情况下，其实际的执行时间近似

于 O(n+m)，因此至今仍被采用。KMP 算法仅在模式与主串之间存在许多“部分匹配”的情况下，才显得比 BF 算法快得多。但是 KMP 算法的最大特点是指示主串的指针无须回溯，在整个匹配过程中，对主串仅需从头至尾扫描一遍，这对处理从外设输入的庞大文件很有效，可以边读入边匹配，而无须回头重读。

②前面定义的 next 函数在某些情况下尚有缺陷。例如，模式"aaaab"在和主串"aaabaaaab"匹配时，当 i=4、j=4 时 s. ch[4]≠t. ch[4]，由 next[j]的指示还需进行 i=4、j=3，i=4、j=2，i=4、j=1 三次比较。实际上，因为模式中第 1~3 个字符和第 4 个字符都相等，因此不需要再和主串中第 4 个字符相比较，而可以将模式连续向右滑动 4 个字符的位置直接进行 i=5、j=1 时的字符比较。这就是说，若按上述定义得到 next[j]=k，而模式中 $t_j=t_k$，则当主串中字符 s_i 和 t_j 比较不等时，不需要再和 t_k 进行比较，而直接和 $T_{next[k]}$ 进行比较，即此时的 next[j]应和 next[k]相同。由此可得计算 next 函数修正值的结果如算法描述 5.21 所示。

【算法描述 5.21】

```
int get_nextval(SString *T,int next[],int nextval[]){   //求模式串 T 的 next 函数值并存入数组 next
  int i=0, j=0;
  nextval[0]=-1;
  while(i<T->str[0]){
    if(j==0||T->str[i]==T->str[j]){
      ++i;
      ++j;
      if(T->str[i]!=T->str[j])
        nextval[i]=next[j];
      else
        nextval[i]=nextval[j];
    }
    else
      j=nextval[j];
    }
    return j;
}
```

5.2　数　组

5.2.1　数组定义及分类

数组是由类型相同的数据元素构成的有序集合，每个元素称为数组元素，每个元素受 n(n≥1)个线性关系的约束，每个元素在 n 个线性关系中的序号 i_1，i_2，…，i_n 称为该元素的下标，可以通过下标访问该数据元素。因为数组中每个元素处于 $n(n\geqslant1)$ 个关系中，故称该数组为 n 维数组。数组可以看成线性表的推广，其特点是结构中的元素本身可以是具有某种结构的数据，但属于同一数据类型。根据数组的规模，数组大致分为一维数组（向量）、二维数组（矩阵）及多维数组。

5.2.2 数组的顺序存储

数组一般不做插入或删除操作，也就是说，一旦建立了数组，则结构中的数据元素个数和元素之间的关系就不再发生变动。因此，采用顺序存储结构表示数组比较合适。

由于存储单元是一维的结构，而数组可能是多维的结构，则用一组连续存储单元存放数组的数据元素就有次序约定问题。在 C 语言中，一个二维数组类型可以定义为其分量类型为一维数组类型的一维数组类型；同理，一个 n 维数组类型可以定义为其数据元素为 n-1 维数组类型的一维数组类型。本章主要讨论二维数组与一维数组的存储转换。一维数组 a[10] 的存储结构如图 5.6 所示。

下标	0	1	2	3	4	5	6	7	8	9
a	35	27	49	18	60	54	77	83	42	21

图 5.6　一维数组存储结构

如图 5.6 所示，一维数组 a[10] 的存储空间首地址可以用数组名 a 表示，也可以用第一个元素空间 a[0] 表示。若每个元素占用存储空间为 L，数组下标为 i，$Loc(a_i)$ 代表元素 a_i 的存储地址，则数组中元素存储地址计算如式（5.5）所示：

$$Loc(a_i)=\begin{cases} a, & i=0 \\ Loc(i-1)+L=a+i\times L, & i>0 \end{cases} \tag{5.5}$$

对应地，对二维数组可以有两种存储方式：一种是以行序为主序的存储方式，如图 5.7 所示，二维数组 a[m][n] 中每个元素占用存储空间为 L，元素 $a_{i,j}$ 存储地址计算如式（5.6）所示；另一种是以列序为主序的存储方式，如图 5.8 所示，二维数组 a[m][n] 中每个元素占用存储空间为 L，元素 $a_{i,j}$ 存储地址计算如式（5.7）所示。

$a_{0,0}$	$a_{0,1}$	$a_{0,2}$
$a_{1,0}$	$a_{1,1}$	$a_{1,2}$

$a_{0,0}$	$a_{0,1}$	$a_{0,2}$	$a_{1,0}$	$a_{1,1}$	$a_{1,2}$

图 5.7　行序为主序的二维数组存储

$a_{0,0}$	$a_{0,1}$	$a_{0,2}$
$a_{1,0}$	$a_{1,1}$	$a_{1,2}$

$a_{0,0}$	$a_{1,0}$	$a_{0,1}$	$a_{1,1}$	$a_{0,2}$	$a_{1,2}$

图 5.8　列序为主序的二维数组存储

$$Loc(a_{i,j})=Loc(a_{0,0})+(i\times n+j)\times L \quad (5.6)$$

$$Loc(a_{i,j})=Loc(a_{0,0})+(i\times m+i)\times L \quad (5.7)$$

在扩展 Basic、Pascal、Java 和 C 语言中，用的都是以行序为主序的存储结构；而在 FORTRAN 语言中，用的是以列序为主序的存储结构。由此，对于数组，一旦规定了其维数和各维的长度，便可为其分配存储空间。反之，只要给出一组下标便可求得相应数组元素的存储位置。

5.2.3　特殊矩阵的压缩存储

矩阵是很多科学与工程计算问题中研究的数学对象，矩阵用二维数组来表示是最自然的方法。但是在数值分析中经常出现一些阶数很高的矩阵，同时在矩阵中有很多值相同的元素或者零元素。为了节省存储空间及传输空间，可以对这类矩阵进行压缩存储。压缩存储是指为多个值相同的元素只分配一个存储空间，对零元素不分配空间。若值相同的元素或者零元素在矩阵中的分布有一定规律，则称此类矩阵为特殊矩阵，如对称矩阵、三角矩阵、对角矩阵、稀疏矩阵等。

5.3　广义表

广义表(又称列表)是线性表的推广，一般记为

$$LS=(a_1,\ a_2,\ \cdots,\ a_n)$$

其中，LS 是广义表的名称，n 是广义表的长度。每个 $a_i(1\leqslant i\leqslant n)$ 是 LS 的成员，它可以是单个元素(原子)，也可以是一个广义表(子表)。当广义表 LS 非空时，称第一个元素 a_1 为 LS 的表头(head)，称其余元素组成的表(a_2，a_3，…，a_n)为 LS 的表尾(tail)。显然，广义表的定义是递归的。

广义表通常用圆括号括起来，并用逗号分隔表中的元素。通常用大写字母表示广义表，用小写字母表示单个数据元素。下面是广义表的例子。

A=()　　A 是一个空表，它的长度为零。

B=(e)——列表 B 只有一个原子 e，B 的长度为 1。

C=(a，(b，c，d))——列表 C 的长度为 2，两个元素分别为原子 a 和子表(b，c，d)。

D=(A，B，C)——列表 D 的长度为 3，3 个元素都是列表。显然，将子表的值代入后，则有 D=(()，(e)，(a，(b，c，d)))。

E=(a，E)——这是一个递归的表，它的长度为 2，相当于一个无限的列表 E=(a，(a，(a，…)))。

从上述定义和例子可推出广义表的如下 3 个重要结论。

①广义表的元素可以是子表，而子表的元素还可以是子表，以此类推。由此，广义表是一个多层次的结构，也可以用图形象地表示。

②广义表可为其他广义表所共享。例如，在上述例子中，广义表 A、B 和 C 为 D 的子

表，则在 D 中可以不必列出子表的值，而是通过子表的名称来引用。

③广义表可以是一个递归的表，即广义表也可以是其本身的一个子表。例如，表 E 就是一个递归的表。

由于广义表的结构比较复杂，其各种运算的实现不如线性表简单，其中，最重要的两个运算如下。

①取表头 GetHead(LS)：取出的表头为非空广义表的第一个元素，它可以是一个单原子，也可以是一个子表。

②取表尾 GetTail(LS)：取出的表尾为除去表头之外，由其余元素构成的表。即表尾一定是一个广义表。

例如：

GetHead(B)=e，　　　GetTail(B)=()，

GetHead(D)=A，　　　GetTail(D)=(B，C)。

由于(B，C)为非空广义表，则可以继续分解得到：

GetHead(B，C)=B，GetTail(B，C)=(C)。

值得提醒的是，广义表()和(())不同。前者为空表，长度 n=0；后者长度 n=1，可分解得到其表头、表尾均为空表()。

5.4 小　结

本章介绍了 3 种数据结构：串、数组和广义表，主要内容如下。

①串是内容受限的线性表，它限定了表中的元素为字符。串有两种基本存储结构：顺序存储和链式存储，但多采用顺序存储结构。串的常用算法是模式匹配算法，主要有 BF 算法和 KMP 算法。BF 算法实现简单，但存在回溯，效率低，时间复杂度为 $O(m\times n)$。KMP 算法对 BF 算法进行改进，消除回溯，提高了效率，时间复杂度为 $O(m+n)$。

②多维数组可以看成线性表的推广，其特点是结构中的元素本身可以是具有某种结构的数据，但属于同一数据类型。一个 n 维数组实质上是 n 个线性表的组合，其每一维都是一个线性表。数组一般采用顺序存储结构，故存储多维数组时，应先将其转换为一维结构，有按“行”转换和按“列”转换两种。科学与工程计算中的矩阵通常用二维数组来表示，为了节省存储空间，对于几种常见形式的特殊矩阵，比如对称矩阵、三角矩阵、对角矩阵、稀疏矩阵，在存储时可进行压缩存储，即为多个值相同的元素只分配一个存储空间，对零元素不分配空间。

③广义表是另外一种线性表的推广形式，表中的元素可以是称为原子的单个元素，也可以是一个子表，所以线性表可以看成广义表的特例。广义表的结构相当灵活，在某种前提下，它可以兼容线性表、数组、树和有向图等各种常用的数据结构。广义表的常用操作有取表头和取表尾。

学习完本章后，要求掌握串的存储方法，理解串的两种模式匹配算法，尤其是 KMP 算法。明确数组和广义表这两种数据结构的特点，掌握数组存储时地址计算方法。

习　题

一、选择题

1. 下列关于串的叙述中正确的是(　　)。

A. 串是一种特殊的线性表　　B. 串的长度必须大于零
C. 串中的元素只能是字母　　D. 空串就是空白串

2. 设有一个字符串 S="Hello World!"，该串的长度为(　　)。

A. 10　　B. 11　　C. 12　　D. 13

3. 以下(　　)是"abcd321ABCD"串的子串。

A. abcd　　B. 321AB　　C. "abcABC"　　D. "21AB"

4. 两个串相等必有串长度相等并且(　　)。

A. 串的各位置字符任意　　B. 串中各位置字符均对应相等
C. 两个串含有相同的字符　　D. 两个串所含字符任意

5. 若串 s="software"，则其子串的个数是(　　)。

A. 8　　B. 37　　C. 36　　D. 9

6. 设 s="abcd"，s1="123"，则执行语句 s2=InsStr(s，2，s1)后，s2=(　　)。

A. "123abcd"　　B. "a123bcd"　　C. "ab123cd"　　D. "abc123d"

7. 设 s="abcd"，则执行语句 s2=DelStr(s，2，2)后，s2=(　　)。

A. "abcd"　　B. "abc"　　C. "ad"　　D. "ab"

8. 对于一个链串 s，查找第 i 个元素值为 x 的算法的时间复杂度为(　　)。

A. O(1)　　B. O(n)　　C. $O(n^2)$　　D. 以上都不对

9. 设有两个串 p 和 q，求 q 在 p 中首次出现的位置的运算称为(　　)。

A. 连接　　B. 模式匹配　　C. 求子串　　D. 求串长

10. 稀疏矩阵一般的压缩存储方法有两种，即(　　)。

A. 二维数组和三维数组　　B. 三元组和散列
C. 三元组和十字链表　　D. 散列和十字链表

11. 设二维数组 a[m][n]，每个数组元素占用 k 个存储单元，第一个数组元素的存储地址是 Loc(a[0][0])，求按行优先顺序存放的数组元素 a[i][j](0≤i≤m-1，0≤j≤n-1)的存储地址为(　　)。

A. Loc(A[0][0])+[(i+1)×n+j-1]×k　B. Loc(A[0][0])+[(i×n+j]×k
C. Loc(A[0][0])+[(j×m+n]×k　　D. Loc(A[0][0])+[(j+1)×m+i-1]×k

12. 设二维数组 a[m][n]，每个数组元素占用 k 个存储单元，第一个数组元素的存储地址是 Loc(a[0][0])，求按列优先顺序存放的数组元素 a[i][j](0≤i≤m-1，0≤j≤n-1)的存储地址为(　　)。

A. Loc(A[0][0])+[(i+1)×n+j-1]×k　B. Loc(A[0][0])+[(i×n+j]×k
C. Loc(A[0][0])+[(j×m+n]×k　　D. Loc(A[0][0])+[(j+1)×m+i-1]×k

13. 设二维数组 a[6][10]，每个数组元素占用 4 个存储单元，若按行优先顺序存放数组元素，a[0][0]的存储地址为860，则a[3][5]的存储地址是(　　)。

A. 1000　　B. 860　　C. 1140　　D. 1200

14. 设二维数组a[6][10]，每个数组元素占用4个存储单元，若按列优先顺序存放数组元素，a[3][5]的存储地址为992，则a[0][0]的存储地址是(　　)。

A. 872　　B. 860　　C. 868　　D. 864

15. 对稀疏矩阵进行压缩存储的目的是(　　)。

A. 便于进行矩阵运算　　B. 便于输入和输出

C. 节省存储空间　　D. 降低运算的时间复杂度

16. 已知广义表LS=((a，b，c)，(d，e，f))，运用head和tail函数取出LS中原子e的运算是(　　)。

A. head(tail(LS))　　B. tail(head(LS))

C. head(tail(head(tail(LS))))　　D. head(tail(tail(head(LS))))

二、填空题

1. 设s="abcdef"，则执行语句s2=SubStr(s，4，2)后，s2=__________。
2. 对于带头结点的链串s，串为空的条件是__________。
3. 若要对串进行高效的模式匹配，在顺序串和链串中应选择__________存储结构。
4. 字符串“goodok!”的长度是__________。
5. 设数组a[1…50，1…80]的基地址为2000，每个元素占2个存储单元。

(1)若以行序为主序顺序存储，则元素a[45][68]的存储地址为__________。

(2)若以列序为主序顺序存储，则元素a[45][68]的存储地址为__________。

6. 广义表A=(a，b，(c，d)，(e，(f，g)))，则GetHead(GetTail(GetHead(GetTail(GetTail(A)))))=__________。

三、判断题

1. 串是由有限个字符构成的序列，子串是主串中任意字符构成的有限序列。(　　)
2. 串长度为串中不同字符的个数。(　　)
3. 串通常有顺序存储和链式存储两种存储结构。(　　)
4. 空串就是由空格构成的串。(　　)
5. 所谓稀疏矩阵指的是相对总元素个数而言，非零元素很少且分布没有规律的矩阵。(　　)
6. 广义表的表头可以是广义表，也可以是单个元素。(　　)

四、综合应用题

1. 编写算法，求串S中所含不同字符的总数和每种字符的个数。
2. 有两个串S1和S2，设计一个算法，求一个串T，使其中的字符是S1和S2中的公共字符。

第 6 章

树

树形结构是一类重要的非线性数据结构，其中以树和二叉树最为常用。直观来看，树是以分支关系定义的层次结构，非常类似于自然界中的树，它的名字也由此得来。树形结构在客观世界中广泛存在，如人类的族谱和各种社会组织机构都可以用树来形象表示。在计算机领域中，树形结构也有着广泛的应用，如在编译程序中，用树形结构来表示源程序的语法结构；在操作系统中，用树形结构来组织文件；在数据库系统中，树形结构是信息的重要组织形式之一。哈夫曼树，又称最优二叉树，是一类带权路径长度最短的二叉树，在数据通信、数据压缩等方面有着广泛的应用。本章主要介绍树的相关知识。

学习目标

掌握树的逻辑定义和存储结构。
掌握二叉树的逻辑定义和存储结构。
掌握二叉树的性质及基本操作实现。
了解线索二叉树的存储结构。
掌握二叉树与树和森林的相互转换。
掌握哈夫曼树的性质及其应用。

思政目标

树形结构以家谱为例，可引出对家谱的发展历程的讲解，进而讲解中国优良传统和优良家风。n 个结点的二叉树的二叉链表存储中的 2n 个指针域，空指针域有 n+1 个，造成大量空间浪费，从而引出生活中勤俭节约的优良传统。

6.1 树的概念及基本运算

6.1.1 树的定义

定义：树(Tree)是 n(n≥0)个结点的有限集(记为 T)，T 为空时称为空树，否则它满足以下两个条件：

①有且仅有一个特定的称为根的结点，该结点没有前驱结点。

②除根结点以外，其余的结点可分为 m(m≥0)个互不相交的子集 T_1，T_2，T_3，…，T_m。其中，每个子集又是一棵树，称其为根结点的子树。每棵子树的根结点有且仅有一个直接前驱结点，但可以有零个或多个后继结点。

如图 6.1 所示，(a)是只有根结点的树，(b)是有 13 个结点的树。(b)中，A 为根结点，其余结点分成 3 个互不相交的子集：T_1={B，E，F，K，L}，T_2={C，G}，T_3={D，H，I，J，M}。T_1、T_2 和 T_3 都是根 A 的子树，它们本身也是一棵树。

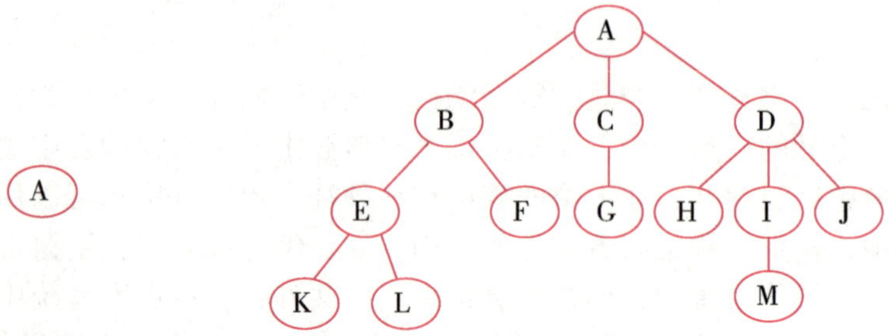

(a)只有根结点的树　　(b)有13个结点的树

图 6.1　树的示例

对于树的定义还需要强调以下两点。

①n>0 时，根结点是唯一的，不可能存在多个根结点。

②m>0 时，子树的个数没有限制，但它们一定是互不相交的。

6.1.2　树的基本术语

①树的结点(node)。包含一个数据元素及若干指向其子树的分支，如图 6.1(b)所示的树有 13 个结点。

②结点的度(degree)。结点拥有的子树个数，如图 6.1(b)所示结点 A 的度为 3，结点 B 的度为 2，结点 C 的度为 1。

③叶子结点(leaf)。也称为终端结点，是度为 0 的结点，如图 6.1(b)所示结点 K，L，F，G，H，M，J 都是树的叶子结点。

④分支结点。也称为非终端结点，是度不为 0 的结点，如图 6.1(b)所示结点 A，B，C，D，E，I 都是树的分支结点。

⑤树的度。树中所有结点的度的最大值，如图 6.1(b)所示树的度为 3。

⑥孩子(child)、双亲(parent)。结点的子树的根称为该结点的孩子，相应地，该结点称为孩子的双亲。如图 6.1(b)所示 B 为 A 的子树的根，则 B 是 A 的孩子，而 A 是 B 的双亲。

⑦兄弟(sibling)。同一个双亲的孩子之间互称兄弟。如图 6.1(b)所示 B，C，D 互为兄弟。

⑧祖先(ancestor)、子孙(descendant)。从根结点到该结点所经过分支上的所有结点，称为该结点的祖先。如图 6.1(b)所示结点 H 的祖先为 A，D；反之，以某结点为根的子树中的所有结点都被称为该结点的子孙。如图 6.1(b)所示结点 B 的子孙为 E，F，K，L。

⑨结点的层次(level)。从根开始定义起，根为第一层，根的孩子为第二层。若某结点在第 k 层，则其孩子就在第 k+1 层。

⑩堂兄弟。双亲在同一层的结点互为堂兄弟，如图 6.1(b)所示结点 G 与 E，F 互为堂兄弟。

⑪树的深度(depth)。树中结点的最大层次称为树的深度或高度，如图 6.1(b)所示树的深度为 4。

⑫有序树(ordered tree)、无序树(unordered tree)。如果将树中结点的各子树看成从左向右是有次序的、不能互换的，则称该树为有序树，否则称为无序树。在有序树中最左边的子树的根称为第一个孩子，最右边的树的根称为最后一个孩子。

⑬森林(forest)。森林是 m(m≥0)棵互不相交的树的集合。对于树中每个结点而言，其子树的集合即为森林。

6.1.3　树的表示形式

树的逻辑表示方法有多种，常见的有以下 4 种。

①树形图表示法。图 6.1 是树的一种最直观的表示方法，其特点是对树的逻辑结构的描述非常直观，是数据结构中最常用的树的描述方法。

②嵌套集合表示法(文氏图表示法)。如图 6.2 所示，用嵌套集合的形式来表示树。所谓嵌套集合是指一些集合的集体，对于其中任何两个集合，或者不相交，或者一个包含另一个。在树的这种表示法中，将树的根结点看成一个大的集合，其若干棵子树构成这个大集合中若干个互不相交的子集，如此嵌套下去，即构成一棵树的嵌套表示。

③凹入表表示法。如图 6.3 所示，主要用于树的屏幕和打印输出，类似于书的编目。

④广义表表示法。将根作为由子树森林组成的表的名字写在表的左边，这样依次将树表示出来，如图 6.1 所示树形结构表示为 A(B(E(K，L)，F)，C(G)，D(H，I(M)，J))。

树的表示方法的多样性，说明了树结构在日常生活及计算机程序设计中的重要性。

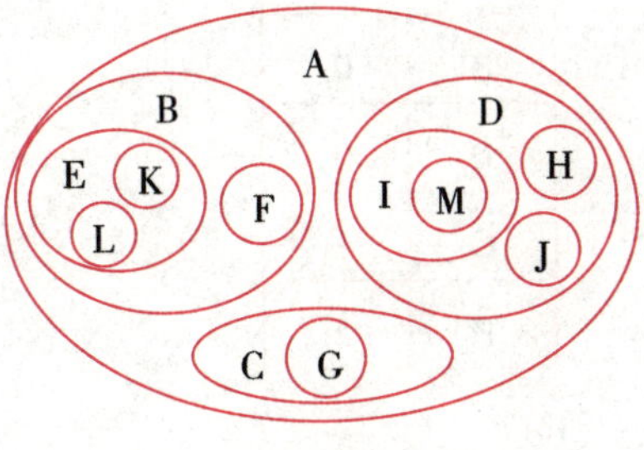

图 6.2　嵌套集合表示法

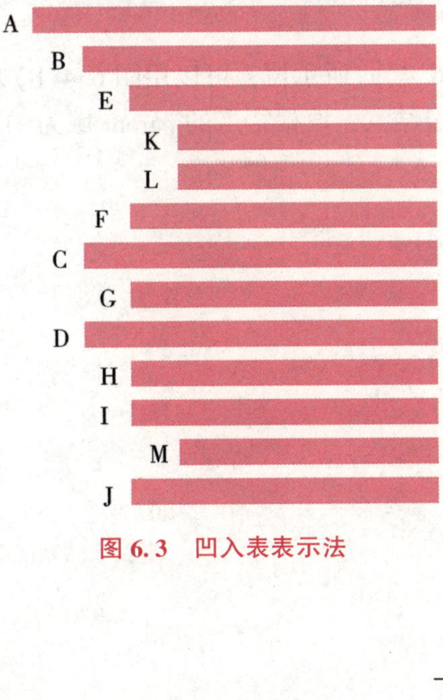

图 6.3　凹入表表示法

6.1.4 树的基本操作

树的基本操作如下。

①初始化操作 Initate(T)。创建一棵空树 T。

②销毁树操作 Destroy(T)。销毁树 T。

③建树操作 Create(T，definition)。按 definition 构造树 T，definition 给出树的定义。

④清空树操作 Clear(T)。将树 T 清空为空树。

⑤判空操作 Empty(T)。判断树 T 是否空树。

⑥求根操作。Root(T)为求树 T 的根；Root(x)为求结点 x 所在树的根。

⑦求双亲操作 Parent(T，x)。在树 T 中求 x 的双亲。

6.1.5 树的存储结构

在计算机中，树主要有 3 种存储结构。在存储过程中，不仅要存储树中每个结点的值，还要存储各结点之间的关系。

(1)双亲表示法

用一个一维数组存储树中的各个结点，数组元素是一个结构体型数据，包含两个域——data 域和 parent 域，分别表示结点的数据值及其双亲结点在数组中的下标。其类型定义如下：

【算法描述 6.1】

```
typedef struct {
    DataType data;            //定义结点数据域
    int parent;               //存储双亲的数组下标值
}PType[MaxSize];
```

如图 6.4(a)所示树，可以用图 6.4(b)来存储表示。其中，规定数组下标为 0 的位置存储的是根结点，设根结点的 parent 域为-1。

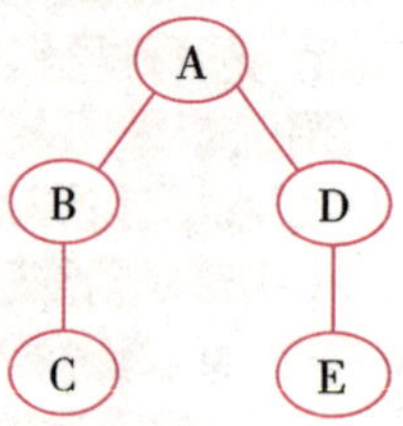

(a)

数组下标	data	parent
0	A	-1
1	B	0
2	D	0
3	C	1
4	E	2

(b)

图 6.4 树的双亲表示法示意图

在双亲表示法中，因为每个结点中都有其双亲的数组下标，所以查找每个结点的双亲和祖先是非常容易的，但找其孩子结点或兄弟结点就非常麻烦了。

(2) 孩子链表表示法

将每个结点的孩子结点构成一个单链表，称为孩子链表。n 个结点的树有 n 个这样的孩子链表。为了方便起见，将每个结点存放在一个顺序表中，顺序表的每个元素有两个域：一个存放该结点的数据值；另一个存放该结点的第一个孩子的地址。孩子结点也有两个域：一个域存放该孩子结点在顺序表中的位置(数组下标)；另一个域存放下一个孩子的地址，如图 6.5 所示为图 6.4(a) 树的孩子链表表示法。

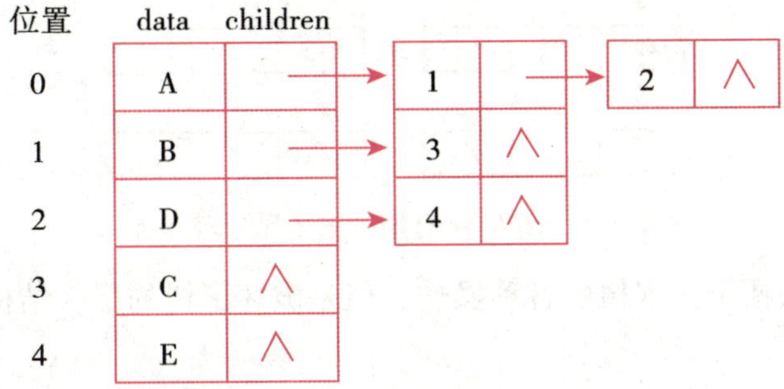

图 6.5　图 6.4(a) 树的孩子链表表示法示意图

存放孩子的单链表中的结点定义如算法描述 6.2 所示，顺序表的类型定义如算法描述 6.3 所示。

【算法描述 6.2】

```
typedef  struct node1{
    int  address;                    //孩子结点在顺序表中的位置
    struct  node1  *next;            //存储下一孩子的地址
}ChildNode;
```

【算法描述 6.3】

```
typedef  struct {
  DataType  data;
  ChildNode  *FChildren;                //第一个孩子的地址
}Head;
Head t[MAX];                            //建立顺序表头结构
```

(3) 孩子兄弟表示法

孩子兄弟表示法存储结构是一种二叉链表，链表中每个结点包括 3 个域——数据值和两个指针，其中一个指针指向该结点最左边第一个孩子，而另一个指针则指向该结点的下一个兄弟。每个结点的类型定义如下：

【算法描述 6.4】

```
typedef  struct  node2{
    DataType  data;
    struct  node2  * child, * brother ;            //第一个孩子和右边兄弟的地址
}CBNode;
```

图 6.6 所示是图 6.4(a)树的孩子兄弟表示法的存储结构，其中 T 指向根结点。

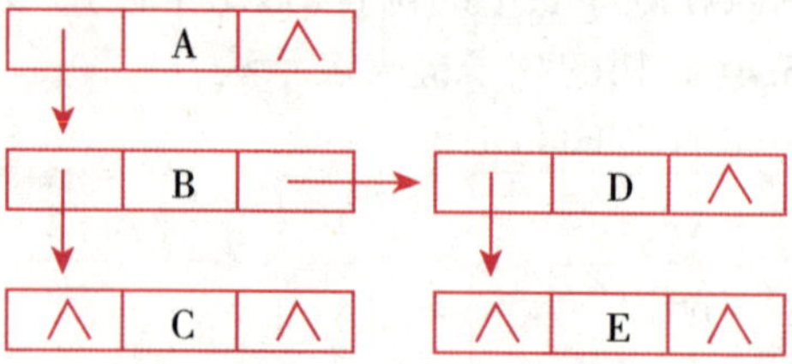

图 6.6　图 6.4(a)树的孩子兄弟表示法

孩子兄弟表示法便于实现树的各种操作，但是破坏了树的层次结构。

6.2　二叉树

二叉树是一种特殊的树，普通树中结点的后继可以是任意多个，但在二叉树中，每个结点最多可以有两个后继，这样的存储结构容易实现，也更具有实际意义。

6.2.1　二叉树的定义

二叉树(Binary Tree)是有 n(n≥0)个结点的有限集合。

该集合或者为空(n=0)；或者为由一个根结点及两个不相交的分别称为左子树和右子树组成的非空树；左子树和右子树同样又都是二叉树。

在一棵非空的二叉树中，每个结点至多只有两棵子树，分别称为左子树和右子树，且左、右子树的次序不能任意交换。所以，二叉树是特殊的有序树。值得注意的是，由于二叉树上任一结点的子树有左、右之分，因此即使一个结点只有一棵非空子树，仍须区别它是该结点的左子树还是右子树，这是与树不同的。如图 6.7 所示为一棵二叉树。

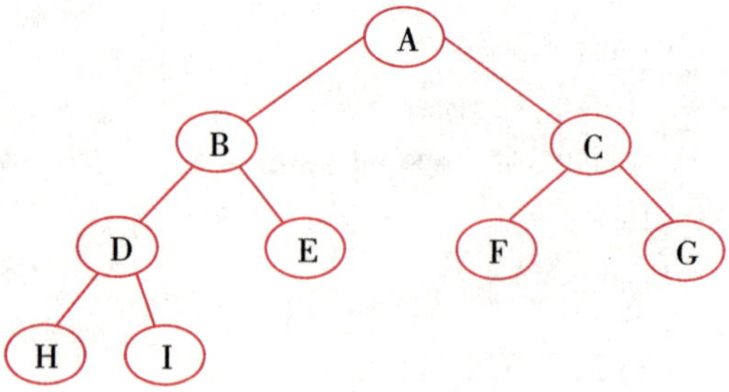

图 6.7　二叉树示意图

6.2.2 二叉树的形态

二叉树归纳起来有5种形态，如图6.8所示。

图6.8 二叉树的形态图

6.2.3 二叉树的基本运算

二叉树的基本运算有以下几种。

①CreateBT()。创建一棵二叉树。

②ShowBTree(BT * T)。按广义表表示法显示二叉树。

③Preorder(BT * T)。按先序(根、左、右)遍历二叉树上的所有结点。

④Inorder(BT * T)。按中序(左、根、右)遍历二叉树上的所有结点。

⑤Postorder(BT * T)。按后序(左、右、根)遍历二叉树上的所有结点。

⑥Levelorder(BT * T)。按层次遍历二叉树上的所有结点。

⑦Leafnum(BT * T)。求二叉树叶子结点数目。

⑧Nodenum(BT * T)。求二叉树结点总数目。

⑨TreeDepth(BT * T)。求二叉树的深度。

6.2.4 二叉树的重要性质和特殊二叉树

(1)二叉树的重要性质

性质1：在二叉树的第i层上至多有2^{i-1}个结点($i\geq1$)。

证明：用数学归纳法证明。

当$i=1$时，只有一个根结点，显然$2^{i-1}=2^{1-1}=2^0=1$，成立。

现在假定对所有的$h(1<h\leq i-1)$，命题成立，即第$h(1<h<i-1)$层上至多有2^{h-1}个结点。

由于二叉树的每个结点的度至多为2，故第i层上的最大结点数为i-1层上的最大结点数的2倍，即$2\times2^{i-2}=2^{i-1}$。至此，命题证明完毕。

性质2：深度为h的二叉树中至多有2^h-1个结点。

性质3：对任意一棵二叉树T，如果其叶子结点数为n_0，度为2的结点数为n_2，则有$n_0=n_2+1$。

证明：二叉树有n个结点，其中叶子结点数为n_0，度为2的结点数为n_2，设度为1的

结点数为 n_1，则所有结点数 n 有如下公式：

$$n=n_0+n_1+n_2 \tag{6.1}$$

又因为除了叶子结点外，每个结点都有自己的孩子，所以度为 1 的每个结点有一个孩子，一共有孩子数为 n_1；度为 2 的结点每个结点有两个孩子，一共有孩子数为 n_2；叶子结点的孩子数为 0，而根结点不是任何结点的孩子（再加一个根结点），考虑每个结点的孩子数，有公式：

$$n=0\times n_0+1\times n_1+2\times n_2+1 \tag{6.2}$$

将(6.1)和(6.2)两个等式合并得到：

$$n_0+n_1+n_2=0\times n_0+1\times n_1+2\times n_2+1 \tag{6.3}$$

化简等式最后可得：$n_0=n_2+1$。所以命题成立。

(2) 两种特殊的二叉树

①满二叉树。一棵深度为 h，且有 2^h-1 个结点的二叉树称为满二叉树。图 6.9 所示是一棵深度为 4 的满二叉树，其特点是每一层上的结点都具有最大的结点数。

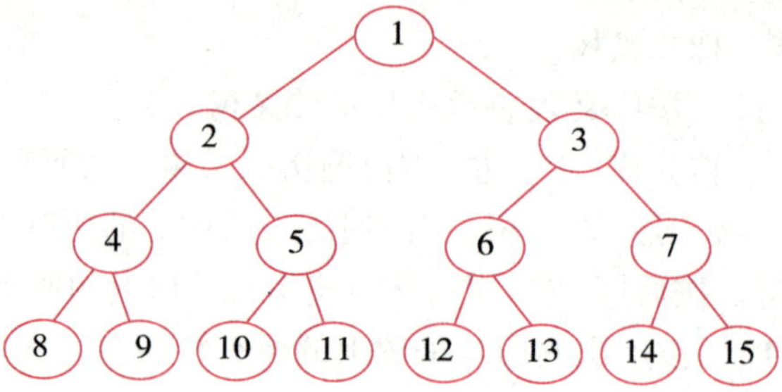

图 6.9 满二叉树

②完全二叉树。在一棵二叉树中，除最后一层外，若其他层都是满的，并且最后一层或者是满的，或者在右边缺少连续的若干个结点，则此二叉树称为完全二叉树。据此可知，满二叉树是完全二叉树的特例。图 6.10 是一棵深度为 4 的完全二叉树。

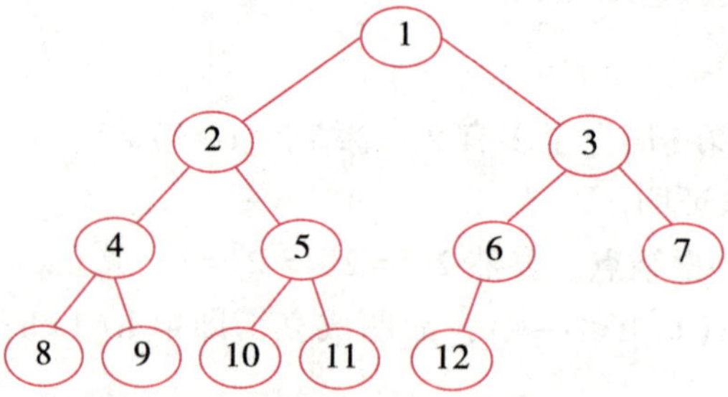

图 6.10 完全二叉树

性质 4：具有 n 个结点的完全二叉树的深度为$\lfloor \log_2 n \rfloor+1$。

证明：假设深度为 h，则根据性质 2 和完全二叉树的定义可得

$$2^{h-1}-1<n\leqslant 2^h-1$$

即

$$2^{h-1}\leqslant n<2^h$$

对不等式取对数，有

$$h-1\leqslant \log_2 n<h$$

由于 h 是整数，所以有

$$h=\lfloor \log_2 n\rfloor+1$$

性质 5：如果一棵有 n 个结点的完全二叉树（其深度为$\lfloor \log_2 n\rfloor+1$）的结点按序编号（从第 1 层到第$\lfloor \log_2 n\rfloor+1$层，每层从左到右），则对任一结点 i（$1\leqslant i\leqslant n$）有：

如果 i=1，则结点 i 是根结点，无双亲；如果 i>1，则其双亲结点是结点 i/2。

如果 2i>n，则结点 i 无左孩子，该结点为叶子结点；否则其左孩子是结点 2i。

如果 2i+1>n，则结点 i 无右孩子，该结点为叶子结点；否则其右孩子是结点 2i+1。

6.2.5 二叉树的存储结构

二叉树的存储结构分为顺序存储和链式存储两种。

(1) 顺序存储结构

顺序存储一棵二叉树时，先对该二叉树中的各结点进行编号，然后以各结点的编号为下标，把各结点的值存储到一维数组中。

其编号过程为：首先将二叉树改造为完全二叉树，新添加的结点内容为空。然后把树的根结点的编号定为 1，再按照层次从上到下、每一层从左到右的顺序对每一结点进行编号，如图 6.11(b) 所示。然后按照编号将元素一次存储在一维数组中，如图 6.11(c) 所示。

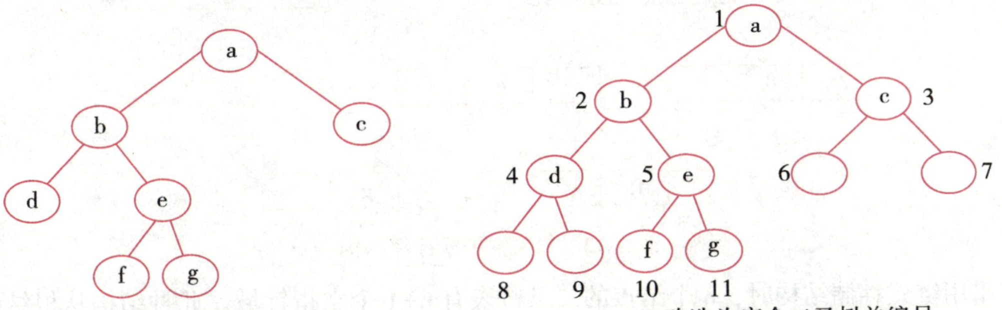

(a)初始二叉树　　(b)改造为完全二叉树并编号

节点编号	0	1	2	3	4	5	6	7	8	9	10	11
数据域	∧	a	b	c	d	e	∧	∧	∧	∧	f	g

(c)二叉树顺序存储

图 6.11　二叉树及其顺序存储示意图

显然，这种存储结构会造成空间的大量浪费，特别是深度为 h 的向右单分支二叉树（所有结点均没有左子树），共 h 个结点，却需要分配 2^h-1 个存储单元。

(2) 链式存储结构

对于一般的二叉树，通常采用二叉链表表示。链表中的每个结点包含两个指针，分别指向该结点的左孩子和右孩子。

二叉链表结点由一个数据域和两个指针域组成，其结构如下：

lchild	data	rchild

其中，data 为数据域，存放结点的数据信息；lchild 为左指针域，存放该结点的左子树的存储地址；rchild 为右指针域，存放该结点的右子树的存储地址。当左子树或右子树不存在时，相应指针域为空，用符号“∧”表示。

在二叉树的链式存储结构中，结点的类型定义如下：

【算法描述 6.5】

```
typedef  int  DataType;              //定义 DataType 为 int 类型
typedef  struct  tnode{
DataType  data;                      //定义数据域
struct  tnode  * lchild, * rchild;   //定义左、右孩子指针域
}BNode; * BTree;                     //二叉树结点存储类型为 BNode,根结点地址为 BTree
```

其中，data 域中存储元素，lchild 和 rchild 分别表示左指针域和右指针域，分别存储左、右孩子结点的地址。

例如，图 6.11(a)中二叉树的链式存储结构如图 6.12 所示。

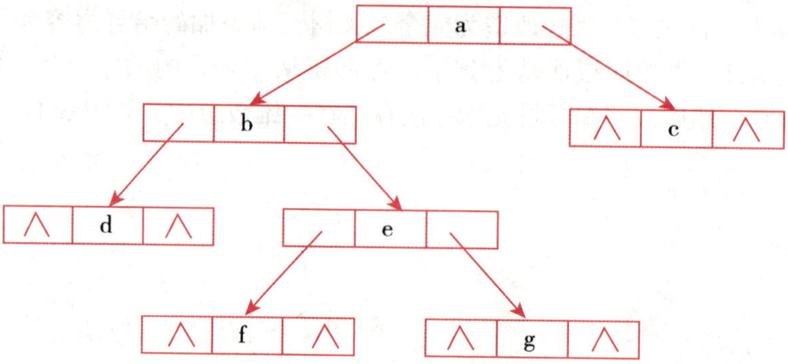

图 6.12　二叉树链式存储结构

采用链式存储结构时，n 个结点的二叉链表有 n+1 个空指针域。此种结构从根结点向下遍历较为方便，但与单链表相似，只能自上向下遍历，而不能通过结点向上遍历双亲与祖先，所以有时为了方便，还可以在结点内增加一个双亲指针域 parent，指向该结点的双亲结点，这样就形成了二叉树的三叉链表，其结构如下所示：

lchild	data	rchild	parent

其中，data 为数据域，存放结点的数据信息；lchild 为左指针域，存放该结点的左子树的存储地址；rchild 为右指针域，存放该结点的右子树的存储地址；parent 为双亲指针域，存放结点的双亲结点地址。

这种存储结构既便于查找左、右子树的结点，又便于查找双亲结点，但会增加存储空间的开销。

6.3 二叉树的遍历

6.3.1 遍历二叉树

二叉树的遍历是指按某种顺序访问二叉树中的所有结点，使每个结点都被访问，且仅被访问一次。通过一次遍历，使二叉树中结点的非线性序列转变为线性序列。也就是说，使遍历的结点序列之间有一个一对一的关系。

由二叉树的递归定义可知，一棵二叉树由根结点(D)、根结点的左子树(L)和根结点的右子树(R)三部分组成。因此，只要依次遍历这三部分，就可以遍历整个二叉树。若以 D、L、R 分别表示访问根结点、遍历根结点的左子树、遍历根结点的右子树，则二叉树的遍历方式有 6 种不同的组合：DLR、LDR、LRD、DRL、RDL 和 RLD。

一般限定先左后右的次序，那么只有三种遍历：DLR(根左右)、LDR(左根右)、LRD(左右根)。将这三种遍历方法称作先(根)序遍历，中(根)序遍历和后(根)序遍历。也可以对二叉树的每个层次的各结点按从左至右进行遍历(按层次遍历)，下面分别介绍 4 种遍历方式。

(1) 先(根)序遍历二叉树

在有些教材中称先(根)序遍历为前(根)序遍历。若二叉树为空，遍历结束。否则依次执行以下操作：

①访问根结点；

②先序遍历根结点的左子树；

③先序遍历根结点的右子树。

先序遍历的递归算法如下：

【算法描述 6.6】

```
void  PreOrderTraverse(BTree bt){              //先序遍历二叉树,并对每个元素调用 Visit 函数
  if(bt){                                      //二叉树非空
    Visit(bt->data);                           //访问数据域
    PreOrderTraverse(bt->lchild);              //先序递归遍历 bt 的左子树
    PreOrderTraverse(bt->rchild);              //先序递归遍历 bt 的右子树
  }
}
```

图 6.11(a)中二叉树进行先序遍历的输出序列为：abdefgc。

(2) 中(根)序遍历二叉树

若二叉树为空，遍历结束。否则依次执行以下操作：

①中序遍历根结点的左子树；

②访问根结点；

③中序遍历根结点的右子树。

中序遍历的递归算法如下：

【算法描述 6.7】

```
void  InOrderTraverse(BTree bt){                 //中序遍历二叉树,并对每个元素调用 Visit 函数
  if(bt){                                        //二叉树非空
    InOrderTraverse(bt->lchild);                 //中序递归遍历 bt 的左子树
    Visit(bt->data);                             //访问数据域
    InOrderTraverse(bt->rchild);                 //中序递归遍历 bt 的右子树
  }
}
```

图 6.11(a)中二叉树进行中序遍历的输出序列为：dbfegac。

(3)后(根)序遍历二叉树

若二叉树为空，遍历结束。否则依次执行以下操作：

①后序遍历根结点的左子树；

②后序遍历根结点的右子树；

③访问根结点。

后序遍历的递归算法如下：

【算法描述 6.8】

```
void  PostOrderTraverse(BTree bt){               //后序遍历二叉树,并对每个元素调用 Visit 函数
  if(bt){                                        //二叉树非空
    PostOrderTraverse(bt->lchild);               //后序递归遍历 bt 的左子树
    PostOrderTraverse(bt->rchild);               //后序递归遍历 bt 的右子树
    Visit(bt->data);                             //访问数据域
  }
}
```

图 6.11(a)中二叉树进行后序遍历的输出序列为：dfgebca。

(4)层次遍历二叉树

在进行层次遍历时，对某一层的结点访问完后，再按照它们的访问次序对各个结点的左、右孩子顺序访问，这样一层一层进行，先访问的结点其左、右孩子也要先访问。这样的操作与队列的原则比较符合，所以可以用一个循环队列来实现。

层次遍历过程是先将根结点进队，在队列不空时循环：从队列中出列一个结点 *p，访问它；若它有左孩子结点，将其左孩子结点进队；若它有右孩子结点，将其右孩子结点进队，直至队列为空。

【算法描述 6.9】层次遍历的算法

```
void  ArraOrderTraverse(BTree bt ) {                //层次遍历二叉树,并对每个元素调用 Visit 函数
  int  f,r;
  BNode *p, *q[MAX];
  p=bt;
  if(p) {                                           //二叉树非空,根结点入队
    f=1;
    q[f]=p ;
    r=2;
  }
  while(f!=r) {                                     //队列非空
    p=q[f];
    printf("%d",p->data);                           //访问队头结点数据域
    if(p->lchild!=NULL) {                           //队头结点左孩子入队
      q[r]=p->lchild;
      r=(r+1)%MAX;
    }
    if(p->rchild!=NULL) {                           //队头结点右孩子入队
      q[r]=p->rchild;
      r=(r+1)%MAX;
    }
    f=(f+1)%MAX;
  }
}
```

图 6.11(a)中二叉树进行层次遍历的输出序列为：abcdefg。

6.3.2 二叉树的确定

二叉树的先序遍历是先访问根结点，再遍历根结点的左子树，最后遍历根结点的右子树。即在先序序列中，第一个结点必定是二叉树的根结点。

后序遍历是先访问根结点的左子树，再遍历根结点的右子树，最后遍历根结点。即在后序序列中，最后一个结点必定是二叉树的根结点。

中序遍历则是先遍历左子树，然后访问根结点，最后遍历右子树。这样，根结点在中序序列中必然将中序序列分割成两个子序列，前一个子序列是根结点的左子树的中序序列，而后一个子序列是根结点的右子树的中序序列。

根据先序或后序遍历的序列，可以根据第一个结点或最后一个结点确定根结点，知道根结点后，按中序序列中根结点的位置可以划分出这个根结点的左、右子树范围。再继续根据子树的先序或后序序列确定子树根结点，并根据中序序列确定子树根结点的左、右子树，依次递归，则可以根据遍历序列确定树的逻辑结构。

(1)由先序序列和中序序列确定二叉树

①根据先序序列确定树的根(第一个结点)，根据中序序列确定左子树和右子树；

②分别找出左子树和右子树的根结点，并把左、右子树的根结点连到双亲结点上；

③再对左子树和右子树按此法找根结点和左、右子树，直到子树只剩下1个结点或2个结点或空为止。

【例6.1】由下列先序序列和中序序列确定二叉树

先序遍历序列：A B E C D F G H I J

中序遍历序列：E B C D A F H I G J

解：①根据先序序列可确定树的根结点为A，根据中序序列中A的位置可以确定A的左、右子树组成，如图6.13(a)所示。

②由先序序列可以确定左子树的根结点为B，右子树的根结点为F，再由中序序列可以分别将B、F为根结点的左、右子树范围进行划分，如图6.13(b)所示，由于E无子树，所以B结点左子树已确定。

③由先序序列可以确定此二叉树的第三层上根结点分别为E、C、G，再由中序序列将此层根结点的左、右子树范围进行划分，如图6.13(c)所示，由于E无子树、D无子树、J无子树，所以以上三个结点已确定。

④由先序序列可以确定结点G左子树的根结点为H，根据中序序列确定I结点为H的右子树，如图6.13(d)所示，由于H结点无子树，故此二叉树已完全确定。

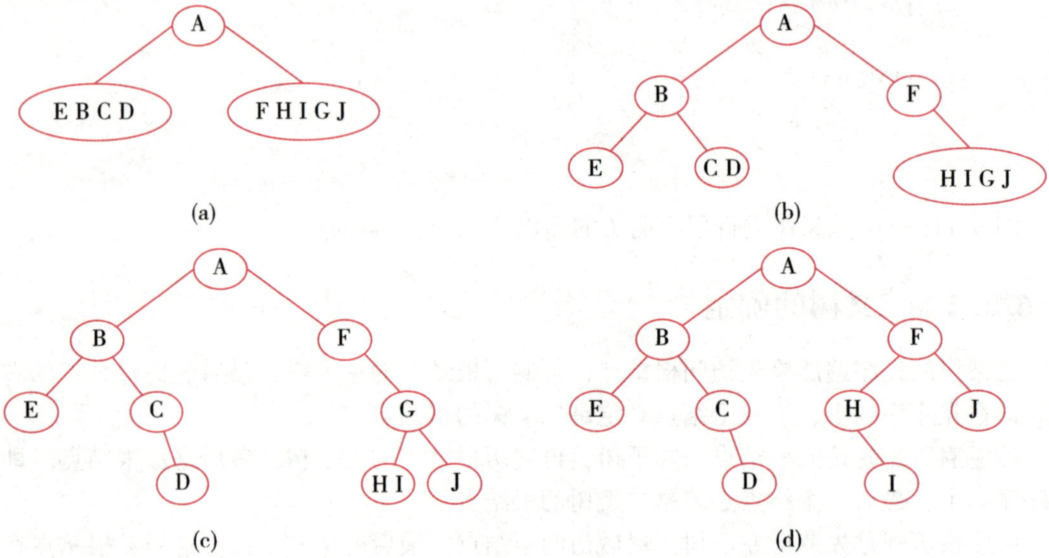

图6.13　由先序序列与中序序列确定二叉树

(2)由后序序列和中序序列确定二叉树

由二叉树的后序序列和中序序列也可以唯一地确定一棵二叉树。其方法为：

①根据后序序列找出根结点(最后一个结点)，根据中序序列确定其左、右子树；

②分别找出左子树和右子树的根结点，并把左、右子树的根结点连到其双亲结点

上去；

③再对左子树和右子树按此法找根结点和左、右子树，直到子树只剩下1个结点或2个结点或空为止。

由遍历序列确定二叉树是一个递归的过程，由此递归过程可以总结如下：

①由先序遍历序列和中序遍历序列能够唯一确定一棵二叉树；

②由后序遍历序列和中序遍历序列能够唯一确定一棵二叉树；

③由先序遍历序列和后序遍历序列不能唯一确定一棵二叉树。

6.3.3 二叉树的常用操作

(1)二叉树的二叉链表的建立

创建时，按二叉树带空指针的先序(根结点、左子树、右子树)的次序输入结点值，结点值为字符型。假设建立时输入的结点序列为：AB#D##CE##F##，其中#表示空结点。其算法描述如下：

【算法描述6.10】二叉树的二叉链表的建立算法

```
BTree  CreateBiTree(BTree bt){                    //以先序遍历序列输入结点的值,创建二叉链表
  if(bt){
    char  ch;
    scanf("%c",&ch); getchar();
    if(ch=='#')
      bt=NULL;
    else{
      bt=(BNode *)malloc(sizeof(BNode));    //新建结点
      bt->data=ch;
      printf("请输入%c结点的左孩子结点:",bt->data);
      bt->lchild=CreateBiTree(bt);
      printf("请输入%c结点的右孩子结点:",bt->data);
      bt->rchild=CreateBiTree(bt);
      return bt;
    }
  }
}
```

(2)统计二叉树叶子结点数

若二叉树的左子树和右子树都为空，则该结点为叶子结点，递归统计bt的左子树叶子结点数，递归统计bt的右子树叶子结点数。其中，count为全局变量，在主程序中先归零再调用。

【算法描述 6.11】统计二叉树叶子结点数(按照先序遍历，使用全局变量)

```
void  Leafnum(BTree bt){
  if(bt){
    if(bt->lchild==NULL&&bt->rchild==NULL)
      count++;             //count 全局变量,初始值为 0
    Leafnum(bt->lchild);   //递归统计左子树叶子数
    Leafnum(bt->rchild);   //递归统计右子树叶子数
  }
}
```

若将算法描述 6.11 中的条件语句条件改为 if(bt->lchild!=NULL&&bt->rchild!=NULL)，则可以按先序遍历方式遍历二叉树中度为 2 的结点；若将条件改为 if(bt->lchild!=NULL || bt->rchild!=NULL)，则可以按先序遍历方式遍历二叉树中度为 1 的结点。

【算法描述 6.12】统计二叉树叶子结点数(按照先序遍历，使用指针形参)

```
void  Leafnum(BTree bt,int *n){
int n1,n2;
  if(bt)
    *n=0;
  else{
    if(bt->lchild==NULL&&bt->rchild==NULL)
      *n=1;
    Leafnum(bt->lchild);        //递归统计左子树叶子数
     Leafnum(bt->rchild);       //递归统计右子树叶子数
    *n=n1+n2;
  }
}
```

【算法描述 6.13】统计二叉树叶子结点数(按照先序遍历，利用函数返回值)

```
int  Leafnum(BTree bt){
  if(bt==NULL)
    return 0;
  else  if(bt->lchild==NULL&&bt->rchild==NULL)
    return 1;
  else return (Leafnum(bt->lchild)+Leafnum(bt->rchild));
}
```

(3)求二叉树结点总数

若二叉树根结点不为空，则计数器 count 加 1；递归统计 bt 的左子树结点数；递归统计 bt 的右子树结点数。

【算法描述 6.14】计算二叉树中结点个数(按照先序遍历，使用全局变量)

```
void  Allnum(BTree bt){
  if(bt){
    count++;                //count 全局变量,初始值为 0
    Allnum(bt->lchild);  //递归统计左子树结点数
    Allnum(bt->rchild);  //递归统计右子树结点数
  }
}
```

将算法描述 6.12 中的计数语句改为条件计数语句 if(bt->lchild!=NULL&&bt->rchild!=NULL)n=n+1，可以统计出二叉树中度为 2 的结点数。也可以采用其他形式进行二叉树中结点个数的递归计算，如算法描述 6.13、6.14 所示。

【算法描述 6.15】计算二叉树中结点个数(按照先序遍历，使用指针形参)

```
void  Allnum(BTree bt,int  *n){
  int n1,n2;
  if(bt==NULL)
    *n=0;
  else{
    Allnum(bt->lchild,n1);          //递归统计左子树结点数
    Allnum(bt->rchild,n2);          //递归统计右子树结点数
    *n= *n1+ *n2+1;
  }
}
```

【算法描述 6.16】计算二叉树中结点个数(按照先序遍历，利用函数返回值)

```
int  Allnum(BTree bt){
  if(bt==NULL)
    return 0;
  else
    return (1+Allnum(bt->lchild)+Allnum(bt->rchild));
}
```

(4)输出二叉树中前 k 个结点的值

由于问题不是输出所有结点，所以可以根据求解所有结点进行修改，设置一个计数器用于记录当前结点是第几个结点，要求计数器中数值不超过 k。在统计过程中还需要注意遍历策略，是采用先序、中序、后序还是层次遍历。下面以先序序列为例，进行算法的讨论，其他遍历策略可自己进行修改。

【算法描述 6.17】输出二叉树中前 **k** 个结点的值(按照先序遍历)

```
void  PreOrderTraverse(BTree bt ,int k){        //先序遍历二叉树,并对每个元素调用 Visit 函数
  int  n=0;
  if(bt){
    Visit(bt->data);
    n++;
    if(n<=k)
      printf("%d\t",bt->data);
    PreOrderTraverse(bt->lchild);
    PreOrderTraverse(bt->rchild);
  }
}
```

(5)求二叉树的深度

若二叉树为空，则返回 0，否则，递归统计左子树的深度，递归统计右子树的深度，递归结束，返回其中大的一个，就是二叉树的深度。本算法也可以采用多种形式，具体实现代码如下。

【算法描述 6.18】计算二叉树深度(按照先序遍历，采用全局变量)

```
void  TreeDeep(BTree bt)
  int  dep,dep1;
  if(bt==NULL)
    dep=0;
  else{
    TreeDeep(bt->lchild);          //递归统计左子树深度,并存储在 dep 中
    dep1=dep;
    TreeDeep(bt->rchild);          //递归统计右子树深度,并存储在 dep 中
    if(dep1>dep)
      dep=dep1+1;                  //加的 1 是树的根结点
    else
      dep=dep+1;
  }
  }
```

【算法描述 6.19】计算二叉树深度(按照先序遍历，采用指针形参)

```
void  TreeDeep(BTree bt,int *dep){
  int  ldep,rdep;
  if(bt==NULL)
    *dep= 0;
```

```
  else{
    TreeDeep(bt->lchild,&ldep);            //递归统计左子树深度
    TreeDeep(bt->rchild,&rdep);            //递归统计右子树深度
    if(ldep>rdep)
      *dep=ldep+1;
    else
      *dep=rdep+1;
  }
}
```

【算法描述 6.20】计算二叉树深度(按照先序遍历，利用函数返回值)

```
int  TreeDeep(BTree bt,int dep){
  int  ldep,rdep;
  if(bt==NULL)
    dep= 0;
  else{
    ldep=TreeDeep(bt->lchild,ldep);           //递归统计左子树深度
    rdep=TreeDeep(bt->rchild,rdep);           //递归统计右子树深度
    if(ldep>rdep)
      dep=ldep+1;
    else
      dep=rdep+1;
  }
  return dep;
}
```

(6)查找数据元素

算法 Search(bt, x)用于实现在非空二叉树 bt 中查找数据元素值为 x 的结点。若查找成功，则返回该结点的地址；若查找失败，则返回空。

【算法描述 6.21】二叉树 bt 中查找数据元素值为 x 的结点(按照先序遍历)

```
BTree  Search(BTree bt, DataType x){
  BTree  temp;
  if(bt==NULL)
    return  NULL;
  if(x==bt->data)
    return bt;
  temp=Search(bt->lchild, x);           //左子树上查找元素值为 x 的结点
  if(temp!=NULL)
    return temp;
```

```
    else
        return Search(bt->rchild, x);
}
```

(7)求结点双亲

【算法描述 6.22】从二叉树 bt 结点开始求结点 current 的双亲结点

```
BTree   Parent(BTree   bt,BNode   *current){
    BTree   temp;
    if(bt==NULL)
        return   NULL;
    if(bt->lchild==current||bt->rchild==current)
        return bt;
    temp=Parent(bt->lchild, current);
    if(temp!=NULL)
        return temp;
    else
        return Parent(bt->rchild, current);
}
```

(8)求结点路径

【算法描述 6.23】在二叉树 bt 中求从根结点到元素值为 x 的结点路径。

```
void   NodePath(BTree   bt,DataType x){          //顺序栈 StackDataType s[BTMaxLen] 存储
    BTree p;
    int   top,i;
    if(bt==NULL){
        printf("二叉树为空!\n");
        exit(0);
    }
    if(bt->data==x){                             //根结点元素值为 x,算法结束
        printf("x 为根结点的元素值,无祖先!\n");
        exit(0);
    }
    else{
        top=-1;
        p=bt;
        while(p!=NULL||top!=-1){
            while((p!=NULL)&&(p->data!=x)){
                top++;
                s[top].T=p;
```

```
            s[top].tag=0;
            p=p->lchild;
        }                                   //while
        if((p!=NULL)&&(p->data==x)){
            printf("结点值为%d 的祖先是:",x);
            for(i=0;i<=top;i++)
                printf("%d",s[i].T->data);
            exit(0);
        }                                   //if
        else{
            while(top!=-1&&s[top].tag==1)
                top--;
            if(top!=-1){
                s[top].tag=1;
                p=s[top].T->rchild;
            }                               //if
        }                                   //else
    }                                       //while
    printf("二叉树中没有值为 x 的结点! \n");
    }                                       //else
}
```

6.4　线索二叉树

6.4.1　线索二叉树的基本概念

由 6.3 节的讨论可知，按照某种遍历方式对二叉树进行遍历，可以把二叉树中所有结点排列为一个线性序列。在该序列中，除第一个结点外，每个结点有且仅有一个直接前驱结点；除最后一个结点外，每个结点有且仅有一个直接后继结点。但是，二叉树中每个结点在这个线性序列中的直接前驱结点和直接后继结点是什么，在二叉树的二叉链表存储结构中并没有反映出来（在二叉树的二叉链表存储结构中，只能找到结点的左、右孩子信息），这种信息只能在对二叉树遍历的动态过程中得到。

如何保存这种在遍历过程中得到的信息呢？一个具有 n 个结点的二叉树，若采用二叉链表存储结构，在 2n 个指针域中只有 n-1 个指针域用于存储结点孩子的地址，而另外 n+1 个指针域存放的都是 NULL。能否利用这些空指针域来存放结点的前驱和后继信息？

答案是肯定的。为此，作如下规定：

①若结点有左子树，则其 lchild 域指示其左孩子，否则，令 lchild 域指示其在某种遍

历序列中的直接前驱结点；

②若结点有右子树，则其 rchild 域指示其右孩子，否则，令 rchild 域指示其在某种遍历序列中的直接后继结点。

为了避免混淆，还需改变二叉链表的结点结构，增加两个标志域——lTag 和 rTag，如下所示。

lchild	lTag	data	rTag	rchild

其中，

$$lTag=\begin{cases}0, & \text{lchild 域指示结点的左孩子}\\1, & \text{lchild 域指示结点直接前驱}\end{cases}$$

$$rTag=\begin{cases}0, & \text{rchild 域指示结点的右孩子}\\1, & \text{rchild 域指示结点直接后继}\end{cases}$$

以这种结点结构构成的二叉链表作为二叉树的存储结构，称为线索链表，其中指向结点前驱和后继的指针，称为线索。加上线索的二叉树称为线索二叉树。

由于序列可由不同的遍历方法得到，因此，线索二叉树有先序线索二叉树、中序线索二叉树和后序线索二叉树三种。对二叉树以某种次序遍历使其变为线索二叉树的过程称为线索化。

如图 6.14(a)所示的二叉树进行线索化，得到先序线索二叉树、中序线索二叉树和后序线索二叉树，分别如图 6.14(b)、(c)、(d)所示，图中实线表示指针，虚线表示线索。

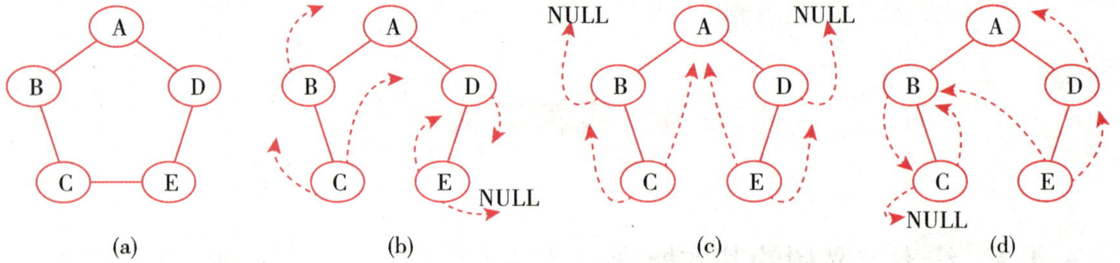

图 6.14　线索二叉树

为了操作便利，在存储线索二叉树时往往增加一个头结点，其结构与其他线索二叉树的结点结构一样，只是其数据域不存放信息，其 lTag 值为 0，lchild 域指向二叉树的根结点；其 rTag 值为 1，rchild 域指向按某种次序遍历时访问的最后一个结点。而原二叉树在某种遍历次序遍历下的第一个结点的 lTag 值为 1，lchild 域指向该头结点；最后一个结点的 rTag 值为 1，rchild 域指向该头结点。这相当于为二叉树建立了一个双向线索链表，既可以从第一个结点起顺着后继进行遍历，也可以从最后一个结点起顺着前驱进行遍历。

图 6.15 给出了如图 6.14(c)所示中序线索二叉树的完整中序线索链表。

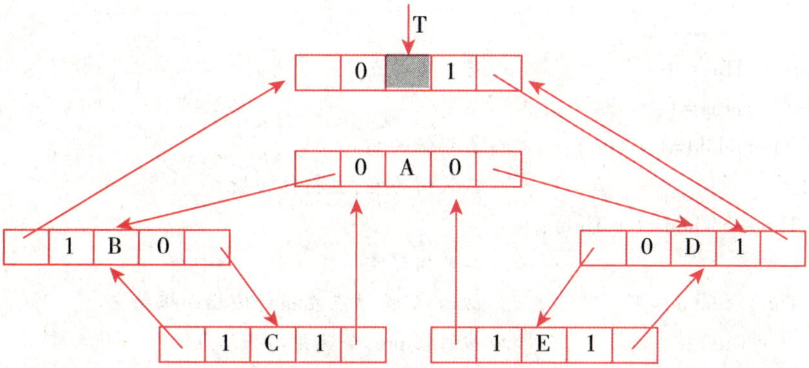

图 6.15　中序线索二叉树线索链表

【算法描述 6.24】线索二叉树的结点结构定义

```
typedef  char DataType;
  typedef   struct   brnode{
  DataType   data;
  struct   brnode  * lchild, * rchild;
  int   lTag,rTag;                    //当 lTag 和 rTag 值为 0 时,lchild 或 rchild 的值为左右孩子指针;当
                                        lTag 和 rTag 值为 1 时,lchild 或 rchild 的值为线索指针
}BRNode, * BiThrTree;
```

6.4.2　线索二叉树的常用操作

下面以中序线索二叉树为例，讨论线索二叉树的建立、线索二叉树的遍历以及在线索二叉树上查找前驱结点、查找后继结点等操作的实现算法。

(1) 建立一棵中序线索二叉树

建立线索二叉树，或者说对二叉树线索化，实质上就是遍历一棵二叉树。在遍历过程中，访问结点的操作是检查当前结点的左、右指针域是否为空，如果为空，则将它们改为指向前驱结点或后继结点的线索。为了实现这一过程，附设一个指针 pre 始终指向刚刚访问过的结点，若指针 p 指向当前访问的结点，则 pre 指向它的前驱，以便增设线索。

另外，在对一棵二叉树增加线索时，必须首先申请一个头结点，建立头结点与二叉树的根结点的指向关系；对二叉树线索化后，还需建立最后一个结点与头结点之间的线索。

【算法描述 6.25】建立中序线索二叉树的递归算法

```
int InorderThreading (BiThrTree  *  Thrt,BiThrTree T){
                                        //中序遍历二叉树 T,并将其中序线索化,Thrt 指向头结点
  BiThrTree pre;
  ( * Thrt)= (BiThrNode * )malloc(sizeof(BiThrNode));
  if( ! ( * Thrt)){
    printf("failed\n");
    return 0;
```

```
    }
    (*Thrt)->lTag=0;                    //建立头结点
    (*Thrt)->rTag=1;
    (*Thrt)->rchild=(*Thrt);            //右指针回指
    if(!T)                              //二叉树为空,左指针回指
      (*Thrt)->lchild=(*Thrt);
    else{                               //二叉树非空
      (*Thrt)->lchild=T;                //初始化,头结点左指针域指向根结点
      pre=(*Thrt);                      //初始化pre,令其指向头结点
      InThreading(T,pre);               //中序遍历进行中序线索化
      pre->rchild=(*Thrt);
      pre->rTag=1;                      //最后一个结点线索化
      (*Thrt)->rchild= pre;             //头结点右指针域指向中序序列的最后一个结点
    }
    return 1;
}
```

【算法描述 6.26】对二叉树中序遍历进行中序线索化算法

```
void InThreading (BiThrTree p,BiThrTree *pre){
                    //对二叉树中序遍历进行中序线索化,其中p为当前指针,pre是p的前驱指针
  if(p){
    InThreading(p->lchild,pre);                       //p的左子树线索化
    if(!p->lchild){
      p->lTag=1;
      p->1child=pre;                                  //p结点加前驱线索
    }
    if(!pre->rchild){
      pre->rTag=1;
      pre->rchild=p;                                  //p结点加后继线索
      pre=p;                                          //保持pre指向p结点的前驱
    }
  }
}
```

(2)在中序线索二叉树上查找任意结点的中序前驱结点

对于中序线索二叉树上的任一结点，寻找其中序前驱结点，有以下两种情况。

①如果该结点的左标志为 1，那么其左指针域所指向的结点便是它的前驱结点。

②如果该结点的左标志为 0，表明该结点有左孩子，根据中序遍历的定义，它的前驱结点是以该结点的左孩子为根结点的子树的最右结点，即沿着其左子树的右指针链向下查找，当某结点的右标志为 1 时，它就是所要找的前驱结点。

【算法描述 6.27】在中序线索二叉树的中序序列中寻找结点 p 的前驱结点

```
BiThrTree InOrderPriorNode(BiThrTree p){
  BiThrTree prior;
  prior=p->lchild;
  if(p->lTag!=1)
    while (prior->rTag==0)
      prior=prior->rchild;
  return prior;
}
```

(3) 在中序线索二叉树上查找任意结点的中序后继结点

对于中序线索二叉树上的任一结点，寻找其中序后继结点，有以下两种情况。

①如果该结点的右标志为 1，那么其右指针域所指向的结点便是它的后继结点。

②如果该结点的右标志为 0，表明该结点有右孩子，根据中序遍历的定义，它的后继结点是以该结点的右孩子为根结点的子树的最左结点，即沿着其右子树的左指针链向下查找，当某结点的左标志为 1 时，它就是所要找的后继结点。

【算法描述 6.28】在中序线索二叉树的中序序列中寻找结点 p 的后继结点

```
BiThrTree InOrderNextNode(BiThrTree p){
  BiThrTree next;
  next=p->rchild;
  if(p->rTag!=1)
    while (next->lTag==0)
      next=next->lchild;
  return next;
}
```

以上给出的仅是在中序线索二叉树中寻找某结点的前驱结点和后继结点的算法。在先序线索二叉树中寻找结点的后继结点以及在后序线索二叉树中寻找结点的前驱结点可以采用同样的方法分析和实现。

(4) 遍历中序线索二叉树

在中序线索链表中，设置一个指针 p，开始时指向根结点，且当二叉树非空或遍历未结束时，重复进行如下操作。

①顺着指针 p 的左链域寻找，直到结点左标志 lTag 为 Thread 为止。

②访问其左标志 lTag 为 Thread 的结点，即左子树为空的结点。

③当指针 p 的右标志 rTag 为 Thread，且右指针 rchild 不指向头结点(即 p 的 rchild 指向后继)时，访问其后继。

④当指针 p 的右标志 rTag 为 Link(即 p 的 rchild 指向右孩子)时，或右指针 rchild 指向头结点时，令 p=p->rchild。

【算法描述 6.29】遍历中序线索二叉树的非递归算法

```
void  InOrderTraverser_Thr(BiThrTree Thrt){
  BRNode  *p;
  p=Thrt->lchild;                         //p 指向根结点
  while(p!=Thrt){
    while(p->lTag==0)
      p=p->lchild;                        //顺着 p 的左链域寻找
    Visit(p->data);                       //访问其左子树非空的结点,Visit()为访问或操作
    while(p->rTag==1&&p->rchild!=Thrt){
      p=p->rchild;
      Visit(p->data);                     //访问后继结点
    }
    p=p->rchild;
  }
}
```

算法描述 6.29 的时间复杂度也为 O(n)，但常数因子要比 6.3 节讨论的算法小，且不需要设置辅助栈。因此，若在某程序中所用二叉树经常遍历或查找结点在遍历序列中的前驱或后继，则应采用线索链表作为存储结构。

(5) 在中序线索二叉树上查找值为 x 的结点

如果要搜索的中序线索二叉树中值为 x 的结点不止一个，在找到第一个值为 x 的结点后就返回。

在中序线索二叉树上查找值为 x 的结点，实际上就是在线索二叉树上进行遍历，将访问结点的操作具体写为用当前结点的值与 x 比较的语句。

为了在找到第一个值为 x 的结点后就返回，可以采用如下方法：先找到中序遍历的第一个结点，然后利用在中序线索二叉树寻找后继结点的算法依次查询其后继；或者先找到中序遍历的最后一个结点，然后利用在中序线索二叉树上寻找前驱结点的算法依次查询其前驱，以此来遍历二叉树的所有结点。

【算法描述 6.30】中序遍历线索二叉树中查找值为 x 的结点

```
BiThrTree Search (BiThrTree Thrt, TElemType x){
  BiThrTree p;
  p=Thrt->lchild;
  while (p->lTag==0 &&p!=Thrt)
    p=p->lchild;
  while(p!=Thrt&&p->data!=x)
    p= InOrderNextNode(p);                 //算法描述 6.28 的调用
  if(p==Thrt){
  printf("二叉树中没有值为 x 的结点! \n");
```

```
        return NULL;
    }
    else
        return p ;
}
```

6.5 树和森林

6.5.1 树与二叉树的相互转换

由于二叉树和树都可以用二叉链表作为存储结构，所以以二叉链表为媒介可以导出树与二叉树之间的一一对应关系。也就是说，给定一棵树，可以找到唯一的一棵二叉树与之对应。从物理存储结构来看，它们的二叉链表是相同的，只是解释不一样，如图 6.16 所示。反之，任意一棵二叉树也能够唯一地对应到一棵树上。

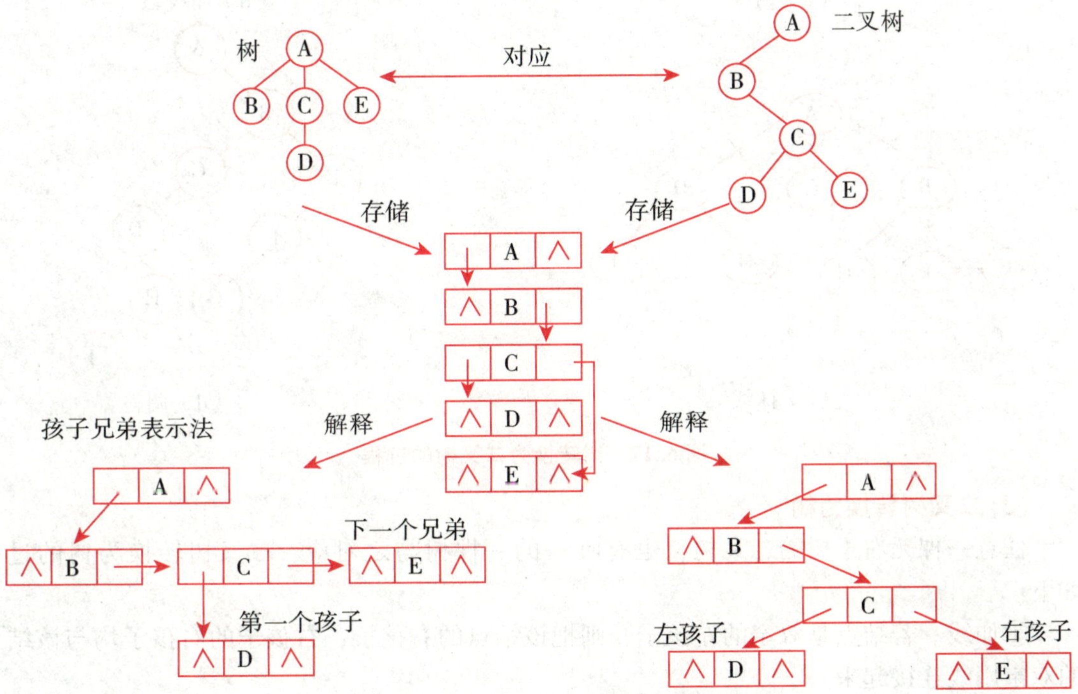

图 6.16 树与二叉树的对应关系

(1) 树转换为二叉树

由图 6.16 所示，树由孩子兄弟表示法创建二叉链表，树中兄弟转换为二叉树中的右孩子，所以树转换为二叉树的过程如下：

①加线。将结点与下一个兄弟之间用线连接起来。

②抹线。对于每一个结点，除保留该结点与其最左孩子的连线外，去掉该结点与其他孩子之间的连线。

③调整。以树的根结点作为二叉树的根结点，将结点的右侧水平连线及结点顺时针旋转 45°，并按照层次排列调整为二叉树。

转换过程如图 6. 17 所示，经过这种方法转换后对应的二叉树是唯一的，并具有以下特点：

①转换后的二叉树的根结点只有左子树，没有右子树。

②转换生成的二叉树中各结点的左孩子是原树中结点最左的孩子，右孩子是原树中结点的下一个兄弟。

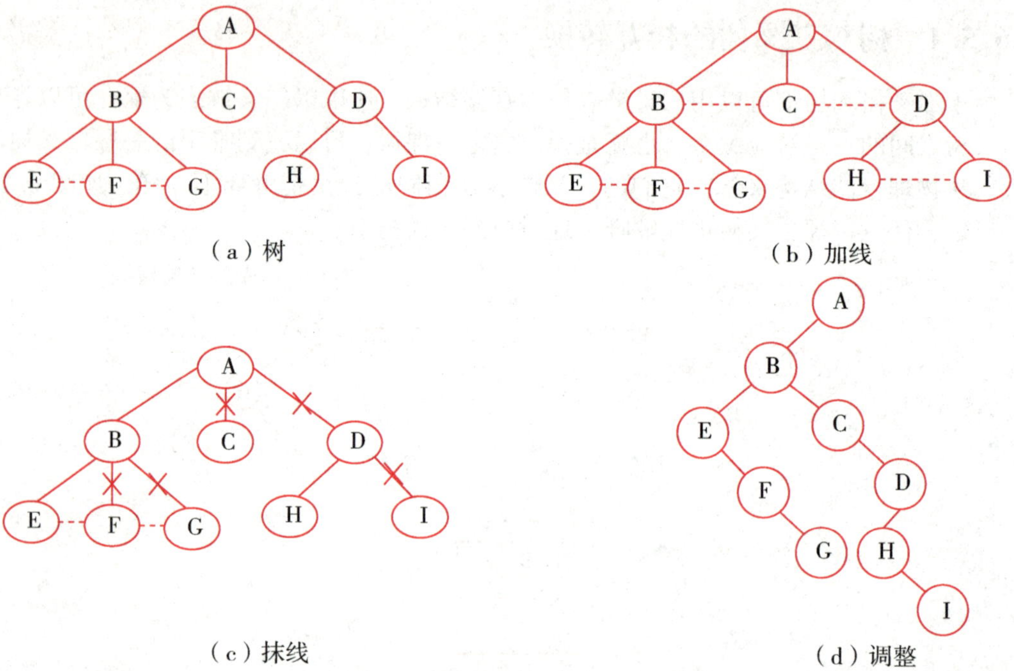

图 6. 17　树转换为二叉树的过程

(2) 二叉树转换为树

任意一棵无右子树的二叉树，也有唯一的一棵树与之对应，二叉树转换为树的过程如下：

①加线。若结点是双亲的左孩子，则把该结点的右孩子、右孩子的右孩子均与该结点的双亲用线连接起来。

②抹线。抹掉二叉树中所有双亲与其右孩子之间的连线。

③调整。以二叉树的根结点为树的根结点，将各结点按照树的层级进行整理，调整为树形结构。

转换过程如图 6. 18 所示，无右子树的二叉树转换的树是唯一的。

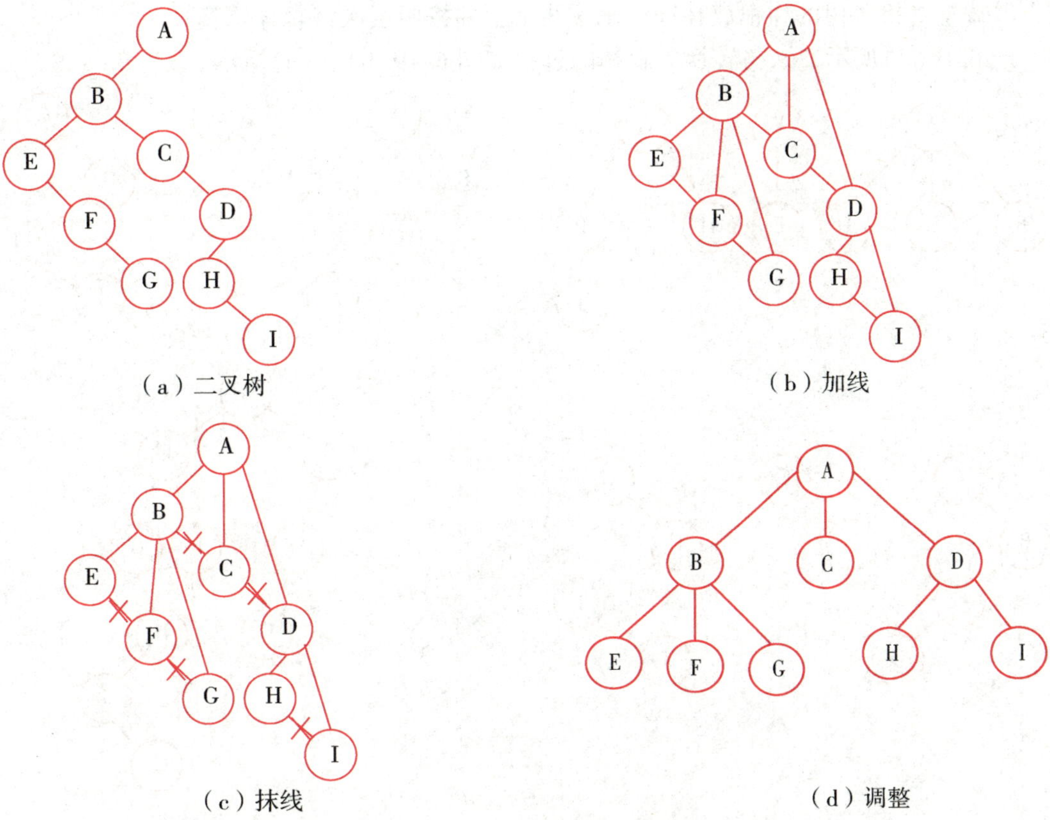

（a）二叉树　（b）加线　（c）抹线　（d）调整

图 6.18　二叉树转换为树的过程

6.5.2　森林与二叉树的相互转换

（1）森林转换为二叉树

由于树和二叉树可相互唯一转换，所以森林只要先将树中的各棵树转换为二叉树，转换后的二叉树根结点无右子树，再将多棵二叉树的根结点连接在一起，调整为一棵二叉树。具体过程如下：

①转换。将森林中的每棵树转换为相应的二叉树。

②加线。将各二叉树根结点之间进行连线。

③调整。以第一棵二叉树的根结点为最终二叉树根结点，依次将右边的二叉树根结点作为左边二叉树根结点的右孩子结点，并根据树的层次调整为一棵二叉树。

转换过程如图 6.19 所示。

（2）二叉树转换为森林

二叉树转换为森林的过程如下：

①抹线。抹掉二叉树根结点右孩子方向上所有结点之间的连线，将一棵二叉树分为多棵二叉树。

②转换。将各二叉树转换为树。

③调整。将各树的树根放在同一水平线上，并按照层次将森林调整好。

图 6.19(d)所示二叉树转换为森林的过程如图 6.19(b)、(a)所示。

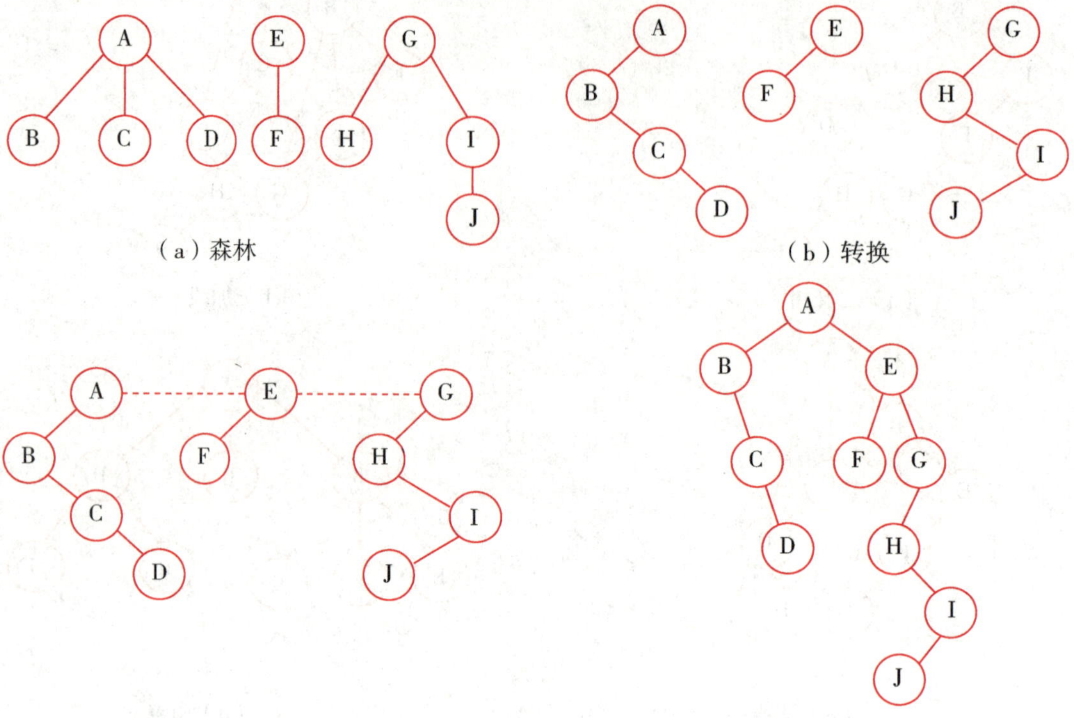

(a) 森林　(b) 转换　(c) 加线　(d) 调整

图 6.19　森林转换为二叉树的过程

6.5.3　树与森林的遍历

(1) 树的遍历

由于树的结构特点可以引出树的 3 种次序的遍历：第一种是先根遍历，即先访问树的根结点，然后按照从左到右的顺序依次先根遍历根的每棵子树；第二种是后根遍历，即先按照从左到右的顺序依次后根遍历根的每棵子树，然后访问根结点；第三种是层次遍历，即按照层次自上而下，每一层次自左向右一次遍历所有结点。

如图 6.17(a)中树的先根遍历序列为：A B E F G C D H I。

如图 6.17(a)中树的后根遍历序列为：E F G B C H I D A。

如图 6.17(a)中树的层次遍历序列为：A B C D E F G H I。

根据树转换的二叉树的三种序列可以得出：树的先根序列对应转换之后的二叉树的前序序列，树的后根序列对应转换之后的二叉树的中序序列。因此，当以二叉链表作为树的存储结构时，树的先根遍历和后根遍历可以借用二叉树的前序遍历和中序遍历算法实现。

(2) 森林的遍历

按照森林和树相互转换的方法，可以推出森林的三种遍历方法：先序遍历、后序遍历、层次遍历。

①先序遍历。

a. 遍历森林中第一棵树的根结点。

b. 先根遍历第一棵树中根结点的子树森林。

c. 先根遍历除去第一棵树之后剩余的树构成的森林。

如图 6.19(a)中森林的先序遍历序列为：A B C D E F G H I J。

②后序遍历。

a. 后根遍历森林中第一棵树的根结点的子树森林。

b. 访问第一棵树的根结点。

c. 后根遍历森林中除第一棵树外的子树森林。

如图 6.19(a)中森林的后序遍历序列为：B C D A F E H J I G。

③层次遍历。

按照自上而下的层次，每一层自左向右逐一遍历森林中所有结点。

如图 6.19(a)中森林的层次遍历序列为：A E G B C D F H I J。

6.6 哈夫曼树及其应用

6.6.1 哈夫曼树的定义

哈夫曼(Huffman)树，又称最优二叉树，是一类带权路径长度最短的二叉树，有着广泛的应用。

哈夫曼树的基本概念及术语如下。

①路径。从树中一个结点到另一个结点之间的分支构成这两个结点之间的路径。

②路径长度。路径上的分支数目。

③树的路径长度。它是指由树根到每个结点的路径长度之和。如在同样具有 n 个结点的二叉树中，完全二叉树就是树的路径长度最短的二叉树。

④结点的权。在实际应用中，人们常常给树的每个结点赋予一个具有某种实际意义的数，如单价、出现频率等，称为这个结点的权。

⑤结点的带权路径长度。从树根到某一结点的路径长度与该结点的权的乘积称为该结点的带权路径长度。

⑥树的带权路径长度(WPL)。树中所有叶子结点的带权路径长度之和，记为

$$WPL = \sum_{i=1}^{n} W_i y \cdot L_i$$

其中，n 为叶子结点的数目，W_i 为第 i 个叶子结点的权值，L_i 为第 i 个叶子结点的路径长度。

给定一组具有确定权值(2，4，5，7)的叶子结点 a，b，c，d，可以构造如图 6.20 所示五棵形态不同的二叉树。

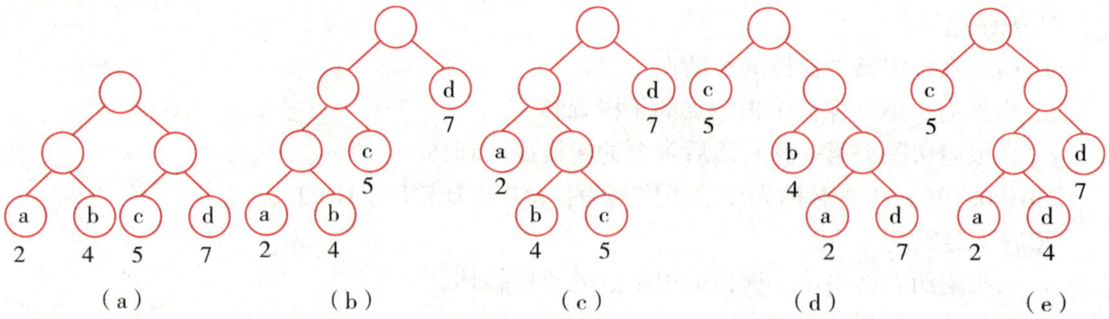

图 6.20　固定权值叶子结点构造多态二叉树

这五棵二叉树的带权路径长度分别如下。

(a) WPL = 2×2+4×2+5×2+7×2 = 36

(b) WPL = 2×3+4×3+5×2+7×1 = 35

(c) WPL = 2×2+4×3+5×3+7×1 = 38

(d) WPL = 2×3+4×2+5×1+7×3 = 40

(e) WPL = 2×3+4×3+5×1+7×2 = 37

从带权路径长度最小这一角度来看，完全二叉树不一定是最优二叉树，图 6.20 证明了这一点。图 6.20(b)所示二叉树的 WPL 最小。可以验证，其为哈夫曼树，即其带权路径长度在所有带权为 2，4，5，7 的四个叶子结点的二叉树中最小。

那么，对于给定的叶子结点的个数 n 及权值 $\{w_1, w_2, \cdots, w_n\}$，如何构造哈夫曼树呢？根据哈夫曼树的定义，一棵二叉树要使其 WPL 值最小，必须使权值越大的叶子结点越靠近根结点，而权值越小的叶子结点越远离根结点。哈夫曼根据这一特点给出了一个带有一般规律的算法，称为哈夫曼算法，具体如下。

①由给定的 n 个权值 $\{w_1, w_2, \cdots, w_n\}$ 构造 n 棵二叉树的集合 $F = \{T_1, T_2, \cdots, T_n\}$，其中每棵二叉树 T_i 中只有一个权值为 w_i 的根结点，其左右子树均为空。

②在 F 中选取根结点的权值最小和次小的两棵二叉树作为左、右子树构造一棵新的二叉树，这棵新的二叉树根结点的权值为其左、右子树根结点权值之和。

③在集合 F 中删除作为左、右子树的两棵二叉树，并将新建立的二叉树加入到集合 F 中。

④重复②③两步，当 F 中只剩下一棵二叉树时，这棵二叉树便是所要建立的哈夫曼树。

图 6.21 给出了前面提到的叶子结点权值集合 W = {2，4，5，7} 的哈夫曼树的构造过程。可以计算出其带权路径长度为 35。从图 6.21 可以看出，对于同一组给定叶子结点所构造的哈夫曼树，树的形状可能不同，但带权路径长度值是相同的，且一定是最小的。

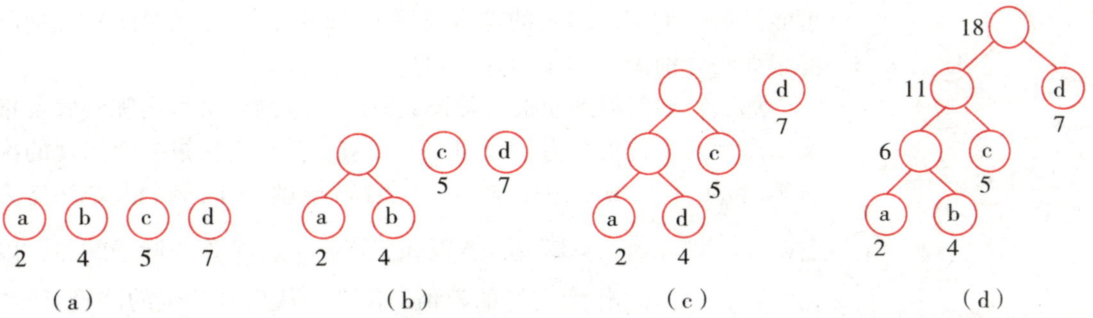

图 6.21　哈夫曼树的构造

6.6.2　哈夫曼编码

在数据通信中，经常需要将传送的文字转换成由二进制字符 0，1 组成的二进制串，此过程称为编码。例如，假设要传送的报文为 ABACCDA，报文中只含有 A，B，C，D 四种字符，若这四种字符采用图 6.22(a) 所示的编码，则报文的代码为 00010010101100，长度为 14。对方接收时，可按两位为一个单元进行译码。

字符	编码
A	00
B	01
C	10
D	11

(a)

字符	编码
A	0
B	00
C	1
D	01

(b)

字符	编码
A	000
B	01
C	1
D	001

(c)

图 6.22　字符的 3 种不同的编码方案

当然，在传送报文时，人们总是希望传送时间尽可能短，这就要求报文代码尽可能短。如果在编码时考虑字符出现的频率，让出现频率高的字符采用尽可能短的编码，出现频率低的字符采用稍长的编码，构造一种不等长编码，则报文的代码可能更短。例如，当字符 A，B，C，D 采用如图 6.22(b) 所示编码时，上述报文的代码为 000011010，长度仅为 9。但是，这样的报文无法译码，如传送过去的字符串中前 4 个字符的子串 0000 就可以有多种译法，或是 ABA，或是 AAB，或是 BAA 等。因此，这样的编码不能保证译码的唯一性，称之为具有二义性的译码。由此得出，若要设计长度不等的编码，则必须使任何一个字符的编码都不是另一个字符编码的前缀，这样才能保证译码的唯一性，这种编码称为前缀编码。

可以利用二叉树来设计二进制的前缀编码。假设有一棵如图 6.23 所示的二叉树，其 4 个叶子结点分别表示 A，B，C，D 这 4 个字符，若约定左分支表示字符'0'，右分支表示字符'1'，则可以将从根结点到叶子结点的路径上分支字符组成的 0，1 字符串，作为该叶子结点字符的编码。如此得到的必为二进制前缀编码，因为在上述二叉树中，每个字符结点都是叶子结点，它们不可能在根结点到其他字符结点的路径上，所以一个字符的编码不

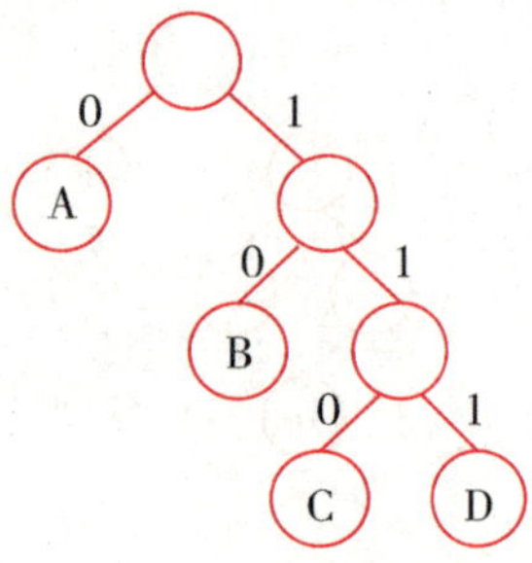

图 6.23 前缀编码示例

可能是另一个字符编码的前缀。图 6.23 中 A，B，C，D 的二进制前缀编码分别为 0，10，110，111。

那么，如何得到使报文总长最短的二进制前缀编码呢？假设报文中出现的字符集合为$\{d_1, d_2, \cdots, d_n\}$，它们在报文中出现的次数集合为$\{w_1, w_2, \cdots, w_n\}$，其编码长度为 l_i，则报文总长为 $\sum_{i=1}^{n} w_i \cdot l_i$。对应到二叉树上，若以 d_1，d_2，…，d_n 作为叶子结点，以 w_1，w_2，…，w_n 作为它们的权值，l_i 恰为从根到叶子的路径长度。由此可见，设计报文总长最短的二进制前缀编码即为以 n 个字符出现的次数作为权，设计一棵哈夫曼树的问题，由此得到的二进制前缀编码便称为哈夫曼编码(它是最优的二进制前缀编码)。

下面讨论实现哈夫曼编码的算法。

实现哈夫曼编码的算法可分为如下两大部分。

①构造哈夫曼树。

②在哈夫曼树上求叶子结点的编码。

哈夫曼编码的算法思想如下。

①在已建立的哈夫曼树中，从叶子结点开始，沿结点的双亲链域回退到根结点，每回退一步，就走过了哈夫曼树的一个分支，从而得到一位哈夫曼码值。回退时走左分支则生成代码 0，走右分支则生成代码 1。

②由于一个字符的哈夫曼编码是从根结点到相应叶子结点所经过的路径上各分支所组成的 0，1 序列，因此先得到的分支代码为所求编码的低位码，后得到的分支代码为所求编码的高位码。为此，将生成的代码先从后往前依次存放在一个临时数组中，并设一个指针 start 指示编码在临时数组中的起始位置(start 初始时指示临时数组的结束位置)。

③当某个字符编码完成时，先根据编码的实际长度动态分配空间，再从临时数组的 start 处将编码复制到该存储空间。

哈夫曼编码的算法参考算法描述 6.31。

【算法描述 6.31】从叶子结点到根结点逆向求每个字符的哈夫曼编码

```
void HuffmanCoding(HuffmanTree HT,HuffmanCode *HC,int n){
    int i,start;
    unsigned int c,f;
    char * cd=NULL;
    HC=(HuffmanCode)malloc(n * sizeof(char * ));          // 分配 n 个字符编码的头指针数组
    cd=(char * )malloc(n * sizeof(char));                 //分配求编码的工作空间
    cd[n-1]='\0';                                         //编码结束符
    for(i=1;i<= n;i++){                                   //逐个字符求哈夫曼编码
        start=n-1;                                        //编码结束符位置
        for(c=i,f=HT[i].parent;f!=0;c=f,f=HT[f].parent){  // * 从叶子到根逆向求编码
            if(HT[f].lchild==c)
```

```
            cd[--start] = '0';
        else
            cd[--start] = '1';
        (*HC)[i]=(char*)malloc((n-start)*sizeof(char));          //为第 1 个字符编码分配空间
        strcpy((*HC)[i],&cd[start]);                              //从 cd 复制编码(串)到 HC
        }
        free(cd);
}
```

在算法描述 6.31 中，求每个字符的哈夫曼编码是从叶子到根逆向处理的。也可以从根出发，遍历整棵哈夫曼树，求得各个叶子结点所表示的字符的哈夫曼编码，如算法描述 6.32 所示。

【算法描述 6.32】从根结点到叶子结点求每个字符的哈夫曼编码

```
void HuffmanCoding (HuffmanTree HT, HuffmanCode * HC,int n){
    int i;
    int m,p,cdlen;
    char *cd=NULL;
    m=2*n-1;
    *HC=(HuffmanCode)malloc(n*sizeof(char*));
    cd=(char*)malloc (n*sizeof (char));
    p=m;cdlen=0;
    for(i=1;i<=m;i++)
        HT[i].weight=0;                          //遍历哈夫曼树时用于结点状态标志
    while(p){
        if(HT[p].weight==0){
            HT[p].weight=1;
            if(HT[p].lchild!=0){
                p=HT[p].1child;
                cd[cdlen++]='0';
            }
            else if(HT[p].rchild==0){            //登记叶子结点的哈夫曼编码
                (*HC)[p]=(char*)malloc((cdlen+1)*sizeof(char));
                cd[cdlen]='\0';
                strcpy((*HC)[p],cd);             //复制编码(串)
            }
        }
        else if(HT[p].weight==1){
            HT[p].weight=2;
            if(HT[p].rchild!=0){
                p=HT[p].rchild;
```

```
            cd[cdlen++]='1';
        }
    }
    else{                                      //HT[p].weight=2,退回
      HT[p].weight=0;
      p=HT[p].parent;
        --cdlen;                               //退到父结点,编码长度减1
    }                                          //while
    free(cd);                                  //释放工作空间
}
```

译码的过程是分解报文中的字符串。从哈夫曼树的根结点出发，按字符'0'或'1'确定左孩子或右孩子，直到叶子结点为止，便求得该子串相应的字符。

6.7 二叉树的应用——表达式求值

第3章栈的应用举例中讨论了表达式求值，表达式的3种表示形式——前缀表达式、中缀表达式、后缀表达式，以及用栈进行后缀表达式的求值操作。但是中缀表达式转换后缀表达式只阐述了理论，而没有实现。可以把任意一个算术表达式用一棵二叉树表示，如图6.24所示为表达式(a+b)×(c−d)的二叉树表示。

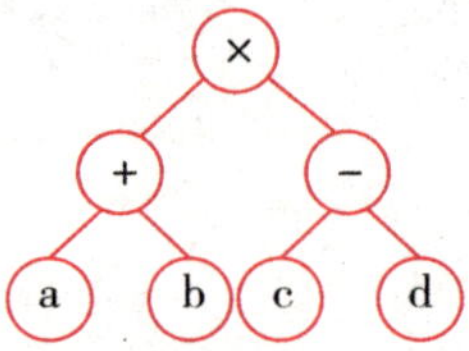

图6.24 表达式(a+b)×(c−d)的二叉树表示

在表达式二叉树中，每个叶子结点都是操作数，每个非叶子结点都是运算符。对于一个非叶子结点，它的左、右子树分别是它的两个操作数。对该二叉树分别进行先序、中序和后序遍历，可以得到表达式的3种不同表示形式：

前缀表达式：× + a b − c d

中缀表达式：a + b × c − d

后缀表达式：a b + c d − ×

中缀表达式是经常使用的算术表达式，前缀表达式和后缀表达式分别称为波兰表达式和逆波兰表达式，它们在编译程序中有着非常重要的作用。

假定表达式二叉树的二叉链表存储表示如下。

【算法描述 6.33】

```
typedef  struct  Node{
   char data;
   struct Node  * lchild,  * rchild;
}BiTNode, *  BiTree;
```

算法描述 6.34 以递归方式建立表达式二叉树的二叉链表存储结构，此算法以表达式二叉树顺序存储结构数组作为输入。算法描述 6.34 由表达式二叉树的二叉链表存储结构计算表达式的值。

【算法描述 6.34】递归建立表达式二叉树的二叉链表存储结构

```
BiTree CreateBiTree(int  *  nodelist,int position){
   BiTree p;                                          //定义新结点指针
   if(nodelist[position] = =0||position>N)           //递归的终止条件,N 为表达式字符串的长度
     return NULL;
   else{
     p=(BiTree)malloc(sizeof(BiTNode));               //申请新结点内存空间
     p->data=nodelist[position];                      //新结点数据域赋值
     p->1child=CreateBiTree(nodelist,2 * position);   //递归建立左子树
     p->rchild=CreateBiTree(nodelist,2 * position+1);//递归建立右子树
     return p;
   }
}
```

在此算法中，nodelist 为表达式二叉树顺序存储结构数组，若结点为空，则相应数组元素取 0 值，position 指示所要创建的二叉树的根结点在 nodelist 数组中的位置。

【算法描述 6.35】计算表达式的值

```
int   Calculate(BiTree T){                          //T 为表达式二叉树的根结点指针
   int oper1=0;                                      //前操作数变量
   int oper2=0;                                      //后操作数变量
   if1(T->lchild= =NULL&&T->rchild= =NULL)          //如果是操作数
     return T->data-'0';                             //把操作数由字符转换为数字,并返回
   else{
     oper1=Calculat(T->lchild);                      //计算左子树表达式的值,存入前操作数变量
     oper2=Calculate(T->rchild);                     //计算右子树表达式的值,存入后操作数变量
     return Get_Value(T->data,oper1,oper2);          //根据运算符计算两操作数的值
   }
}
```

Get_Value()函数代码如算法描述 6.36 所示。

【算法描述 6.36】根据运算符 oper 计算两操作数 oper1 和 oper2 的值

```
int Get_Value(int oper,int oper1,int oper2){
    switch((char)oper){
        case '*':return (oper1 * oper2);
        case '/':return (oper1/oper2);
        case '+':return (oper1+oper2);
        case '-':return (oper1-oper2);
    }
}
```

二叉树的应用非常广泛。除了在数据通信、数据压缩、表达式处理方面的应用外，二叉树也应用在数据检索领域中，二叉查找树就是二叉树在数据检索领域中的应用。在大数据量的数据检索中，二叉查找树可以提供高效的检索和更新元素的操作。关于二叉查找树在本书第 8 章中会详细介绍。

6.8 小　结

本章首先介绍树的定义、树结构的基本术语、树的常用基本操作及树的表示，然后重点介绍二叉树的定义、性质、存储结构及基本操作算法，并讨论树的存储结构、树和森林与二叉树的相互转换，最后介绍二叉树的应用。

树形结构是分支关系定义的层次结构，结构中的数据元素之间存在着“一对多”的关系。树中除根结点没有前驱外，其余每个结点只有一个前驱，所有结点都有零个或多个后继。树形结构为自然界和计算机应用中出现的具有层次关系的数据提供了一种形象的表示方法。

二叉树是另一种树形结构。二叉树中每个结点至多有两个孩子，且有明确的左、右之分。

一棵深度为 k 的二叉树，最少含有 k 个结点，最多含有 2^k-1 个结点；一棵具有 n 个结点的二叉树，其最小深度为$\lfloor \log_2 n \rfloor+1$。

二叉树具有顺序和链式两种存储结构，满二叉树和完全二叉树通常采用顺序存储结构，普通二叉树通常采用链式存储结构。

二叉树的遍历操作是二叉树各种操作的基础。二叉树的遍历有先序、中序、后序遍历及层次遍历，遍历的过程实际上是把非线性结构线性化的过程。由二叉树的先序和中序序列可以唯一确定一棵二叉树，由二叉树的中序和后序序列也可以唯一确定一棵二叉树，但是，由二叉树的先序和后序序列不能唯一确定一棵二叉树，因为不能确定左、右子树的大小(结点数)或者说不知其子树结束的位置。

一个具有 n 个结点的二叉树，若采用二叉链表存储结构，在 2n 个指针域中只有 n-1 个指针域用来存储结点孩子的地址，而另外 n+1 个指针域存放的都是 NULL。所谓线索化二叉树是指将二叉树中每个结点的空的左右孩子指针域分别修改为指向其给定顺序(先序、中序、后序)的前驱、后继结点。线索二叉树的遍历算法是不需要栈的非递归算法，算法执行效率高，若在某程序中所用二叉树经常遍历或查找结点在遍历序列中的前驱或后继，则应采用线索链表作存储结构。

树的存储结构有3种最常用的表示法：双亲表示法、孩子链表表示法、孩子兄弟表示法(又称二叉链表表示法)。

由于树和二叉树都可用二叉链表作为存储结构，所以以二叉链表为媒介可导出树与二叉树之间的一一对应关系。也就是说，给定一棵树，可以找到唯一的一棵二叉树与之对应；反过来，任意一棵二叉树也能够唯一地对应到一棵树上。

由树结构的定义可引出树的两种次序的遍历：先根遍历和后根遍历。其中树的先根序列对应转换之后的二叉树的前序序列，树的后根序列对应转换之后的二叉树的中序序列。因此，当以二叉链表作为树的存储结构时，树的先根遍历和后根遍历可以借用二叉树的前序遍历和中序遍历算法实现。

习 题

一、选择题

1. 树最适合用来表示(　　)。

A. 有序数据元素　　B. 元素之间具有分支层次关系的数据

B. 无序数据元素　　D. 元素之间无联系的数据

2. 下列存储结构中，不是树的存储结构的是(　　)。

A. 双亲存储结构　　B. 孩子兄弟链存储结构

C. 孩子链存储结构　　D. 顺序存储结构

3. 一棵结点个数为n的m(m≥3)次树中，其分支数是(　　)。

A. nh　　B. n+h　　C. n-1　　D. h-1

4. 下列说法中正确的是(　　)。

A. 二叉树中任何一个结点的度都是2　　B. 二叉树的度为2

C. 一棵二叉树的度可以小于2　　D. 二叉树中至少有一个结点

E. 任何一棵二叉树中至少有一个结点的度为2

5. 按照二叉树的定义，具有3个结点的二叉树有(　　)种。

A. 3　　B. 4　　C. 5　　D. 6

6. 若一棵二叉树具有10个度为2的结点，5个度为1的结点，则度为0的结点个数是(　　)。

A. 9　　B. 11　　C. 15　　D. 不确定

7. 一棵二叉树有35个结点，其中所有结点的度之和为(　　)。

A. 35　　B. 16　　C. 33　　D. 34

8. 一个具有1025个结点的二叉树的高度h为(　　)。

A. 11　　B. 10　　C. 11~1025　　D. 12~1024

9. 一个二叉树顺序方式存储在一维数组中，如下图所示，则结点 E 在二叉树的第(　　)层。

1	2	3	4	5	6	7	8	9	10	11	12	13
A	B	C	D		E	F		G			H		I	J

A. 2　　B. 3　　C. 4　　D. 5

10. 某二叉排序的先序遍历序列和后序遍历序列正好相反，则该二叉树一定是(　　)。

A. 空或只有一个结点　　B. 完全二叉树

C. 二叉排序树　　D. 高度等于其结点数

11. 在一棵非空二叉树的中序遍历序列中，根结点的右边序列(　　)。

A. 只有右子树上的所有结点　　B. 只有右子树上的部分结点

C. 只有左子树上的部分结点　　D. 只有左子树上的所有结点

12. 任何一棵二叉树的叶子结点在先序、中序和后序遍历中的相对次序(　　)。

A. 不发生改变　B. 发生改变　C. 不能确定　D. 以上都不对

13. 设 n，m 为一棵二叉树上的两个结点，在中序序列中 n 在 m 前的条件是(　　)。

A. n 在 m 右边　B. n 是 m 祖先　C. n 在 m 左边　D. n 是 m 子孙

14. 一棵二叉树的先序遍历序列为 ABCDEFG，它的中序遍历序列可能是(　　)。

A. CABDEFG　B. ABCDEFG　C. DACEFBG　D. ADBCFEG

15. 一棵二叉树的先序遍历序列为 ABCDEF，中序遍历序列为 CBAEDF，则后序遍历序列为(　　)。

A. CBEFDA　B. FEDCBA　C. CBEDFA　D. 不确定

16. 一棵二叉树的后序遍历序列为 DABEC，中序遍历序列为 DEBAC，则先序遍历序列为(　　)。

A. ACBED　B. DECAB　C. AEABC　D. CEDBA

17. 引入线索二叉树的目的是(　　)。

A. 加快查找结点的前驱或后继结点的速度

B. 在二叉树中方便插入和删除

C. 方便找到双亲

D. 使二叉树的遍历结果唯一

18. n 个结点的线索二叉树含有的线索数为(　　)。

A. 2n　B. n−1　C. n+1　D. n

19. 一棵线索二叉树中含有的线索数比分支数多(　　)个。

A. 2　B. 1　C. 0　D. 不确定

20. 设有 5 个字符出现的频度分别为 1，2，3，5，4，则对应的哈夫曼树的带权路径长度为(　　)。

A. 34　B. 33　C. 35　D. 15

二、填空题

1. 假定一棵度为 3 的树中结点总数为 50，则其最小高度为＿＿＿＿＿。

2. 若一棵3次树中有2个度为3的结点、1个度为2的结点、2个度为1的结点，该树一共有__________个结点。
3. 树中任意结点允许有__________孩子结点，除根结点外，其余结点__________双亲结点。
4. 若一棵树的括号表示为A(B(E, F), C(G(H, I, J, K), L), D(M(N)))，则该树的度为__________，树的深度为__________，树中叶子结点的个数为__________。
5. 在有n(n>1)个结点的各棵树中，高度最小的那棵树的高度是__________，它共有__________个叶子结点；高度最大的那棵树的高度是__________，它共有__________个叶子结点。
6. 若一棵度为4的树中度为1，2，3，4的结点个数分别为4，3，2，2，则该树叶子结点的个数是__________，总结点个数是__________。
7. 具有n个结点的二叉树，采用二叉链表存储，共有__________个空链域。
8. 设一棵完全二叉树共有500个结点，则二叉树有__________个叶子。
9. 具有10个叶子结点的二叉树中有__________个度为2的结点。
10. 深度为5的二叉树至少有__________个结点。
11. 二叉树第i层上至多有__________个结点。
12. 一棵高度为8的完全二叉树至少有__________个叶子，最多有__________个叶子。
13. 一棵满二叉树共有64个叶子结点，则其深度为__________。
14. 已知一棵完全二叉树的第6层(设根结点为第1层)有8个叶子结点，则该完全二叉树的结点个数最多是__________。
15. 8层完全二叉树至少有__________个结点，拥有100个结点的完全二叉树的最大层数为__________。
16. 在二叉树中，指针p所指结点为叶子结点的条件是__________。
17. 二叉树的先序序列和中序序列相同的条件是__________；二叉树的后序序列和中序序列相同的条件是__________。
18. 若一棵二叉树的叶子结点是某子树的中序序列中的最后一个结点，则它必是该子树的__________序列中的最后一个结点。
19. 一棵二叉树的先序、中序和后序序列分别如下，其中一部分未显示出来。试求出空格处的内容。

    先序序列：__________ B __________ F __________ I C E H __________ G；

    中序序列：D __________ K F I A __________ E J C __________；

    后序序列：__________ K __________ F B H J __________ G __________ A。
20. 若以{4，5，6，7，8}作为叶子结点的权值构造一棵哈夫曼树，则其带权路径长度是__________。

三、判断题

1. 树中元素之间是多对多的关系。 (　　)

2. 树适合表示层次关系。（ ）
3. 树和二叉树是两种不同的树形结构。（ ）
4. 一棵有 n 个结点的树中，其分支数为 n。（ ）
5. 完全二叉树中，若一个结点没有左孩子，则它必是叶子。（ ）
6. 由二叉树的先序序列和后序序列可以唯一确定一棵二叉树。（ ）
7. 由二叉树某种遍历方式产生的结果是一个线性序列。（ ）
8. 给定二叉树的某种遍历结果，对应的二叉树不是唯一的。（ ）
9. 二叉树的先序遍历序列并不能唯一确定这棵树，但是，如果还知道该树的根结点是哪一个，则可以确定这棵树。（ ）
10. 用二叉树的先序序列和中序序列可以唯一推导出树的后序序列。（ ）
11. 在先序、中序和后序序列中，叶子结点出现的相对次序是相同的。（ ）
12. 二叉树中序线索化后，不存在空指针域。（ ）
13. 在哈夫曼树的总结点个数(多于 1 时)不能为偶数。（ ）
14. 在哈夫曼树中，权值相同的叶子结点都在同一层上。（ ）
15. 在哈夫曼树中，权值较大的叶子结点一般离根结点较远。（ ）
16. 哈夫曼树是带权路径长度最小的树，路径上权值最大的结点离根结点较近。（ ）
17. 在哈夫曼编码中，当两个字符出现的频率相同时，其编码也相同，对于这种情况应作特殊处理。（ ）
18. 在哈夫曼树中不存在度为 1 的结点。（ ）
19. 给定一棵树，可以找到唯一的一棵二叉树与之对应。（ ）

四、综合应用题

1. 已知一棵二叉树的顺序存储结构如下所示，写出此二叉树的先序遍历、中序遍历、后序遍历的序列。

1	2	3	4	5	6	7	8	9	10	11	12	13	14
A	B	F		C	G	J			D	E	H	I	K

2. 已知一棵二叉树的后序序列和中序序列如下，按照要求完成题目。

先序序列：A B E C D F G H I J

中序序列：E B C D A F H I G J

(1) 画出该二叉树的树形表示；

(2) 给出该二叉树的后序序列；

(3) 画出该二叉树的顺序存储结构示意图；

(4) 画出该二叉树的二叉链表存储结构示意图；

(5) 画出该二叉树的中序线索二叉链表存储结构示意图；

(6) 若此棵二叉树是由森林转换的，请还原此森林。

3. 试分别找出满足下列条件的所有二叉树：

(1) 先序遍历序列和中序遍历序列相同；

(2) 中序遍历序列和后序遍历序列相同；

(3) 先序遍历序列和后序遍历序列相同。

4. 有8个字符{A, B, C, D, E, F, G, H}，它们对应的使用频率分别为{0.04, 0.21, 0.06, 0.07, 0.15, 0.18, 0.12, 0.03}。试通过哈夫曼树为这8个字符进行编码，并给出它们的哈夫曼编码(要求：哈夫曼树的每个左分支设为0，右分支设为1，同一层叶子结点权值从左到右，从小到大)。

5. 已知二叉树以二叉链表作为其存储结构，试写出交换二叉树各结点左、右子树的算法。

第7章 图

图(graph)是一种较线性表和树更为复杂的数据结构。在线性表中，数据元素之间只有线性关系，每个数据元素只有一个直接前驱和一个直接后继；在树形结构中，数据元素之间有着明显的层次关系，并且每一层上的数据元素可能和下一层中多个元素(即孩子结点)相关，但只能和上一层中一个元素(即双亲结点)相关；而在图形结构中，结点之间的关系可以是任意的，图中任意两个数据元素之间都可能相关。由此，图的应用极为广泛，特别是在人们熟悉的地图导航、工程项目等方面。

学习本章内容需要离散数学及其图论的简单理论知识，本章仅应用图论的知识讨论如何在计算机上实现图的操作，因此主要学习图的存储结构以及若干图的操作的实现。

学习目标

掌握图的定义和相关术语。
熟练掌握图的存储结构。
熟练掌握图的遍历操作。
掌握最小生成树的方法及拓扑排序方法。
掌握图的最短路径及关键路径的应用原理。

思政目标

最短路径可引入生活中的导航：路径优化。最优路径包括局部视野下的最优路径优化和全局目标下的最优路径优化，向学生阐述思考问题要打开思路，要学会全方位、多角度地思考问题，并且根据导航的策略选择，让学生学会在不同情况下的利弊权衡与分析，这也是辩证思维的有效培养与使用。

7.1 图的定义和术语

7.1.1 图的定义

图 G 是由一个顶点集 V 和一个边集 E 构成的数据结构。记为二元组形式：G=(V, E)，其中 V 是由顶点构成的非空有限集合，E 是由 V 中定点的偶对构成的有限集合，若 E

为空，则图中只有顶点而没有边。

按照图中的边是否有方向性，图分为有向图和无向图两类。

在无向图中，用圆括号表示两个顶点之间的边。(V_i, V_j)表示顶点V_i和顶点V_j之间有一条无方向连线，也称为边。如图7.1(a)所示的无向图G_1可以表示为

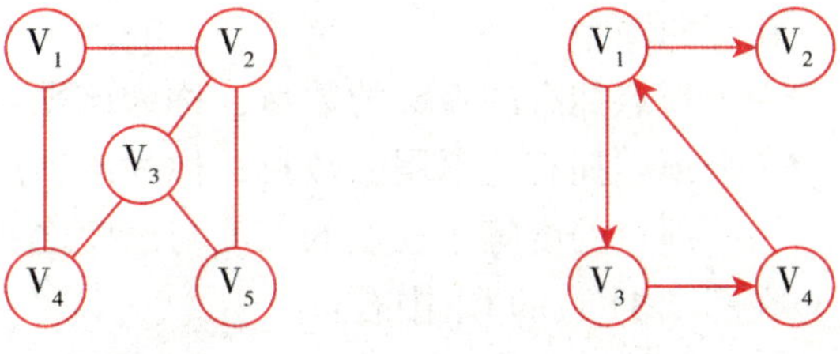

(a)无向图G_1　　(b)有向图G_2

图7.1　有向图和无向图示例

$G_1=(V, E)$

$V=\{V_1, V_2, V_3, V_4, V_5\}$；

$E=\{(V_1, V_2), (V_1, V_4), (V_2, V_3), (V_2, V_3), (V_3, V_4), (V_3, V_5)\}$。

在有向图中，则用一对尖括号表示两个顶点之间的首尾关系，有向边也称为弧。在有向边$<V_i, V_j>$中，V_i称为弧尾，V_j称为弧头。如图7.1(b)所示的有向图G_2可以表示为

$G_2=(V, E)$

$V=\{V_1, V_2, V_3, V_4\}$；

$E=\{<V_1, V_2>, <V_1, V_3>, <V_3, V_4>, <V_4, V_1>\}$。

7.1.2　图的相关术语

①无向图。在一个图中，如果每条边都没有方向[如图7.1(a)所示]，则称该图为无向图。

②有向图。在一个图中，如果每条边都有方向[如图7.1(b)所示]，则称该图为有向图。

③无向完全图。在一个无向图中，如果任意两个顶点都有一条直接边相连接，则称该图为无向完全图，如图7.2(a)所示。可以证明，在一个含有n个顶点的无向完全图中，有$n(n-1)/2$条边。

④有向完全图。在一个有向图中，如果任意两个顶点之间都有方向互为相反的两条弧相连接，则称该图为有向完全图，如图7.2(b)所示。在一个含有n个顶点的有向完全图中，有$n(n-1)$条弧。

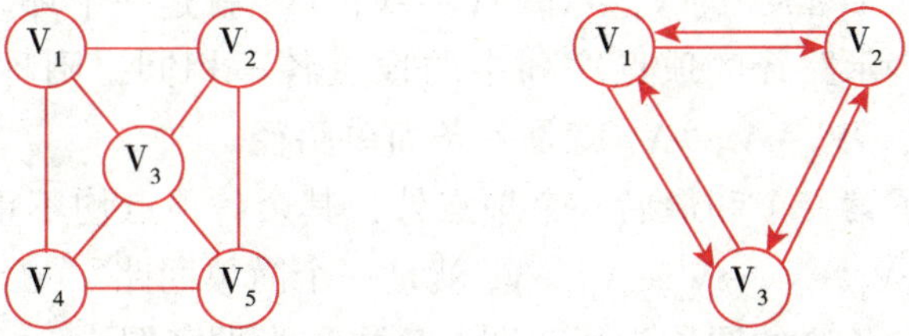

(a)无向完全图G_3　　(b)有向完全图G_4

图7.2　有向完全图和无向完全图示例

⑤顶点的度、入度、出度。在无向图中，一个顶点拥有的边数，称为该顶点的度。记

为 TD(V)。

在有向图中:

一个顶点拥有的弧头的数目，称为该顶点的入度，记为 ID(V);

一个顶点拥有的弧尾的数目，称为该顶点的出度，记为 OD(V);

一个顶点的度等于顶点的入度与出度之和，即 TD(V)=ID(V)+OD(V)。

在图 7.1(a)的 G_1 中有:

$TD(V_1)=2$，$TD(V_2)=3$，$TD(V_3)=3$，$TD(V_4)=2$，$TD(V_5)=2$。

在图 7.2(b)的 G_2 中有:

$ID(V_1)=1$，$OD(V_1)=2$，$TD(V_1)=3$;

$ID(V_2)=1$，$OD(V_2)=0$，$TD(V_2)=1$;

$ID(V_3)=1$，$OD(V_3)=1$，$TD(V_3)=2$;

$ID(V_4)=1$，$OD(V_4)=1$，$TD(V_4)=2$。

可以证明，对于具有 n 个顶点、e 条边的图，顶点 V_i 的度与顶点的个数以及边的数目满足关系:

$$e=\frac{1}{2}\sum_{i=1}^{n}TD(V_i)$$

⑥权。图的边或弧有时具有与它有关的数据信息，这个数据信息就称为权。

⑦网。在实际应用中，有时图的边或弧与具有一定意义的数有关，即每一条边都有与它相关的数，称为权，这些权可以表示从一个顶点到另一个顶点的距离或耗费等信息。这种带权的图叫作网。

如果带权图中边是无方向的，则图是一个无向网；如果带权图中边是有方向的，则图是一个有向网。

⑧路径、路径长度。顶点 V_i 到顶点 V_j 之间的路径是指顶点序列 V_i，V_{k1}，V_{k2}，…，V_{km}，V_j。其中，(V_i, V_{k1})，(V_{k1}, V_{k2})，…，(V_{km}, V_j)分别为图中的边。路径上边或弧的数目称为路径长度。图 7.1(a)的无向图 G_1 中，$V_1\to V_2\to V_5$ 与 $V_1\to V_4\to V_3\to V_5$ 是从顶点 V_1 到顶点 V_5 的两条路径，路径长度分别为 2 和 3。

⑨回路或环。在一个路径中，若其第一个顶点和最后一个顶点是相同的，则称该路径为一个回路或环。图 7.1(a)中的 $V_1\to V_2\to V_3\to V_4\to V_1$ 就是一个环。

⑩简单路径。若表示路径的顶点序列中的顶点各不相同，则称这样的路径为简单路径。图 7.1(a)中的 $V_1\to V_2\to V_3\to V_5$ 就是一条简单路径。

⑪简单回路。除了第一个和最后一个顶点外，其余各顶点均不重复出现的回路为简单回路。图 7.1(a)中的 $V_1\to V_2\to V_3\to V_4\to V_1$ 就是一个简单回路。

⑫稀疏图。有很少条边的图称为稀疏图，反之称为稠密图。

⑬子图。对于图 G=(V，E)，G′=(V′，E′)，若存在 V′是 V 的子集，E′是 E 的子集，则称图 G′是 G 的一个子图。

⑭根和有根图。在有向图中，若存在一个顶点 V，从该顶点有路径可以到图中其他所有顶点，则称此有向图为有根图，V 称为图的根。

⑮连通图。在无向图中，若从顶点 V_i 到顶点 V_j 有路径，则称顶点 V_i 和顶点 V_j 是连通的。若任意两个顶点都是连通的，则称此无向图为连通图，否则称为非连通图。

⑯强连通图。在有向图中，若从顶点 V_i 到顶点 V_j 有路径，则称顶点 V_i 和顶点 V_j 是连通的。若图中任意两个顶点都是连通的，则称此有向图为强连通图，否则称为非强连通图。

⑰连通分量与极大连通子图。无向图中，极大连通子图为该图的连通分量。显然，任何连通图的连通分量只有一个，即它本身；而非连通图有多个连通分量。极大连通子图为：该子图是 G 连通子图，将 G 的任何不在该子图中的顶点加入，子图不再连通。

⑱强连通分量与极大强连通子图。有向图中，极大强连通子图为该图的强连通分量。显然，任何强连通图的强连通分量只有一个，即它本身；而非强连通图有多个强连通分量。极大强连通子图为：该子图是 D 强连通子图，将 D 的任何不在该子图中的顶点加入，子图不再是强连通的。

⑲生成树。连通图 G 的一个子图如果是一棵包含 G 的所有顶点的树，则该子图称为 G 的生成树。在生成树中添加任意一条属于原图中的边必定会产生回路，因为新添加的边使其所依附的两个顶点之间有了第二条路径。若生成树中减少任意一条边，则必然成为非连通的。n 个顶点的生成树具有 n-1 条边。

7.1.3　图的基本操作

①CreateGraph(&G, V, VR):
初始条件：V 是图的顶点集，VR 是图中弧的集合。
操作结果：按 V 和 VR 的定义构造图 G。
②DestroyGraph(&G):
初始条件：图 G 存在。
操作结果：销毁图
③LocateVex(G, u):
初始条件：图 G 存在，u 和 G 中顶点有相同特征。
操作结果：若 G 中存在顶点 u，则返回该顶点在图中位置；否则返回其他信息。
④GetVex(G, v):
初始条件：图 G 存在，v 是 G 中某个顶点。
操作结果：返回 v 的值。
⑤PutVex(&G, v, value):
初始条件：图 G 存在，v 是 G 中某个顶点。
操作结果：对 v 赋值 value。
⑥FirstAdjVex(G, v):
初始条件：图 G 存在，v 是 G 中某个顶点。
操作结果：返回 v 的第一个邻接顶点。若顶点在 G 中没有邻接顶点，则返回“空”。

⑦NextAdjVex(G, v, w):

初始条件：图 G 存在，v 是 G 中某个顶点，w 是 v 的邻接顶点。

操作结果：返回 v 的(相对于 w 的)下一个邻接顶点。若 w 是 v 的最后一个邻接点，则返回“空”。

⑧InsertVex(&G, v):

初始条件：图 G 存在，v 和图中顶点有相同特征。

操作结果：在图 G 中增添新顶点 v。

⑨DeleteVex(&G, v):

初始条件：图 G 存在，v 是 G 中某个顶点。

操作结果：删除 G 中顶点 v 及其相关的弧。

⑩InsertArc(&G, v, w):

初始条件：图 G 存在，v 和 w 是 G 中两个顶点。

操作结果：在 G 中增添弧<v, w>，若 G 是无向图，则增添对称弧<w, v>。

⑪DeleteArc(&G, v, w):

初始条件：图 G 存在，v 和 w 是 G 中两个顶点。

操作结果：在 G 中删除弧<v, w>，若 G 是无向图，则还删除对称弧<w, v>。

⑫DFSTraverse(G):

初始条件：图 G 存在。

操作结果：对图进行深度优先遍历，在遍历过程中对每个顶点访问一次。

⑬BFSTraverse(G):

初始条件：图 G 存在。

操作结果：对图进行广度优先遍历，在遍历过程中对每个顶点访问一次。

7.2 图的存储结构

图是一种复杂的非线性结构，因此图没有顺序存储的方式。但可以通过二维数组来表示元素之间的关系。另外，由于图中任意两个顶点间都可能存在关系，因此也可以通过链式存储来表示其相互之间的关系。图的存储方式有多种，下面主要介绍两种图的存储结构：邻接矩阵和邻接表。

7.2.1 邻接矩阵

邻接矩阵是表示顶点之间相邻关系的矩阵。假设图 G=(V, E)是具有 n 个顶点的图，即 $V=\{V_1, V_2, \cdots, V_n\}$，则 G 的邻接矩阵是具有如下性质的 n 阶方阵：

$$\mathbf{A}[i][j]=\begin{cases}1, & \text{若}(V_i, V_j)\text{或}\langle V_i, V_j\rangle\text{是}E(G)\text{中的边}\\0, & \text{若}(V_i, V_j)\text{或}\langle V_i, V_j\rangle\text{不是}E(G)\text{中的边}\end{cases}$$

如图7.3所示为无向图及其邻接矩阵表。

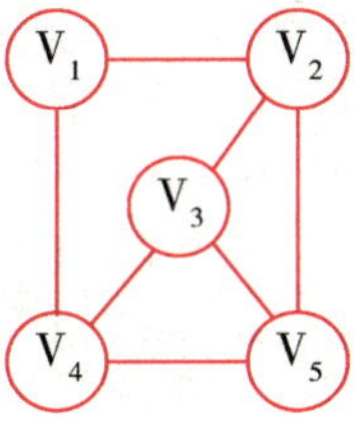

$$A=\begin{pmatrix}0&1&0&1&0\\1&0&1&0&1\\0&1&0&1&1\\1&0&1&0&1\\0&1&1&1&0\end{pmatrix}$$

图7.3　无向图及其邻接矩阵表示

无向图的邻接矩阵是对称的，矩阵中的A[i][j]值为1表示两顶点之间有线直接连接，而0表示两顶点之间无线直接连接。顶点i的度值等于第i行或第i列中1的个数。而无向完全图的邻接矩阵中，主对角线元素全部为0，其余值均为1。矩阵中1的个数的一半为图中边的数目。

如图7.4所示为有向图及其邻接矩阵表示。

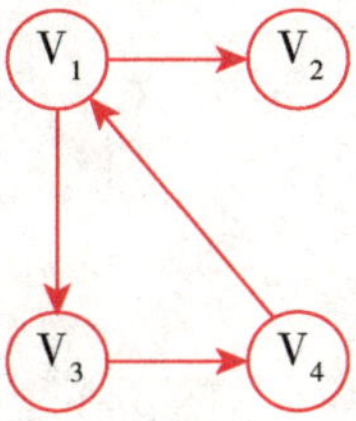

$$A=\begin{pmatrix}0&1&1&0\\0&0&0&0\\0&0&0&1\\1&0&0&0\end{pmatrix}$$

图7.4　有向图及其邻接矩阵表示

有向图的邻接矩阵不一定是对称的，矩阵中的A[i][j]值为1表示由顶点V_i有一条指向顶点V_j的有向弧，而0表示由顶点V_i向顶点V_j没有有向弧。顶点i的出度值等于第i行中1的个数，顶点i的入度值为第i列中1的个数。而有向完全图的邻接矩阵中，主对角线元素全部为0，其余值均为1。矩阵中1的个数为图中边的数目。

若G是网，则邻接矩阵可以定义为：

$$\mathbf{A}[i][j]=\begin{cases}W_{i,j}，若(V_i，V_j)或<V_i，V_j>是E(G)中的边\\ \infty，若(V_i，V_j)或<V_i，V_j>不是E(G)中的边\end{cases}$$

其中，$W_{i,j}$表示边$(V_i，V_j)$或$<V_i，V_j>$上的权；∞表示一个计算机允许的、大于所有边上权值的数。

如图7.5所示为无向带权图及其邻接矩阵表。

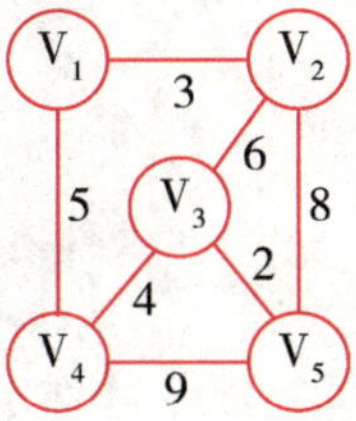

$$A=\begin{pmatrix}0&3&\infty&5&\infty\\3&0&6&\infty&8\\\infty&6&0&4&2\\5&\infty&4&0&9\\\infty&8&2&9&0\end{pmatrix}$$

图7.5　无向带权图及其邻接矩阵表示

如图 7.6 所示为有向带权图及其邻接矩阵表示。

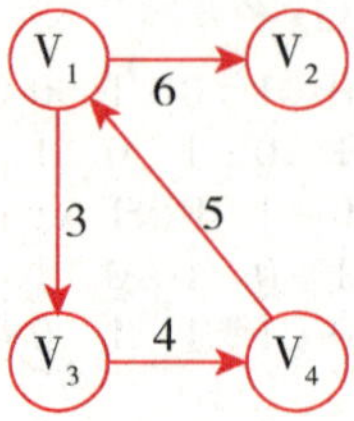

$$A=\begin{pmatrix} 0 & 6 & 3 & \infty \\ \infty & 0 & \infty & \infty \\ \infty & \infty & 0 & 4 \\ 5 & \infty & \infty & 0 \end{pmatrix}$$

图 7.6　有向带权图及其邻接矩阵表示

用邻接矩阵方法存储图，很容易确定图中任意两个顶点之间是否有边相连，但要确定图中的边数，则必须按行、按列对每个元素进行检查，所花费的时间代价很大。这是邻接矩阵存储图的局限性。

图的邻接矩阵存储结构定义如算法描述 7.1 所示。

【算法描述 7.1】

```
#define MAX   100                         //图中最大顶点个数
typedef struct   {
      int vertex,edge;                    //顶点数,边数
      char vexs[MAX];                     //顶点数组
      int edges[MAX][MAX];                //边的邻接矩阵
}MGraph;
```

根据邻接矩阵的定义,可以建立图的邻接矩阵的算法，其算法描述如下。

【算法描述 7.2】

```
void CreateMGraph(MGraph *G){             //图的邻接矩阵建立函数
   int i,j,k;
   char ch1,ch2;
   printf("请输入顶点数:");
   scanf("%d",&G->vertex);
   printf("请输入边数:");
   scanf("%d", &G->edge);
   printf("请输入各顶点信息(每个顶点以回车作为结束):\n");
   for(i=0;i<G->vertex;i++){
      getchar();
      printf("输入第%d 个顶点:",i+1);
      scanf ("%c" , & (G->vexs[i]));
   }
   for(i=0;i<G->vertex;i++)
      for(j=0; j<G->vertex;j++)
```

```
        G->edges[i][j]=0;                //将邻接矩阵元素全部置0
    for(k=0;k<G->edge;k++){
      getchar();
      printf("建立第%d条边(输入格式:顶点1,顶点2):",k+1);
      scanf("%c,%c",&ch1,&ch2);

      for(i=0; i<G->vertex;i++)
        for(j=0;j<G->vertex;j++)
          if(ch1==G->vexs[i]&&ch2==G->vexs[j]){
            G->edges[i][j]=1;
            G->edges[j][i]=1;            //加上该语句为无向邻接矩阵,去掉为有向邻接矩阵
          }
    }
}
```

建立邻接矩阵后，还需要输出邻接矩阵，输出邻接矩阵的算法描述如下。

【算法描述 7.3】

```
void DispMGraph(MGraph *G){                    //图的邻接矩阵输出函数
  int i,j;
  printf("图的邻接矩阵:\n");
  for(i=0; i<G->vertex;i++){
    for(j=0; j<G->vertex;j++)
      printf("%d\t", G->edges[i][j]);
    printf("\n");
  }
}
```

7.2.2　邻接表

邻接表是图的一种顺序存储与链式存储结合的存储方法。邻接表表示法类似于树的孩子链表表示法。就是对于图 G 中的每个顶点 V_i，该方法将所有邻接于 V_i 的顶点 V_j 连成一个单链表，这个单链表就称为顶点 V_i 的邻接表。再将所有顶点的邻接表表头放到数组中，就构成了图的邻接表。

在邻接表表示中有两种结点结构：顶点表和边表（又根据图是不是有向图将边表增加一个边上信息）。

顶点表的结点结构由顶点域（vertex）和指向第一条邻接边的指针域（firstedge）构成，如图 7.7(a)所示。边表结点由邻接点域（adjvex）和指向下一条邻接边的指针域（next）构成，如图 7.7(b)所示。对于网的边表需再增设一个存储边上信息（如权值等）的域（info），带权图（网）的表结点结构如图 7.7(c)所示。

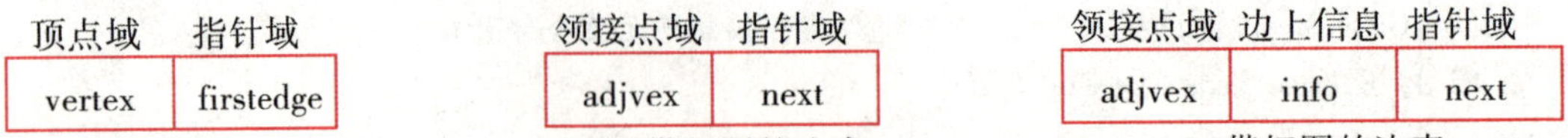

(a)顶点表　(b)不带权图的边表　(c)带权图的边表

图 7.7　邻接表表示的结点结构

图 7.8 给出图 7.3 无向图对应的邻接表表示。

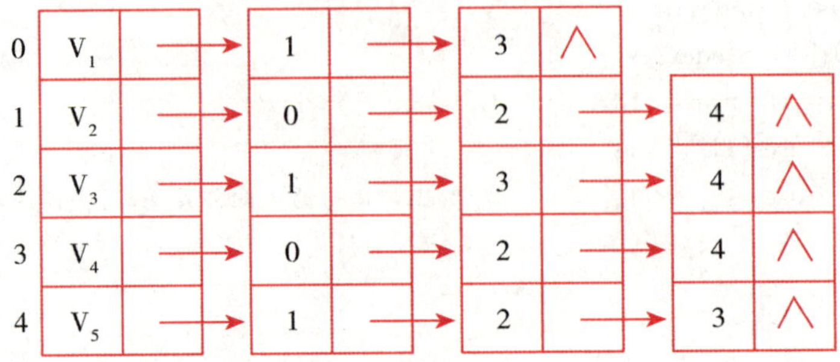

图 7.8　无向图邻接表表示

若无向图中有 n 个结点和 e 条边，则它的邻接表需要 n 个头结点和 2e 个表结点。显然，在边稀疏的情况下，用邻接表表示图比用邻接矩阵节省存储空间，当存储和边相关的信息时更是如此。

无向图的邻接表中，顶点 V_i 的度恰好为第 i 个链表中的结点数；但在有向图中，第 1 个链表中的结点个数只是顶点 V_i 的出度。如果要求入度，则必须遍历整个邻接表才能得到结果。有时，为了便于确定顶点的入度或以顶点 V_i 为头的弧，可以建立一个有向图的逆邻接表，即对每个顶点 V_i 建立一个链接所有以 V_i 为弧头的边的表。图 7.9 给出了有向图及其对应的邻接表与逆邻接表表示。

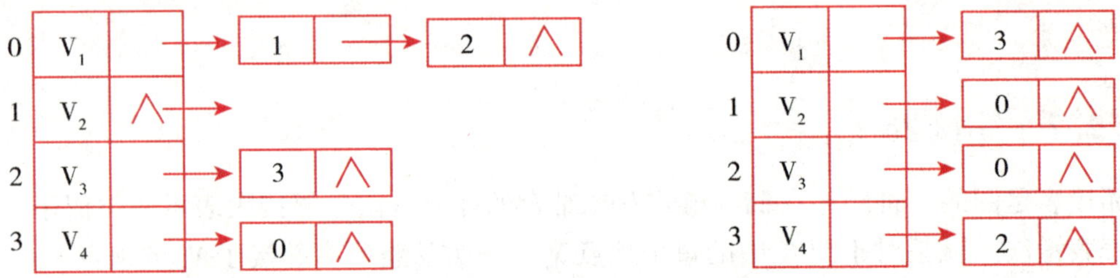

(a)有向图出度邻接表　(b)有向图入度邻接表

图 7.9　有向图邻接表表示

由图 7.9 的邻接表表示法可以归纳出邻接表表示法的特点：

①无向图中若有 n 个顶点、e 条边，则它的邻接表需要 n 个表头指针和 2e 个边结点。而有向图中有 n 个顶点、e 条边，则它的邻接表需要 n 个表头指针和 e 个边结点。

②对于无向图，顶点 V_i 的度是第 i 个链表的结点数。

③对于有向图，顶点 V_i 的出度是第 i 个链表的结点数，而求入度则必须遍历整个邻接表，即在所有链表中找邻接点域的值为 i 的边结点的个数。所以，对于那些需要经常查找

顶点入边或入边邻接点的运算，可以为此专门建立一个逆邻接表，该表中每个顶点的单链表存储所有入边的信息。

以邻接表为存储结构定义图类型，再给出一个建立图的算法。

【算法描述 7.4】

```
#define MAX 100                        //最大顶点数
typedef char VertexType;               //顶点类型:char

typedef struct node {                  //定义边表结点
    int adjvex;                        //邻接点域
    struct node  * next;               //指向下一邻接点的指针域
} EdgeNode;

typedef struct vexnode {               //定义顶点表结点
    VertexType data;                   //顶点域
    EdgeNode  * firstedge;             //指向第一条边结点
} VHeadNode;

typedef struct{
    VHeadNode adjlist[MAX];            //邻接表头结点数组
    int vertex,edge;                   //vertex 顶点数,edge 边数
} AdjList;                             //图的邻接表类型
```

建立图的邻接表的算法描述如下：

【算法描述 7.5】

```
void CreateAGraph(AdjList  * G,int flag) {                  //生成无向图的邻接表函数
    int i,j,k;
    EdgeNode  * p;
    if(flag= =0)
        printf("将建立一个无向图:\n");
    else
        printf("将建立一个有向图:\n");
    printf("请输入图的顶点数:\n");
    scanf("%d", &G->vertex);
    printf("请输入图的边数:\n");
    scanf("%d",&G->edge);
        printf("请输入图的各顶点信息:\n");             //生成有 n 个顶点的顶点表
        for(i=0;i<G->vertex;i++) {
            printf("第%d 个顶点信息:\n",i+1);
            scanf ("%d", &(G->adjlist[i].data));          //读入顶点信息
```

```
        G->adjlist[i].firstedge=NULL;                          //点的边表头指针设为空
    }
    printf("请输入边的信息,输入格式为:序号1,序号2(序号依次为0,1,2,…):\n");
        for(k=0;k<G->edge;k++){
        printf("请输入第%d条边:",k+1);
        scanf("%d,%d",&i,&j);
        //将编号为i的结点添加到邻接表中
        p=(EdgeNode *)malloc(sizeof(EdgeNode));
        p->adjvex=j;
        p->next=G->adjlist[i].firstedge;
        G->adjlist[i].firstedge=p;
//将编号为j的结点添加到邻接表中,有向图不用添加该结点,去掉下面if语句
    if(flag==0){
        p=(EdgeNode *)malloc(sizeof(EdgeNode));
        p->adjvex=i;                                            //邻接点序号为i
        p->next=G->adjlist[j].firstedge;                        //将新结点p插到顶点Vj边表头
        G->adjlist[j].firstedge=p;
      }
    }
}
```

建立邻接表后，还需要输出邻接表，输出邻接表的算法描述如下：

【算法描述 7.6】

```
void DispAGraph(AdjList *G){                //输出图的邻接表函数
  int i;
  EdgeNode *p;
  printf("图的邻接表如下:\n");
  for(i=0;i<G->vertex;i++){
    printf("%d[%d]",i,G->adjlist[i].data);
    p=G->adjlist[i].firstedge;
    while(p!=NULL){
      printf("-->[%d]",p->adjvex);
      p=p->next;
    }
  printf("\n");
  }
}
```

7.3　图的遍历

所谓图的遍历(traversing graph)是指从图中的某一顶点出发，对图中的所有顶点访问一次，而且只访问一次。图的遍历是图的一种基本操作。由于图本身的复杂性，所以图的遍历操作比较复杂，主要表现在以下4个方面：

①在图中，每一个结点的地位都是相同的，没有一个“自然”的首结点，图中任意一个顶点都可作为访问的起始结点；

②在非连通图中，从一个顶点出发，只能够访问它所在的连通分量上的所有顶点，因此，还需考虑如何访问图中其余的连通分量；

③在图中，如果有回路存在，那么一个顶点被访问之后，有可能沿回路又回到该顶点；

④在图中，一个顶点可以和其他多个顶点相连，当这个顶点访问过后，就要考虑如何选取下一个要访问的顶点。

本节探讨两种图的遍历方式：深度优先搜索和广度优先搜索。这两种方法既适用于无向图，也适用于有向图。

7.3.1　深度优先搜索法

深度优先搜索(depth first search，DFS)遍历的基本思想是先从图中某个顶点 V_0 出发，访问此顶点，然后访问 V_0 邻接的未被访问过的顶点 V_1，再从 V_1 出发递归地按照深度优先遍历该图。当遇到一个所有邻接于它的顶点都被访问过的顶点 u 时，则回到已访问顶点序列中最后一个未被访问的邻接顶点 w，再从 w 出发递归地按深度优先遍历，直至图中所有和 V_0 有路径的顶点都被访问到；若此时图中还有顶点未被访问，则另选图中一个未曾被访问的顶点作起始点，重复上述过程，直至图中所有顶点都被访问到为止。

以图7.10所示无向图 G_5 为例进行图的深度优先搜索。假设从顶点 V_1 出发进行深度优先搜索，在访问顶点 V_1 之后，在与 V_1 邻接的顶点 V_2 和 V_3 中选择邻接点 V_2。因为 V_2 未曾访问，则从 V_2 出发进行深度优先搜索，即访问 V_2 之后，选择 V_2 的一个未被访问的邻接点，如 V_4，继续从 V_4 出发访问与 V_4 邻接且还未被访问的结点 V_8，以此类推得到序列：$V_1 \rightarrow V_2 \rightarrow V_4 \rightarrow V_8 \rightarrow V_5$。而与 V_5 邻接的结点没有未被访问的，指针进行回溯，回溯至 V_8，与 V_8 邻接的结点没有未被访问的，指针继续回溯至 V_4，以此类推。当指针回溯至 V_1，访问下一结点：$V_3 \rightarrow V_6 \rightarrow V_7$。故无向图 G_5 的一个深度优先遍历序列为 $V_1 \rightarrow V_2 \rightarrow V_4 \rightarrow V_8 \rightarrow V_5 \rightarrow V_3 \rightarrow V_6 \rightarrow V_7$。而访问 V_1 结点后可以访问 V_2 或 V_3，访问 V_2 结点后可以访问 V_4 或 V_5，访问 V_3 结点后可以访问 V_6 或 V_7，所以图的深度遍历序列并不唯一。

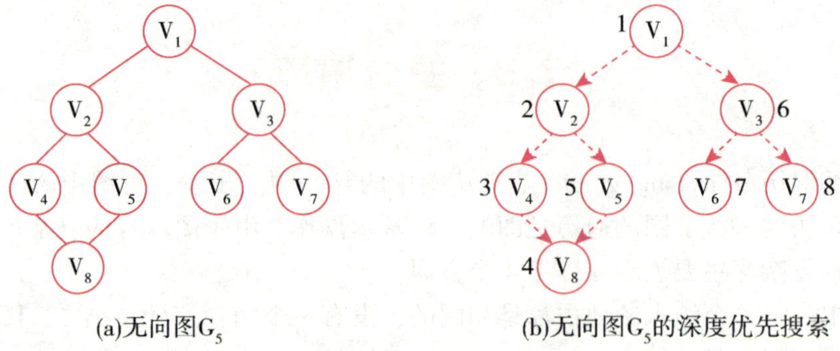

图 7.10　无向图的深度优先搜索示意图

显然，这是一个递归的过程，前面曾说明在遍历过程中为便于区分顶点是否已被访问，需附设访问标志 visited 数组。在下面的算法中，选用邻接表来存储图，其算法描述如下。

【算法描述 7.7】

```
int visited[MAX_VERTEX_NUM];

void DFS(AdjList *G,int Vi){
    EdgeNode *p;
    printf("%d",G->adjlist[Vi].data);            //访问 Vi 结点
    visited[Vi]=1;                                //标记顶点 Vi 已访问
    p=G->adjlist[Vi].firstedge;                   //取顶点 Vi 邻接边链表的头指针
    while (p){
        if (! visited[p->adjvex])
        DFS(G,p->adjvex);                         //若顶点 p->adjvex 尚未访问,则递归访问它
        p=p->next;                                //找顶点 Vi 的下一个邻接点
    }
}
```

分析上述算法。在遍历时，如果图是连通的，函数 DFS 只需被其调用函数调用一次，图中的各个顶点就全部得到访问。如果图是非连通的，函数 DFS 被调用一次仅访问了包括出发点的连通分量，要想访问其他连通分量，必须找另一个连通分量上的顶点作为出发点，有几个连通分量就要调用几次 DFS 才能访问全图，因此需要函数 DFSTraverse。虽然对 DFS 的调用出现在循环中，对每个顶点都可以调用一次 DFS 函数，但一旦某个顶点被标志成已访问标志，就不再从它出发进行搜索，所以实际上是图中有几个连通分量，就会通过 DFSTraverse 调用几次 DFS 函数。

遍历图的过程实际上是对每个顶点查找其邻接点的过程，即对每一条边处理一次(无向图的每条边从两个方向处理)，每个顶点访问一次。其耗费的时间则取决于所采用的存储结构。当用二维数组表示邻接矩阵图的存储结构时，查找每个顶点的邻接点所需时间为$O(n)$，其中 n 为图中顶点数。而当以邻接表作图的存储结构时，找邻接点所需时间为 $O(e)$(有向

图)或 O(2e)(无向图)，其中 e 为无向图中边数或有向图中弧数。由此，当以邻接表为存储结构时，深度优先搜索遍历图的时间复杂度为 O(n+e)(有向图)或 O(n+2e)(无向图)。

7.3.2　广度优先搜索法

广度优先搜索(breadth first search，BFS)遍历是图的另一种遍历方法。以图 7.11 所示无向图 G_5 为例进行图的广度优先搜索。假设从顶点 V_1 出发，在访问 V_1 之后，依次搜索访问与 V_1 相邻的各个未被访问过的邻接点 V_2 和 V_3。然后按照访问的顺序，顺序搜索访问 V_2 的各个未被访问过的邻接点，V_3 的各个未被访问过的邻接点，以此类推。即从 V_1 开始，由近至远，按层次依次访问与 V_1 有路径相通且路径长度分别为 1，2，…的顶点，直至图中所有已被访问的顶点的邻接点都被访问到。若此时图中尚有顶点未被访问，则另选图中一个未被访问的顶点作为起始点，重复上述过程，直至图中所有顶点都被访问到为止。故无向图 G_5 的一个广度优先遍历序列为 $V_1 \to V_2 \to V_3 \to V_4 \to V_5 \to V_6 \to V_7 \to V_8$。

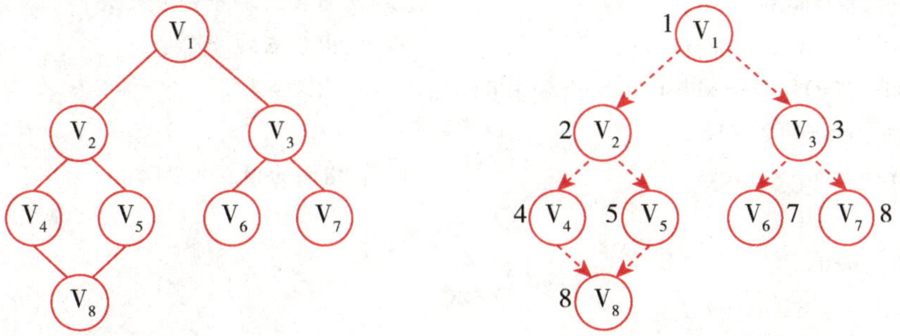

图 7.11　无向图的广度优先搜索示意图

如图 7.11 所示，访问 V_1 结点后可以访问 V_2 或 V_3，并且 V_2 和 V_3 访问次序可换。同理，访问 V_2 结点后，V_4 和 V_5 访问次序可换；访问 V_3 结点后，V_6 和 V_7 访问次序可换。所以图的广度遍历序列并不唯一。

与深度优先搜索类似，在广度优先搜索遍历过程中也需要一个访问标志 visited 数组，并且，广度优先搜索在搜索访问一层时，需要记住已被访问的顶点，以便在访问下层顶点时，从已被访问的顶点出发搜索访问其邻接点。所以在广度优先搜索中需要设置一个队列 Queue，使已被访问的顶点顺序由队尾进入队列。在搜索访问下层顶点时，先从队头取出一个已被访问的上层顶点，再从该顶点出发搜索访问其各个邻接点。同深度优先一样选用邻接表存储图，广度优先搜索算法如下。

【算法描述 7.8】

```
void BFS(AdjList *G,int Vi){            //邻接表存储的图以顶点 Vi 开始广度优先遍历函数
    int i,v,visited[MAX];
    int qu[MAX],front=0,rear=0;          //定义存储的循环队列
    EdgeNode *p;
```

```
    for(i=0;i<G->vertexNum;i++)                          //辅助的访问数组赋初值
    visited[i]=0;
    printf("(%d",Vi);
    printf("%c)",G->adjlist[Vi].data);                   //输出起始访问顶点
    visited[i]=1;
    rear=(rear+1)%MAX;
    qu[rear]=Vi;                                         //Vi 入队
    while(front!=rear){
        front=(front+1)%MAX;
        v=qu[front];                                     //队头元素出队
        p=G->adjlist[Vi].firstedge;                      //顶点 Vi 的下一邻接顶点赋值给 p
        while(p){
        if(visited[p->adjvex]==0){                       //若顶点未访问
        visited[p->adjvex]=1;                            //访问数组元素置 1,已访问
        printf("(%d",p->adjvex);                         //输出顶点编号
        printf("%c)",G->adjlist[p->adjvex].data);        //输出顶点信息
        rear=(rear+1)%MAX;
        qu[rear]=p->adjvex;                              //p 指向的顶点入队
        }
        p=p->next;
        }
    }
}
```

若图是连通的无向图或强连通的有向图，则从其中的任一顶点出发都可以访问到图中的所有顶点；若图是有根的有向图，则从根出发可以访问到图中的所有顶点。在这种情况下，图的所有顶点和遍历过程中经过的边所构成的子图称为图的生成树。

若图是不连通的无向图或非强连通的有向图，则从任一顶点出发一般不能访问到图中的所有顶点，而只能访问到与此顶点连通的连通分量上的顶点或以此顶点为根的强连通分量上的顶点，要访问到其他顶点则需从未被访问过的顶点中找一个顶点作为起点出发再进行遍历，这样最后得到的是多棵生成树，即生成森林。

7.4 最小生成树

对于网络来说，边是带权的，因此类似于找出一个网络的最小生成树(即各边权的总和为最小的生成树)的问题就很有实际意义。假设要在 n 个城市之间建立通信网，如何在最节省经费的前提下建立这个通信网？这里可以把 n 个城市看成图的 n 个结点，边表示两个城市之间的线路，每条边上的权值表示铺设线路所需造价。铺设线路连通 n 个城市，至

少需要修建 n-1 条线路，这实际上是图的生成树；而以造价最低连接 n 个城市，实际上就是在图的生成树中选择权值之和最小的生成树。因此，对于带权的连通图 G，其最小生成树指的是一个包括 G 的所有顶点和部分边的图，这部分边满足以下条件：

①这部分边能够保证图是连通的；

②这部分边，其权的总和最小。

构造最小生成树的算法很多，下面分别介绍普里姆(Prim)算法和克鲁斯卡尔(Kruskal)算法。

7.4.1 普里姆算法

普里姆算法的基本思想为：

①不断扩展子树 T=(V，E)，直到 V 包含图的所有顶点。

②每次向子树添加一条边的时候，保证该边的一个顶点已经在子树 T 中，而另一个顶点不在子树 T 中，并且该边的权是当时满足这样条件的边中权最小的。它是按逐个将顶点连通的方式来构造最小生成树的。

具体方法为：从图中任意一个顶点开始，首先把这个顶点包括在生成树 T 中，然后从一个顶点在生成树 T 中、另一个顶点还未在生成树 T 中的边中，选择一条权最小的边，并将这条边及其不在生成树 T 中的顶点加入生成树 T 中。如此反复进行下去，每次向生成树 T 中加入一个顶点和一条权最小的边，直到把所有顶点都包括进生成树 T 中。当有两条具有同样的最小权的边可供选择时，任选一条即可。由此可见，构造的最小生成树不是唯一的。

普里姆算法的关键是：每次如何从一端在生成树 T 而另一端不在生成树 T 的边中找出一条最短边。例如，在第 k 次($1\leqslant k<n$)前，生成树 T 中已有 k 个顶点和 k-1 条边，此时一端在生成树 T 而另一端不在生成树 T 的边数的最大值为 k(n-k)，当然它也包括两个顶点间没有直接边相连的、权值被看成常量的边。从如此多的边中查找最短边，其时间复杂度为O(k(n-k))，显然是很费时的。那么可以在进行第 k 次运算前，保存所有不在生成树 T 中的每个顶点(共 n-k 个顶点)权值最小的边，并且要求这条边的一端在生成树 T 而另一端不在生成树 T。进行第 k 次运算时，首先从这 n-k 条权最小的边中，找出其中一条权最小的边；它就是一端在生成树 T 而另一端不在生成树 T 的所有边中权最小的边，设为(i，j)，然后把边(i，j)和不在生成树的顶点 j 分别加入最小生成树中，此步需进行 n-k 次比较。然后对于不在生成树的每个顶点 p，若(j，p)边上的权值小于已保存的从原来最小生成树 T 中的顶点 p 的最短边的权值，则用(j，p)边上的权进行修改，否则保持原有最短边不变。这样，就把第 k 次后那些不在生成树 T 中的点的最短边都保存下来了，为进行第 k+1 次运算做好了准备。

为了实现上述算法，引入一个辅助数组 T，它的大小为图中顶点的个数，它有两个域，分别是 adjvex 和 lowcost。当顶点 i 不在生成树中，用 T[i].lowcost 表示顶点 i 那些一端在生成树 T 而另一端不在生成树 T 的所有边中权值最小的边，T[i].adjvex 为拥有最小权值边的在生成树中的顶点序号。

例如，对于图 7.12(a)的无向图 G，假设从顶点 A 出发利用 Prim 算法构造最小生成树

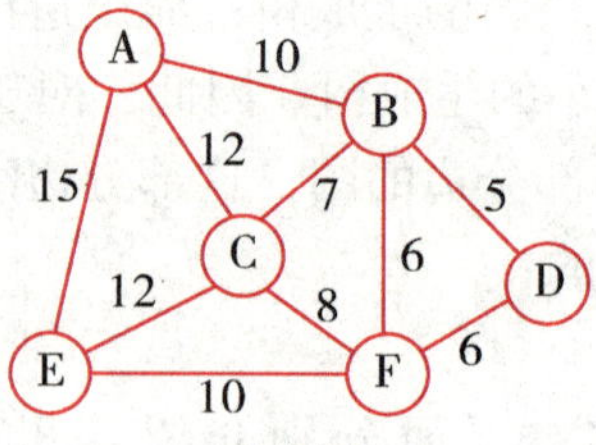

(a)无向图G

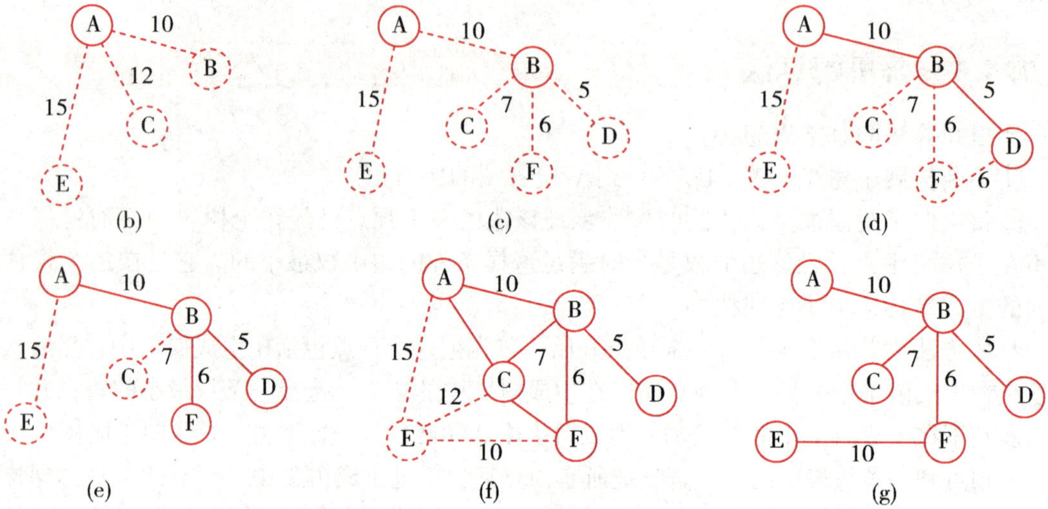

图 7.12　无向图的普里姆算法构造最小生成树的过程

T，图 7.12(b)～(g)为其运算过程，每次向 T 中加入一个顶点和一条边。其中，实线边和实线圈起来的顶点表示已在生成树中的边和顶点，虚线边和虚线圈起来的顶点表示尚未加入生成树中的边和顶点。

带权无向图采用邻接矩阵存储，u 是开始顶点序号。由于 n 个顶点的生成树有 n-1 条边，所以，选择边的过程共需要重复 n-1 次。每次扫描数组 T 的 lowcost 分量，找出拥有最短边的顶点，设其为 j，则将顶点 j 和边(T[j].adjvex，j)加入最小生成树中。然后令 T[j].lowcost=0(表示顶点 j 已加入最小生成树中)。由于顶点 j 的加入会引起数组 T 的 adjvex 和 lowcost 分量的变化，因此，一旦有一个新的顶点加入最小生成树中，就需要根据情况修改数组 T 的 adjvex 和 lowcost 分量。其数据结构如算法描述 7.9 所示，普里姆算法如算法描述 7.10 所示。

【算法描述 7.9】

```
#define MAX_VERTEX_NUM   20
typedef   char   VertexType;                //定义结点的数据类型
typedef struct{
     int adjvex;
     int lowcost;
}T[MAX_VERTEX_NUM];                         //定义辅助数组记录运算过程中权最小的边
```

【算法描述 7.10】普里姆算法

```
void MiniSpanTree_Prim( MGraph *G, VertexType u) {
  int k,j,i,minCost;
  k=LocateVex(&G,u);
  for(j=0;j<G->vertex;j++)                    //初始化辅助数组
    if(j!=k) {
      t[j].adjvex=k;
      t[j].lowcost=G->edges[k][j];
    }
  t[k].lowcost=0;
  for (i=1;i<G->vertex;i++) {                 //G.vexnum-1 次循环,寻找当前最小权值的边
    minCost=MAXINF;
    for (j=0;j<G->vertex;j++)                 //求生成树下一个顶点 k
      if (t[j].lowcost<minCost&&t[j].lowcost!=0) {
        minCost=t[j].lowcost;
        k=j;
      }
    printf (" (%c,%c),%d\n",T[j].adjvex,T[k].adjvex,T[k].lowcost); //输出生成树的边
    t[k].lowcost=0;                           //标记顶点 k 已加入生成树
    for (j=0;j<G->vertex;j++)                 //顶点 k 加入生成树后重新选择最小边
      if (t[j].lowcost!=0&&G->edges[k][j]<t[j].lowcost) {
        t[j].adjvex=k;
        t[j].lowcost=G->edges[k][j];
      }
  }
}
```

在普里姆算法中，第一个进行初始化的 for 循环语句的执行次数为 n-1，第二个 for 循环中又包括了两个 for 循环，执行次数为 $2(n-1)^2$，所以普里姆算法的时间复杂度为 $O(n^2)$。

7.4.2 克鲁斯卡尔算法

克鲁斯卡尔算法是一种按权值递增的次序选择合适的边来构造最小生成树的方法。假设 G=(V, E)是一个具有 n 个顶点的带权无向连通图，T=(U, TE)是 G 的最小生成树。其中，U 是 T 的顶点集，TE 是 T 的边集，U 的初值等于 V，即包含图 G 的全部顶点，TE 的初值为空集。此算法的基本思想是：按权值从小到大的顺序依次选取图 G 中的边，若选取的边未使生成树 T 形成回路，则把边加入 TE 中，作为生成树 T 的一条边，若选取的边使生成树 T 形成回路，则将其舍弃。如此进行下去，直到 TE 中包含(n-1)条边为止，此时的 T 即为最小生成树。

对于图 7.12(a)所示的带权无向图，按照克鲁斯卡尔算法构造最小生成树的过程如图 7.13 所示。在构造过程中，带权无向图中边的权值按照从小到大的顺序排列，不断选取当前未被选取的边集中权值最小的边。依据生成树的概念，n 个结点的生成树有 n-1 条边，故重复上述过程，直到选取 n-1 条边为止，就构成了一棵最小生成树。在选取边时，先后选择了(B，D)权为 5 的边、(D，F)权为 6 的边、(B，C)权为 7 的边、(E，F)权为 10 的边和(A，B)权为 10 的边。对于(C，F)权为 8 的边，若在生成树中添加这条边，则生成树形成回路，故舍弃之，对于边(B，D)和边(D，F)，边上的权均为 6，则可任选其中之一，因此所构成的最小生成树不唯一，但它们的权值总和相等。

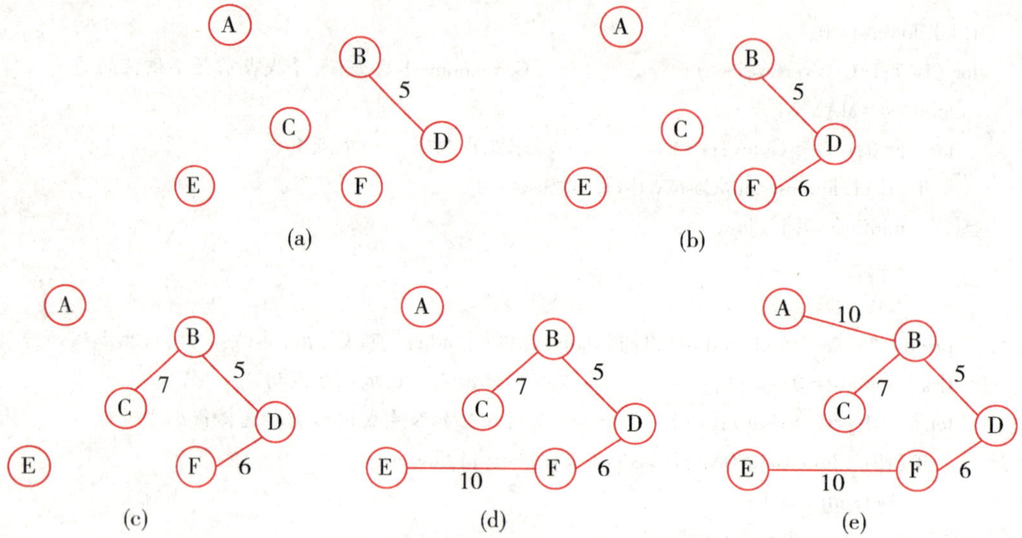

图 7.13　无向图 7.12(a)的克鲁斯卡尔算法构造最小生成树的过程

实现克鲁斯卡尔算法的关键在于：如何判断要加入最小生成树中的一条边是否与生成树中已有的边形成回路。这可以采用将各顶点划分为不同集合的方法来解决，每个集合中的顶点表示一个无回路的连通分量。因此，设计一个数组 int vset[MAXV]，利用 vset[i]来判定各顶点是否属于同一集合中。其初值为 vset[i]=i(i=0，1，…，MAXV-1)，i 为顶点所在集合的编号，表示各个顶点在不同的集合上。当从边集数组中按次序选取一条边时，若它的两个顶点分属于不同的集合，则表明此边连通了两个不同的连通分量，因为每个连通分量无回路，所以连通后得到的连通分量仍不会产生回路，此边应保留作为生成树的一条边，同时把顶点所在的两个集合合并成一个，即只需使两个顶点所在集合的编号为同一值即可；当选取的一条边的两个顶点同属于一个集合时，也就是当这两个顶点所在集合的编号相同时，此边应放弃，因为同一个集合中的顶点是连通无回路的，若再加入一条边则必产生回路。

用克鲁斯卡尔算法求图的最小生成树中，GE 是 Edge 类型的边集数组，并且数组元素是按照每条边上权值从小到大的顺序排列的；n 为图中顶点个数，e 为图中边的个数。其数据结构如算法描述 7.11 所示，克鲁斯卡尔算法如算法描述 7.12 所示。

【算法描述 7.11】克鲁斯卡尔算法数据结构

```
typedef struct{
  int v1;
  int v2;              //v1、v2 是两个顶点的序号
  int weight;          //边的权值
}Edge;
```

【算法描述 7.12】克鲁斯卡尔算法

```
void kruskal(Edge GE[],int n,int e){
  int i,j,m1,m2,s1,s2,k;
  int vset[MAX];
  for(i=0;i<n;i++){                    //初始化辅助数组
    vset[i]=i;
    k=0;                               //生成树中边的数目,初值为 0
    j=0;                               //边集数组 GE 的下标,初值为 0
    while(k<=n-1){                     //生成树中的边数小于 n 条时继续循环
      m1=GE[j].v1;                     //从边集数组 GE 中取出一条边的两个顶点
      m2=GE[j].v2;
      s1=vset[m1];                     //分别得到两个顶点所在集合的编号
      s2=vset[m2];                     //两个顶点属于不同的集合,将该边加入最小生成树中
      if(s1!=s2){
        printf("(%d,%d),%d\n",m1,m2,GE[j].weight);
        k++;                           //生成树的边数加 1
        vset[m2]=s1;                   //使两个集合编号相同
      }
      j++;                             //扫描下一条边
    }
  }
}
```

在克鲁斯卡尔算法中，while 循环是影响时间效率的主要操作，其循环次数最多为 e 次，所以克鲁斯卡尔算法的时间复杂度为 O(e)。

7.5　有向无环图及其应用

一个无环的有向图称为有向无环图(directed acyclic graph)，简称 DAG 图。有向无环图是描述一项工程或系统的进行过程的有效工具。一项工程(project)通常可分为若干个称为活动(activity)的子工程，而这些子工程之间，通常受到一定条件的约束，如其中某些子工程的开始必须在另一些子工程完成之后。对于整个工程和系统，人们关心的是两个方面

的问题：一是工程能否顺利进行；二是估算整个工程完成所必需的最短时间。对于有向图，这两个问题是通过对有向图进行拓扑排序和求关键路径操作来解决的。

7.5.1 拓扑排序

在一个工程中，有些活动必须在其他相关的活动完成之后才能开始，也就是说，一个活动的开始是以其所有前序活动的结束为先决条件的，但有些活动是没有先决条件的，可以安排在任何时间开始。为了形象地反映整个工程中各个活动之间的先后关系，可以用一个有向图来表示，若以图中的顶点来表示活动，有向边表示活动之间的优先关系，即有向边的起点活动是终点活动的前序活动，只有当起点活动完成之后，其终点活动才能进行。通常，把这种顶点表示活动、边表示活动之间先后关系的有向图称为顶点表示活动的网（activity on vertex network），简称 AOV 网。

AOV 网中的弧表示活动之间存在的制约关系。例如，计算机专业的学生必须完成表 7.1 所示的全部课程。

表 7.1　计算机专业课程表

课程编号	课程名称	先修课程
C_1	高等数学	无
C_2	程序设计基础	无
C_3	离散数学	C_1，C_2
C_4	数据结构	C_3，C_5，C_{10}
C_5	算法语言	C_2
C_6	编译原理	C_4，C_5
C_7	操作系统	C_4，C_9
C_8	大学物理	C_1
C_9	计算机原理	C_8
C_{10}	线性代数	C_1

这个问题可以被看成一个大的工程，其活动就是学习每一门课程，学习每门课程的先决条件是学完其全部先修课程。如学习“数据结构”课程就必须安排在学完它的 3 门先修课程“离散数学”“算法语言”“线性代数”之后。学习“程序设计基础”课程则可以随时安排，因为它是基础课程，没有先修课程。若用 AOV 网来表示这种课程安排的先后关系，则如图 7.14 所示。

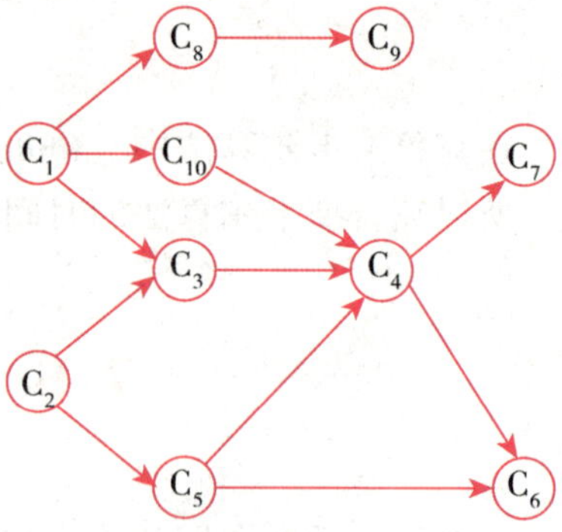

图 7.14　表 7.1 的 AOV 网

一个 AOV 网应该是一个有向无环图，即不应该带有回路。因为若带有回路，则回路上的所有活动都无法进行。这种情况若在程序中出现，则会发生死循环。因此，对于给定的 AOV 网，应首先判定网中是否存在环。检测方法是，对有向图构造其顶点的拓扑有序序列，若网中所有顶点都在其拓扑有序序列中，则该 AOV 网中必定不存在环。

在 AOV 网中，若不存在回路，则所有活动可排成一个线性序列，使每个活动的所有前驱活动都排在该活动的前面，把此序列称为拓扑序列，由 AOV 网构造拓扑序列的过程称为拓扑排序。例如，对于图 7.14 所示有向图有如下拓扑序列：

①$C_1-C_8-C_9-C_{10}-C_2-C_3-C_5-C_4-C_7-C_6$

②$C_1-C_{10}-C_8-C_9-C_2-C_3-C_5-C_4-C_7-C_6$

③$C_1-C_2-C_3-C_5-C_8-C_{10}-C_4-C_9-C_6-C_7$

由 AOV 网构造拓扑序列的实际意义是：如果按照拓扑序列中的顶点次序，在开始每一项活动时，能够保证其所有前驱活动都已完成，从而使整个工程顺利进行，不会出现冲突的情况。

对 AOV 网进行拓扑排序的方法是：

①在 AOV 网中选择一个入度为 0 的顶点，并输出到拓扑序列中；

②从网中删去该顶点及其所有出边。

反复执行①②两步，直到网中所有顶点都被输出(拓扑序列完成)，或网的剩余部分中再也选不出入度为 0 的顶点(图中有环)为止。

这样操作的结果有两种：一种是网中全部顶点都被输出，这说明网中不存在回路；另一种就是网中顶点未被全部输出，且网中不存在入度为 0 的顶点，这说明网中存在回路。

下面以图 7.14 为例，说明拓扑排序算法的执行过程，如图 7.15 所示。

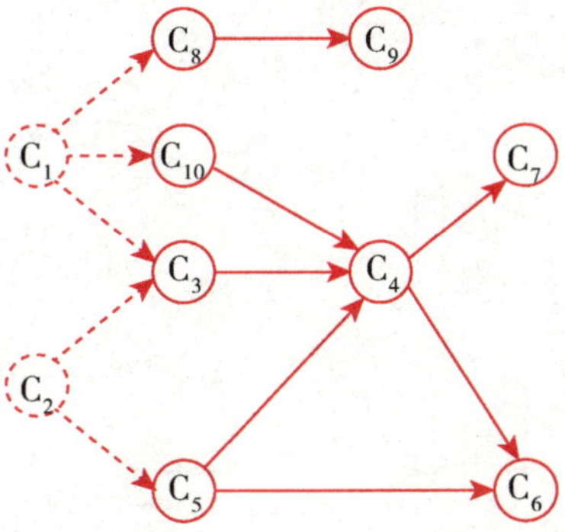

(a)

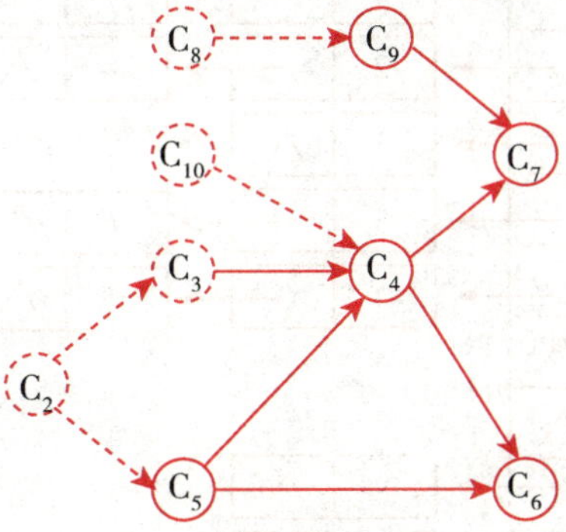

(b)

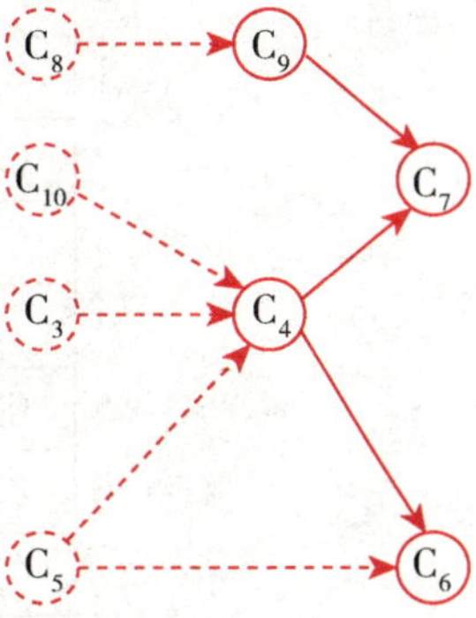

(c)

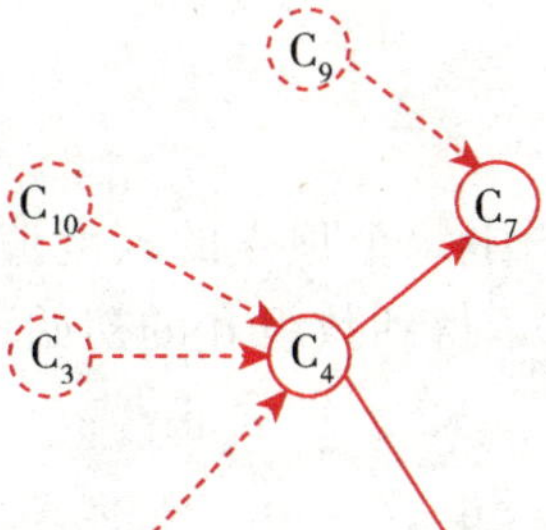

(d)

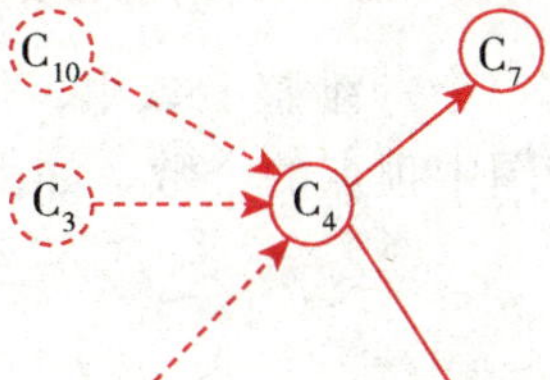

(e)

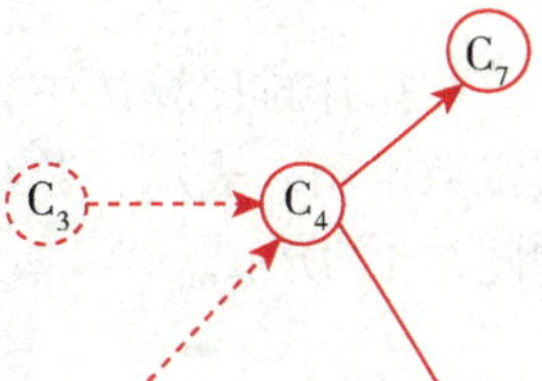

(f)

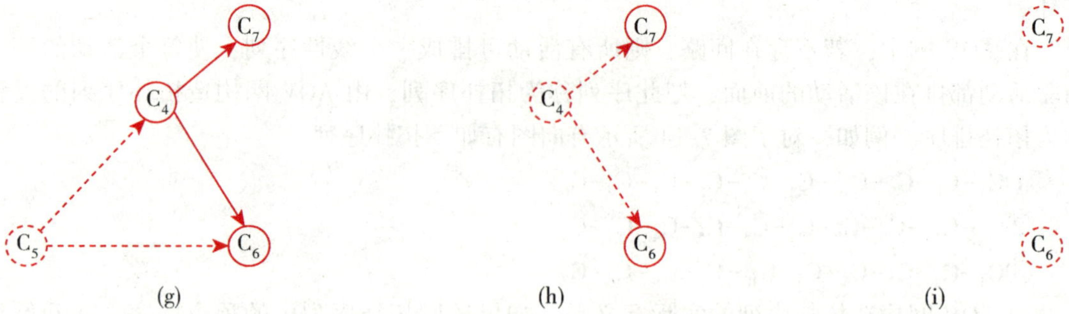

图 7.15　有向图的拓扑排序算法的执行过程

在初始状态，图 7.15(a)中顶点 C_1 和 C_2 入度为 0，可以任选其一，此处选择顶点 C_1，将其输出，接着删除顶点 C_1 及其三条出边 $<C_1, C_8>$，$<C_1, C_{10}>$，$<C_1, C_3>$，得到结果如图 7.15(b)所示。在图 7.15(b)中，入度为 0 的顶点有 C_2，C_8，C_{10}，依旧输出其中一个顶点并删除此顶点及其出边，以此类推，如图 7.15(b)至图 7.15(i)所示，得到一个拓扑序列：C_1-C_2-C_8-C_9-C_{10}-C_3-C_5-C_4-C_7-C_6。而入度为 0 的顶点可能并不唯一，所以一个有向无环图的拓扑序列并不唯一。

为了实现拓扑排序算法，采用邻接表作为有向图的存储结构，如图 7.15(a)对应的邻接表如图 7.16 所示。

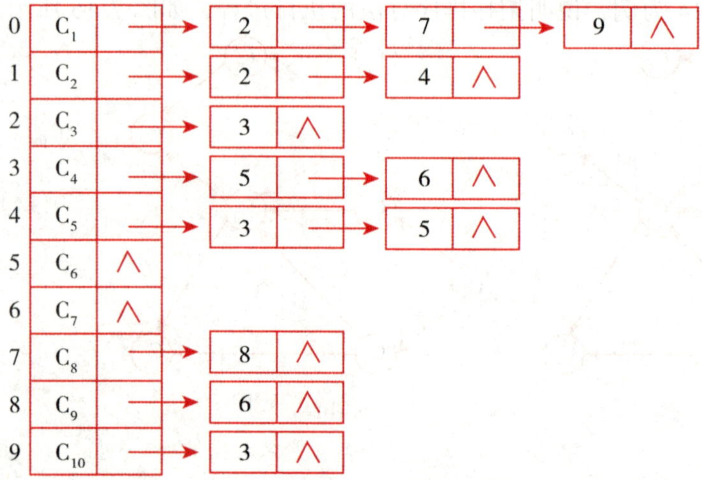

图 7.16　图 7.15(a)的邻接表

在拓扑排序算法中，需要设置一个一维整型数组，用于保存图中每个顶点的入度值，假定数组用 d 表示，数组长度应为图中顶点的个数。如由图 7.15(a)得到数组 d 的初始值如图 7.17 所示。

0	1	2	3	4	5	6	7	8	9
0	0	2	3	1	2	2	1	1	1

图 7.17　数组 d 的初始值

为了方便找到入度为0的点，用一个栈将入度为0的点及时保存起来。当某一个顶点进入拓扑序列中，由它邻接到的所有邻接点的入度都要减1，减1后若该顶点的入度为0，则将该顶点进栈，等待进入拓扑序列。

拓扑排序的算法步骤如下。

①将入度为0的顶点进栈。

②从堆栈中弹出栈顶元素。

- 输出栈顶元素；
- 把该顶点发出的所有有向边删去，即将该顶点的所有后继顶点的入度减1，若减1后该顶点的入度为0，则将该顶点进栈。

③重复第②步，直到栈空，或者已经输出全部顶点，或者剩下的顶点中没有入度为0的顶点为止。

【算法描述7.13】有向图的拓扑排序算法

```
void topsort(AdjList *G){
  int i,j,n;                              //m为计数器,记录已输出的顶点数目
  int m=0;                                //stack为一堆栈,top为栈顶指针
  int stack[MAX_VERTEX_NUM],top=-1;
  EdgeNode *p;
  int d[MAX_VERTEX_NUM];                  //一维整型数组d用于保存图中每个顶点的入度值
  for(i=0;i<G->vertex;i++){               // 求出每个顶点的入度并将值存入数组d中
    p=G->adjlist->firstedge;
    while(p!=NULL){
      j=p->adjvex;
      d[j]++;
      p=p->next;
    }
  }
  for(i=0;i<G->vertex;i++)                //将入度为0的顶点压进栈中
    if(d[i]==0){
      top++;
      stack[top]=i;
    }
  while(top!=-1){                         //栈不为空
    i=stack[top];
    top--;                                //顶点1出栈
    printf("%d",G->adjlist->data);        //输出顶点i
    m++;                                  //输出的顶点个数加1
    p=G->adjlist->firstedge;              //p指向当前输出结点的边表
    while(p!=NULL){                       //对当前输出结点的各邻接点依次处理
```

```
            j=p->adjvex;
            d[j]--;                            //当前输出顶点邻接点的入度减 1
            if(d[j]==0){                       //新的入度为 0 的顶点进栈
                top++;
                stack[top]=j;
            }
            p=p->next;                         //找到下一个邻接点
        }
    }
    printf("\n");
    if(m<G->vertex)                            //图中有环路存在
        printf("图中有环！\n");
}
```

对于一个具有 n 个顶点、e 条边的网来说，整个算法的时间复杂度为 O(e+n)。

7.5.2 关键路径

与 AOV 网相对应的是 AOE 网(activity on edge network)，AOE 网是指以顶点表示事件，以有向边表示活动，边上的权值表示该项活动所需时间的带权无环有向图。

如果用 AOE 网来表示一项工程，那么，仅仅考虑各个子工程之间的优先关系还不够，更多的是关心完成整个工程的最短时间是多少，哪些活动延期将会影响整个工程的进度，而加速这些活动是否会提高整个工程的效率。因此，通常在 AOE 网中列出完成预定工程计划所需要进行的活动、每个活动计划完成的时间、要发生哪些事件以及这些事件与活动之间的关系，从而可以确定该项工程是否可行，估算工程完成的时间以及确定哪些活动是影响工程进度的关键。

AOE 网中有两个特殊的顶点(事件)：一个称为源点，是整个工程的开始点，也是最早活动的起点，其入度为 0，即只有出边，没有入边；另一个称为汇点，是整个工程的结束点，也是最后活动的终点，其出度为 0，即只有入边，没有出边。除这两个顶点外，其余顶点都既有入边，也有出边，是入边活动和出边活动的转折点。

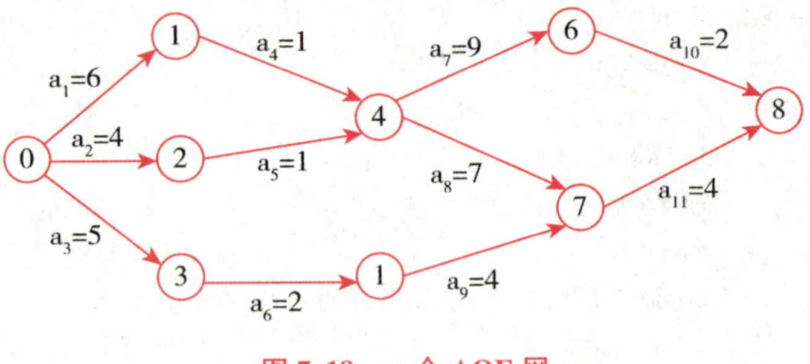

图 7.18 一个 AOE 网

图 7.18 所示为一个包括 11 项活动、9 个事件的 AOE 网。其中，顶点 0 为源点，顶点 8 为汇点。边<0，1>表示活动 a_1 持续时间(即权值)为 6，假设时间的单位为天，即 a_1 需要 6 天完成；边<1，4>和<2，4>分别表示活动 a_4 和 a_5，它们的持续时间均为 1 天，它们分别以事件 1 和事件 2 为起点，但均以事件 4 为终点；边<4，6>和<4，7>表示活动 a_7 和 a_8，它

们的持续时间分别为 9 天和 7 天，它们均以事件 4 为起点，但分别以事件 6 和事件 7 为终点；事件 4 表示活动 a_4 和 a_5 已经完成，活动 a_7 和 a_8 可以开始。

利用 AOE 网进行工程管理时要需解决的主要问题是：

①计算完成整个工程至少需要多长时间；

②找出哪些活动是影响工程进度的关键。

由于在 AOE 网中的某些活动能够同时进行，故完成整个工程的最短时间是从源点到汇点的最大路径长度(这里的路径长度是指该路径上的各个活动所需时间之和，不是路径上弧的数目)。从源点到汇点具有最大路径长度的路径称为关键路径，关键路径长度就是整个工程所需的最短工期，关键路径上的活动称为关键活动。

为了在 AOE 网中找出关键路径，需要定义下面几个参量。

①事件的最早发生时间 ve[k]。

在 AOE 网中，一个顶点事件的发生必须在其所有入边活动(或称前驱活动)都完成之后，也就是说，只要有一个入边没有完成，该事件就不可能发生。显然，一个事件的最早发生时间是其所有入边活动，或者说最后一个入边活动刚刚完成的时间。而对于 AOE 网的源点来说，因为其没有入边，所以随时都可以发生，整个工程的开始时间就是其发生时间，亦即最早发生时间，通常将此时间定义为 0，从此开始推出其他事件的最早发生时间。求一个事件 k 的最早发生时间(从源点 0 到顶点 k 的最大路径长度)的常用方法是：由它的每个前驱事件 j 的最早发生时间分别加上相应入边<j，k>上的权，其值最大者就是事件 k 的最早发生时间。由此可知，必须按照拓扑序列中的顶点次序来求出各个事件的最早发生时间，这样才能保证在求一个事件的最早发生时间时，它的所有前驱事件的最早发生时间都已求出。

若用 ve[k]表示事件 k 的最早发生时间，ve[j]是事件 k 的一个前驱事件 j 的最早发生时间，dut(<j，k>)为有向边<j，k>上的权值，p 表示所有到达顶点 k 的有向边的集合，则 AOE 网中每个事件 k 的最早发生时间可用式(7.1)来表示：

$$ve[k]=\begin{cases} 0 & (k=0) \\ \max\{ve[j]+dut(<j,\ k>)\} & (1 \leqslant k \leqslant n-1,\ <j,\ k> \in p) \end{cases} \tag{7.1}$$

②事件的最迟发生时间 vl[k]。

在不推迟整个工期的前提下，一些事件可以不在最早发生时间发生，可以在一段时间内发生，我们把事件最晚必须发生的时间称为该事件的最迟发生时间。若用 vl[k]表示事件 k 的最迟发生时间，为了保证整个工程按时完成，把汇点的最迟发生时间定义为它的最早发生时间，即 vl[n]=ve[n]。其他每个事件的最迟发生时间应等于汇点的最迟发生时间减去从该事件的顶点到汇点的最大路径长度，或者说，每个事件的最迟发生时间比汇点的最迟发生时间所提前的时间应等于从该事件的顶点到汇点的最长路径上所有活动的持续时间之和。求一个事件 j 的最迟发生时间的常用方法是：由它的每个后继事件 k 的最迟发生时间分别减去相应出边<j，k>上的权，其值最小者就是事件 j 的最迟发生时间。由此可知，必须按照逆拓扑有序求出各个事件的最迟发生时间，这样才能保证在求一个事件的最迟发生时间时，它的所有的后继事件的最迟发生时间都已求出。

若用 vl[j]表示事件 j 的最迟发生时间，ve[k]是事件 j 的一个后继事件 k 的最迟发生时间，dut(<j，k>)为有向边<j，k>上的权值，s 表示顶点 j 的所有出边集合，则 AOE 网中每个事件 j 的最迟发生时间可用式(7.2)来表示：

$$vl[j]=\begin{cases} ve[n-1] & (j=n-1) \\ \min\{vl[k]+dut(<j, k>)\} & (0 \leqslant j \leqslant n-2,\ <j, k> \in s) \end{cases} \tag{7.2}$$

③活动 a_i 的最早开始时间 e[i]。

根据 AOE 网的性质，一个活动的开始必须在它的起点事件发生之后。也就是说，一个顶点事件没有发生时，它的所有出边活动都不可能开始，显然一个活动的最早开始时间是它的起点事件的最早发生时间。若用 ve[k]表示事件 k 的最早发生时间，用 e[i]表示事件 k 的一条出边<j，k>上活动 a_i 的最早开始时间，则有

$$e[i]=ve[k] \tag{7.3}$$

④活动 a_i 的最晚开始时间 l[i]。

在不影响整个工期的前提下，一些活动可以不在最早开始时间发生，而允许向后推迟一段时间开始，把最晚必须开始的时间称为该活动的最晚开始时间。AOE 网中的任一事件若在最迟发生时间仍没有发生或任一活动在最晚开始时间仍没开始，则必将影响整个工程的按时完成，使工期拖延。因为活动 a_i 的最晚完成时间也就是它的终点事件 k 的最迟发生时间，所以 a_i 的最晚开始时间应等于事件 k 的最迟发生时间减去活动 a_i 的持续时间，或者说，要比事件 k 的最迟发生时间提前 a_i 所需要的时间。若用 vl[k]表示事件 k 的最迟发生时间，用 l[i]表示事件 k 的一条入边<j，k>上活动 a_i 的最晚开始时间，dut(<j，k>)为有向边<j，k>上的权值，应该有

$$l[i]=vl[k]-dut(<j, k>) \tag{7.4}$$

根据每个活动的最早开始时间 e[i]和最晚开始时间 l[i]就可以判定该活动是否为关键活动，那些 l[i]=e[i]的活动就是关键活动，而那些 l[i]>e[i]的活动则不是关键活动，l[i]-e[i]的值为活动的开始时间余量。有些活动的开始时间余量不为零，表明这些活动不在最早开始时间开始，而是可以在不增加完成整个工程所需的总时间的情况下，活动可以适当地拖延时间。把开始时间余量为 0 的活动称为关键活动，由关键活动形成的从源点到汇点的每一条路径称为关键路径。

下面以图 7.18 所示 AOE 网为例，求出上述参量，来确定该网的关键活动和关键路径。

①按照式(7.1)求事件的最早发生时间 ve[k]。

$ve[0]=0$

$ve[1]=ve[0]+dut(<0, 1>)=0+6=6$

$ve[2]=ve[0]+dut(<0, 2>)=0+4=4$

$ve[3]=ve[0]+dut(<0, 3>)=0+5=5$

$ve[4]=\max\{ve[1]+dut(<1, 4>), ve[2]+dut(<2, 4>)\}=\max\{6+1, 4+1\}=7$

$ve[5]=ve[3]+dut(<3, 5>)=5+2=7$

$ve[6]=ve[4]+dut(<4, 6>)=7+9=16$

$ve[7]=\max\{ve[4]+dut(<4, 7>), ve[5]+dut(<5, 7>)\}=\max\{7+7, 7+4\}=14$

$ve[8]=\max\{ve[6]+dut(<6, 8>), ve[7]+dut(<7, 8>)\}$

$\quad\quad =\max\{16+2, 14+4\}=18$

②按照式(7.2)求事件的最迟发生时间 vl[j]。

vl[8]=ve[8]=18

vl[7]=vl[8]-dut(<7, 8>)=18-4=14

vl[6]=vl[8]-dut(<6, 8>)=18-2=16

vl[5]=vl[7]-dut(<5, 7>)=14-4=10

vl[4]=min{vl[6]-dut(<4, 6>), vl[7]-dut(<4, 7>)}=min{16-9, 14-7}=7

vl[3]=vl[5]-dut(<3, 5>)=10-2=8

vl[2]=vl[4]-dut(<2, 4>)=7-1=6

vl[1]=vl[4]-dut(<1, 4>)=7-1=6

vl[0]=min{vl[1]-dut(<0, 1>), vl[2]-dut(<0, 2>), vl[3]-dut(<7, 8>)}

　　=min{6-6, 6-4, 8-5}=0

③再按照式(7.3)和式(7.4)求活动 a_i 的最早开始时间 e[i]和最晚开始时间 l[i]及开始时间余量 l[i]-e[i]。

表 7-2　图 7.18 中各活动的 e[i]、l[i]和 l[i]-e[i]

活动	e[i]	l[i]	l[i]-e[i]
a_1	e[1]=ve[0]=0	l[1]=vl[1]-dut(<0, 1>)=6-6=0	0
a_2	e[2]=ve[0]=0	l[2]=vl[2]-dut(<0, 2>)=6-4=2	2
a_3	e[3]=ve[0]=0	l[3]=vl[3]-dut(<0, 3>)=8-5=3	3
a_4	e[4]=ve[1]=6	l[4]=vl[4]-dut(<1, 4>)=7-1=6	0
a_5	e[5]=ve[2]=4	l[5]=vl[4]-dut(<2, 4>)=7-1=6	2
a_6	e[6]=ve[3]=5	l[6]=vl[5]-dut(<3, 5>)=10-2=8	3
a_7	e[7]=ve[4]=7	l[7]=vl[6]-dut(<4, 6>)=16-9=7	0
a_8	e[8]=ve[4]=7	l[8]=vl[7]-dut(<4, 7>)=14-7=7	0
a_9	e[9]=ve[5]=7	l[9]=vl[7]-dut(<5, 7>)=14-4=10	3
a_{10}	e[10]=ve[6]=16	l[10]=vl[8]-dut(<6, 8>)=18-2=16	0
a_{11}	e[11]=ve[7]=14	l[11]=vl[8]-dut(<7, 8>)=18-4=14	0

通过上述求解，可得出图 7.18 的关键活动为 a_1，a_4，a_7，a_8，a_{10}，a_{11}，关键路径如图 7.19 所示。

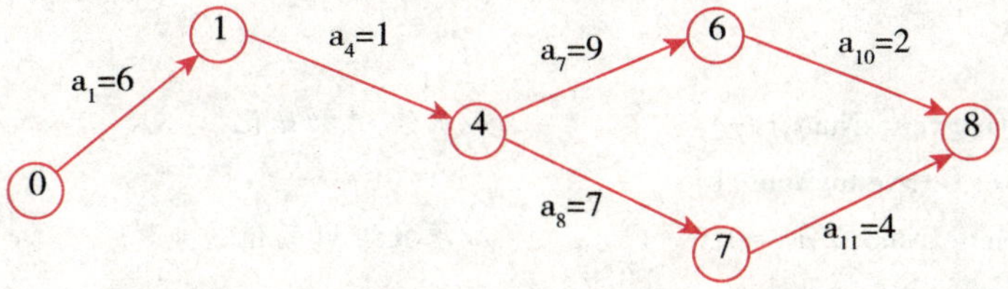

图 7.19　图 7.18 中 AOE 网的关键路径

由此可知，关键路径是从源点到汇点具有最大路径长度的那些路径，即最长路径。这很容易理解，因为整个工程的工期就是按照最大路径长度计算出来的，即等于关键路径上所有活动的持续时间之和。当然一条路径上的活动只能串行进行，若最长路径上的任一活动不在最早开始时间开始，或不在规定的持续时间内完成，都必然会延误整个工期，所以每一项活动的开始时间余量为 0，故它们都是关键活动。

求出一个 AOE 网的关键路径后，可通过加快关键活动(即缩短它的持续时间)来实现缩短整个工程的工期。但并不是加快任何一个关键活动都可以缩短整个工程的工期，只有加快那些包括在所有关键路径上的关键活动才能达到这个目的。例如，加快图 7.19 中关键活动 a_7 的速度，使之由 9 天完成缩减为 8 天完成，则不能使整个工程的工期由 18 天变为 17 天，因为另一条由活动{a_1，a_4，a_8，a_{11}}组成的关键路径中不包括 a_7，这只能使由活动{a_1，a_4，a_7，a_{10}}组成的路径变为非关键路径。而活动 a_1 和 a_4 是包括在所有的关键路径中的，若活动 a_1 由 6 天缩减为 5 天完成，则整个工程的工期可由 18 天缩减为 17 天。另外，关键路径是可以变化的，提高某些关键活动的速度可能使原来的非关键路径变为新的关键路径，因而关键活动的速度提高是有限度的。例如，图 7.18 中关键活动 a_1 由 6 天缩减为 4 天完成后，由活动{a_2，a_5，a_7，a_{10}}和活动{a_2，a_5，a_8，a_{11}}组成的路径都变为关键路径，此时，再提高活动 a_1 的速度也不能使整个工程的工期提前。

下面给出用邻接表表示一个求 AOE 网的关键路径的算法。

【算法描述 7.14】求 AOE 网关键路径的算法

```
void CriticalPath(AdjList *G){
  int i,j,k,e,l;
  EdgeNode *p;
  int Ve[MAX_VERTEX_NUM],Vl[MAX_VERTEX_NUM];
  for(i=0;i<G->vertexNum;i++)                //数组 ve 初始化
    Ve[i]=0;
  for(i=0;i<G->vertexNum;i++)                //求数组 ve 的值
    p=G->adjlist->firstedge;
  while(p!=NULL){
    k=p->adjvex;
    if(Ve[i]+p->adjvex>Ve[k]){
      Ve[k]=Ve[i]+p->adjvex;
    p= p->next;
    }
  }
  for(i=0;i<G->vertexNum;i++)                //数组 vl 初始化
    Vl[i]=Ve[G->vertexNum-1];
  for(i=G->vertexNum-2;i>=0;i--){            //求数组 vl 的值
    p= G->adjlist->firstedge;
    while(p!=NULL){
```

```
            k=p->adjvex;
            if(Vl[k]-p->adjvex<Vl[i])
                Vl[i]=Vl[k]- p->adjvex;
            p=p->next;
        }
    }
    for(i=0;i< G->vertexNum;i++){                //求关键路径
        p=G->adjlist->firstedge;
        while(p!=NULL){
            k= p->adjvex;
            e=Ve[i];
            l=Vl[k]-p->adjvex;
            if(l= =e)                             //找到一个关键路径
                printf("(%d, %d), e= %d, l= %d\n",G->adjlist[i].data,G->adjlist[k].data,e,l);
            p=p->next;
        }
    }
}
```

7.6 最短路径

在7.1节中介绍过，在图中，若从一个顶点到另一个顶点存在着一条路径(这里只讨论无回路的简单路径)，则称该路径长度为该路径上所经过的边的数目，它也等于该路径上的顶点数减1。由于从一个顶点到另一个顶点可能存在多条路径，每条路径上所经过的边数可能不同，即路径长度不同，把路径长度最短(即经过的边数最少)的那条路径称为最短路径，其路径长度称为最短路径长度或最短距离。

上面所述图的最短路径问题只是对无权图而言。若图是带权图，则将从一个顶点i到图中其余任一顶点j的一条路径上所经过边的权值之和定义为该路径的带权路径长度，从 V_i 到 V_j 可能不止一条路径，把带权路径长度最短(即其值最小)的那条路径也称为最短路径，其权值也称为最短路径长度或最短距离。例如，图7.20中，顶点A和顶点C之间最短路径是(A，B，C)，其路径长度为5，包括两条边，而路径(A，C)虽然只包括一条边，但长度为8，不是最短路径。

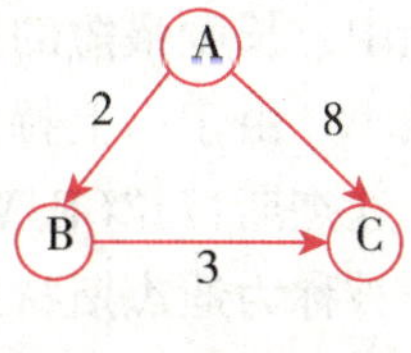

图7.20 最短路径图例

求图的最短路径问题的用途很广。例如，若用一个图来表示一个地区的公路交通图。图的顶点表示城市，边表示城市之间存在的公路段，边上的权表示从一个城市到另一个城市的交通费用或花费的时间等，如何使从一个城市到另一个城市的交通费用或所花费的时间最省呢？这就是一个求两个城市之间最短路径的问题。

本节考虑有向图，给出求图的最短路径的两个算法：

①求图中一个顶点到其余各顶点的最短路径；

②求每一对顶点之间的最短路径。

7.6.1 单源最短路径

设对于给定的带权图 G=(V，E)(不含回路和负的权值)，从顶点 V_0 出发，求从它到图中所有其他各顶点的最短路径。

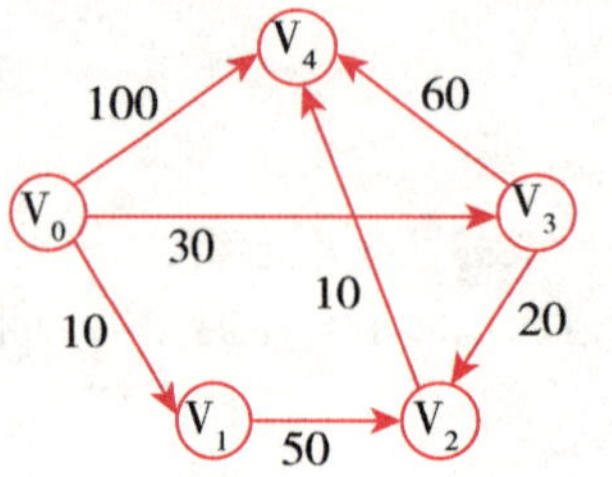

$$\begin{pmatrix} 0 & 10 & \infty & 30 & 100 \\ \infty & 0 & 50 & \infty & \infty \\ \infty & \infty & 0 & \infty & 10 \\ \infty & \infty & 20 & 0 & 60 \\ \infty & \infty & \infty & \infty & 0 \end{pmatrix}$$

图 7.21 带权有向图及其对应的邻接矩阵

如图 7.21 所示，若以顶点 V_0 为源点，到达其他各顶点的最短路径如表 7.3 所示。

表 7.3 从顶点 V_0 到其他各顶点的最短路径

源点	终点	最短路径	长度
V_0	V_1	$V_0 \to V_1$	10
	V_2	$V_0 \to V_3 \to V_2$	50
	V_3	$V_0 \to V_3$	30
	V_4	$V_0 \to V_3 \to V_2 \to V_4$	60

从表 7.3 所示的最短路径可知，最短路径不一定是经过边最少的路径，但在这些最短路径中，长度最短的那一条路径上只有一条边，且它的权值在从源点出发的所有边的权值中最小。由于以上特点，可按照路径长度递增的次序产生最短路径。

迪杰斯特拉(E. W. Dijkstra)提出了一个求从某个源点到其他各顶点的最短路径的方法，被称为迪杰斯特拉算法。此算法的基本思想是：把图中所有顶点分成两组，第一组包括已确定最短路径的顶点，第二组包括尚未确定最短路径的顶点，按最短路径长度递增的顺序逐个把第二组的顶点加到第一组中去，直到从顶点 V_0 出发可以到达的所有顶点都已加入第一组中。为了实现上述分组，设置集合 S，存放已求出其最短路径的顶点，即第一组；则尚未确定最短路径的顶点集合是 V-S，即第二组。其中，V 为图中所有顶点的集合。按最短路径长度递增的顺序逐个以 V-S 中的顶点加到 S 中，直到 S 中包含全部顶点，而 V-S 为空。在这个过程中，总保持从顶点 V_0 到第一组各顶点的最短路径长度都不大于从顶点 V_0 到第二组的任何顶点的最短路径长度。另外，每个顶点对应一个距离值，第一组的顶点对应的距离值就是从顶点 V_0 到此顶点的最短路径长度，第二组的顶点对应的距离值是从顶点 V_0 到此顶点的只包括第一组的顶点为中间顶点的路径长度。

具体做法是：设源点为顶点 V_0，则一开始 S 中只包含顶点 V_0，令 W=V-S，则此时 W 中包含除顶点 V_0 外图中所有顶点，顶点 V_0 对应的距离值为 0，W 中顶点对应的距离值是这样规定的：若图中有弧 $<V_0, V_j>$，则顶点 V_j 的距离为此弧上的权值，否则为∞（一个很大的数），然后每次从 W 的顶点中选一个距离值为最小的顶点 V_m 加入到 S 中，每往 S 中加入一个顶点 V_m，就要对 W 中的各个顶点的距离值进行一次修改。若加入 V_m 做中间顶点，使 $<V_0, V_m>+<V_m, V_j>$ 的值小于 $<V_0, V_j>$ 值，则用 $<V_0, V_m>+<V_m, V_j>$ 的值代替原来 $<V_0, V_j>$ 的距离值，修改后再在 W 中选距离值最小的顶点加入 S 中，如此进行下去，直到 S 中包含图中所有顶点，或再也没有可加入 S 的顶点存在为止。

选用邻接矩阵表示带权图，邻接矩阵的数据类型定义在上文中已说明。设置一维辅助数组 s[MAX_ VERTEX_ NUM]（MAX_ VERTEX_ NUM 为常量，表示图中最大顶点个数），用于标记顶点是否加入集合 S 中，规定：

$$s[i]=\begin{cases}1，\text{已求出从源点 } V_0 \text{ 到 } V_i \text{ 的最短路径}\\0，\text{未求出从源点到 } V_0 \text{ 到 } V_i \text{ 的最短路径}\end{cases}$$

设置数组 dist[MAX_ VERTEX_ NUM]，其中每个元素包括两个域，length 域的值为顶点的距离值，pre 域的值为从 V_0 到该顶点的最短路径上该顶点的前一顶点的序号。算法结束时，沿着顶点 V_i 对应元素的 pre 域追溯，就能确定 V_0 到 V_i 的最短路径，而此最短路径的长度在 length 域里。算法描述 7. 15 为迪杰斯特拉算法的实现。

【算法描述 7. 15】求从某个源点到其他各顶点的最短路径（迪杰斯特拉算法）

```
#define MAX_VERTEX_NUM 20
#define MAXINF 10000
typedef struct{
    int pre;
    int length;
}Path;
Path dist[MAX_VERTEX_NUM];
void dijkstra (MGraph *G,int V0){
        int s[MAX_VERTEX_NUM];
        int mindis;
        int i,j,k,p;
        for(i=0;i<G->vertex;i++){
            dist[i].length=G->edges[V0][i];                //距离初始化
            s[i]=0;
            if (dist[i].length<MAXINF)                     //路径初始化
                dist[i].pre=V0;
            else
                dist[i].pre=-1;
```

```
    }
    s[V0]=1;
                          //开始主循环,每次求得源点到某个顶点k的最短路径,并加k到集合s中
    for(i=1;1<G->vertex;i++){
      mindis=MAXINF;     //为了将没有路径的点最后选中,初始化为∞
      k=V0;
      for(j=1;j<G->vertex;j++)//从未进入s的点中找最小的dist[j]
        if(s[j]==0&&dist[j].length<mindis){ //顶点j没进入s中且当前的路径更短
        k=j;              //具有更短路径的点存储在k中
        mindis=dist[j].length;
        }
      if(k==V0)
        break;
      s[k]=1;                        //将k加入集合s
      for(j=1;j<G->vertex;j++)//更新其他没进入s的点的当前最短路径及长度
        if(s[j]==0&&G->edges[k][j]<MAXINF &&dist[k].length+G->edges[k][j]<dist[j]
.length){
          dist[j].length=dist[k].length+G->edges[k][j];//将D[j]修改为更短路径长度
          dist[j].pre=k;//记忆对应的路径,将j的前驱结点改为k
        }
    }
    for(i=0;i<G->vertex;i++)           //输出各最短路径的长度及路径上的结点
      if(s[i]==1){
        printf("%d 到%d 的最短路径长度为:sd,最短路径的顶点序列为:sd",V0,i,dist[i]
.length,i);
        p=dist[i].pre;
        while(p>V0){
          printf("<-sd",p);
          p=dist[p].pre;
        }
        printf("<-%d\n",V0);
      }
      else
    printf("%d<-%d 不存在路径! \n",i,V0);
  }
```

例如，若对图 7.21 中的带权有向图执行迪杰斯特拉算法，则所得从顶点 V_0 到其余各顶点的最短路径的运算过程如下。

①一开始集合 S 中只包含顶点 V_0，在算法中用 s[0]等于 1 表示，顶点 V_1，V_2，V_3 和 V_4 不在 S 集合中，用 s[0]等于 0 表示。顶点对应的距离值为：顶点 V_0 对应的距离值为 0，即 dist[0].length=0，对于其他顶点，若图中有弧<V_0，V_j>，则顶点 V_j 的距离值为此弧上

的权值，否则为∞，由于从顶点 V_0 到顶点 V_1，V_3，V_4 有边存在，那么边上的权即为它们的距离值，分别是 10，30，100，即 dist[1].length = 10，dist[3].length = 30，dist[4].length=100，且有 dist[1].pre=0，dist[3].pre=0，dist[4].pre=0，而从顶点 V_0 到顶点 V_2 没有边存在，则它们的距离值为 0，即 dist[2].length=MAXINF（MAXINF 是定义的较大常量，代表∞），且有 dist[2].pre=-1。

②接着从不在集合 S(即 s[i]=0)中的顶点选一个距离值最小的顶点 V_1 加入 S 中，即修改 s[1]为 1 表示顶点 V_1 已加入集合 S 中。然后对不在集合 S 中的各个顶点的距离值进行一次修改，因为加入顶点 V_1 做中间顶点。通过使 $<V_0, V_1>+<V_1, V_2>$ 的值小于 $<V_0, V_2>$ 值，则用 $<V_0, V_1>+<V_1, V_2>$ 的值代替原来 $<V_0, V_2>$ 的距离值，即 dist[2].length 的值由 MAXINF 修改为 dist[2].length=60，修改 dist[2].pre 的值为 1。而对于顶点 V_3 和 V_4，若加进顶点 V_1 做中间顶点，不能使顶点 V_0 到顶点 V_3 和 V_4 的距离值变短，所以到顶点 V_3 的距离值仍为 dist[3].length=30，其 dist[3].pre 仍为 0；到顶点 V_4 的距离值仍为 dist[4].length=100，其 dist[3].pre 仍为 0。

③从不在集合 S 中的顶点选一个距离值最小的顶点 V_3 加入 S 中，即修改 s[3]=1。然后对不在集合 S 中的各个顶点(顶点 V_2 和顶点 V_4)的距离值进行一次修改，因为加入顶点 V_3 做中间顶点，使顶点 V_0 到顶点 V_2 的距离值变短，因此对顶点 V_2 的距离值进行修改，即 dist[2].length=50，dist[2].pre=3；因为加入顶点 V_3 做中间顶点，使顶点 V_0 到顶点 V_4 的距离值变短，因此对顶点 V_4 的距离值进行修改，即 dist[4].length=90，dist[4].pre=3。

④再从不在集合 S 中的顶点选一个距离值最小的顶点 V_2 加入 S 中，即修改 s[2]=1。然后对不在集合 S 中的顶点 V_4 的距离值进行一次修改，因为加入顶点 V_2 做中间顶点，使顶点 V_0 到顶点 V_4 的距离值变短，因此对到顶点 V_4 的距离值进行修改，即 dist[4].length=60，dist[4].pre=2。

⑤最后，将不在集合 S 中的顶点 V_4 加入 S 中，即修改 s[4]等于 1。这样集合 S 中包含了图中所有顶点，算法结束。

可用表 7.4 表示图 7.21 从顶点 V_0 到其余各顶点的最短路径的运算过程及 dist 数组的变化情况。

表 7.4 用迪杰斯特拉算法构造单源点最短路径过程中各参数的变化示意

终点	从顶点 V_0 到其他各顶点的 dist 数组变化情况和最短路径的求解过程									
	i=0		i=1		i=2		i=3		i=4	
	length	pre	length	pre	length	pre	length	pre	length	pre
顶点 V_1	10 $<V_0,V_1>$	0								
顶点 V_2	∞	-1	60 $<V_0,V_1>,<V_1,V_2>$	1	50 $<V_0,V_3>,<V_3,V_2>$	3				

表 7.4(续)

<table>
<tr><th rowspan="3">终点</th><th colspan="10">从顶点 V_0 到其他各顶点的 dist 数组变化情况和最短路径的求解过程</th></tr>
<tr><th colspan="2">i=0</th><th colspan="2">i=1</th><th colspan="2">i=2</th><th colspan="2">i=3</th><th colspan="2">i=4</th></tr>
<tr><th>length</th><th>pre</th><th>length</th><th>pre</th><th>length</th><th>pre</th><th>length</th><th>pre</th><th>length</th><th>pre</th></tr>
<tr><td>顶点 V_3</td><td>30</td><td>0</td><td colspan="2"></td><td colspan="2"></td><td colspan="2"></td><td colspan="2"></td></tr>
<tr><td></td><td colspan="2">$<V_0,V_3>$</td><td colspan="2"></td><td colspan="2"></td><td colspan="2"></td><td colspan="2"></td></tr>
<tr><td>顶点 V_4</td><td>100</td><td>0</td><td>100</td><td>0</td><td>90</td><td>3</td><td>60</td><td>2</td><td colspan="2"></td></tr>
<tr><td></td><td colspan="2">$<V_0,V_4>$</td><td colspan="2">$<V_0,V_4>$</td><td colspan="2">$<V_0,V_3>,<V_3,V_4>$</td><td colspan="2">$<V_0,V_3>,<V_3,V_2>$
$<V_2,V_4>$</td><td colspan="2"></td></tr>
<tr><td>V_m</td><td colspan="2">顶点 V_0</td><td colspan="2">顶点 V_1</td><td colspan="2">顶点 V_3</td><td colspan="2">顶点 V_2</td><td colspan="2">顶点 V_4</td></tr>
<tr><td>集合 S</td><td colspan="2">$\{V_0\}$</td><td colspan="2">$\{V_0,V_1\}$</td><td colspan="2">$\{V_0,V_1,V_3\}$</td><td colspan="2">$\{V_0,V_1,V_3,V_2\}$</td><td colspan="2">$\{V_0,V_1,V_3,V_2,V_4\}$</td></tr>
</table>

对于一个具有 n 个顶点的图来说，算法共有 3 个 for 循环，第 1 个和第 3 个 for 循环均为单层循环，时间复杂度是 O(n)。最复杂的部分是第 2 个 for 循环，它是一个双层循环。外层循环共执行 n-1 次，内层循环中有两个 for 循环，都运行 n-1 次，因此这个双层 for 循环的时间复杂度是 $O(n^2)$。所以总的时间复杂度仍是 O(n)。

7.6.2 每一对顶点之间的最短路径

显然求每一对顶点之间的最短路径的一个方法是：依次以每个顶点为源点，重复调用迪杰斯特拉算法 n 次。这样，便可求得每一对顶点之间的最短路径，总的时间复杂度为$O(n^3)$。

弗洛伊德(Floyd)提出了另一个求图中任意两顶点之间最短路径的算法，虽然其时间复杂度也是 $O(n^3)$，但算法的形式更简单，易于理解和编程。

弗洛伊德算法用邻接矩阵来存储有向图 G。需要设置一个二维辅助数组 A 用于存放当前各顶点之间的最小路径长度。算法的基本思想是：按照顶点 V_0，V_1，…，V_{n-1}的次序，分别以每个顶点 $V_k(0\leqslant k\leqslant n-1)$作为中间顶点，递推地产生矩阵序列 $\mathbf{A}^{(0)}$，$\mathbf{A}^{(1)}$，…，$\mathbf{A}^{(n-1)}$。这里用 $\mathbf{A}^{(-1)}$表示原始矩阵，$A^{(-1)}[i][j]$等于从顶点 V_i 不经过任何中间顶点到顶点 V_j 的最小路径长度，当没有有向边时，路径长度为∞。矩阵 $\mathbf{A}^{(k)}$是在第 k-1 次运算得到的 $\mathbf{A}^{(k-1)}$的基础上，加入顶点 $V_k(0\leqslant k\leqslant n-1)$作为新的中间顶点，如果增加中间顶点后，得到的路径比原来的路径长度减少了，则以此新路径代替原路径，修改矩阵元素，否则保持原值不变。其计算公式为

$$A^{(k)}[i][j]=\min\{A^{(k-1)}[i][j],\ A^{(k-1)}[i][k]+A^{(k-1)}[k][j]\}$$
$$(0\leqslant i\leqslant n-1,\ 0\leqslant j\leqslant n-1)$$

其中，min 函数表示取其参数表中的较小值，参数表中的前项表示在第 k-1 次运算后得到的从顶点 V_i 到顶点 V_j 目前最短路径长度，后项表示考虑以 V_k 作为中间顶点所得到的从顶点 V_i 到顶点 V_j 的最短路径长度。若后项小于前项，则表明以 V_k 作为中间顶点(不排除已经以 V_0，V_1，…，V_{k-1}中的一部分或全部作为其中间顶点)使得从顶点 V_i 到顶点 V_j

的路径长度变短，所以应把它的值赋给 $A^{(k)}[i][j]$，否则把 $A^{(k-1)}[i][j]$ 的值赋给 $A^{(k)}[i][j]$。总之，使 $A^{(k)}[i][j]$ 保存第 k 次运算后得到的从顶点 V_i 到顶点 V_j 目前最短路径长度。当 k 从 0 取到 n-1 后，矩阵 $\mathbf{A}^{(n-1)}$ 就是最后得到的结果，其中每个元素 $A^{(n-1)}[i][j]$ 就是从顶点 V_i 到顶点 V_j 的最短路径长度。

算法中还用到一个 n×n 的矩阵 **path**，在算法的每一步中，path[i][j]是从顶点 V_i 到顶点 V_j 中间顶点序号不大于 k 的最短路径上 V_j 的前一个顶点的序号，算法结束时，由 path[i][j]的值追溯，可以得到从顶点 V_i 到顶点 V_j 的最短路径。弗洛伊德算法具体如下。

【算法描述 7.16】求每一对顶点之间最短路径的弗洛伊德算法

```
#define MAX_VERTEX_NUM 20
#define MAXINF 10000
void floyd(MGraph *G){
  int A[MAX_VERTEX_NUM][MAX_VERTEX_NUM];
  int path[MAX_VERTEX_NUM][MAX_VERTEX_NUM];
  int i,j,k,p;
  for(i=0;i<G->vertex;i++)              //为 A0[i][j]和 path0[i][j]赋值
    for(j=0;j<G->vertex;j++){
      A[i][j]=G->edges[i][j];
      if(i==j)
        path[i][j]=-1;
      else if(A[i][j]<MAXINF)
        path[i][j]=i;
      else
        path[i][j]=-1;
    }
  for(k=0;k<G->vertex;k++)              //向 Vi 与 Vj 之间 n 次加入中间顶点 Vk
    for(i=0;i<G->vertex;i++)
      for(j=0;j<G->vertex;j++)
        if(i!=k&&i!=j&&j!=k)
          if(A[i][j]>(A[i][k]+A[k][j])){
            A[i][j]=A[i][k]+A[k][j];
            path[i][j]=path[k][j];
          }

  for(i=0;i<G->vertex;i++)              //输出各最短路径的长度及路径上的结点
    for(j=0;j<G->vertex;j++)
      if(i!=j){
        printf("顶点%d 到顶点%d 的最短路径长度为%d",i,j,A[i][j]);
        printf("最短路径的顶点序列为:%d",j);
        p=path[i][j];
```

```
        while(p!=i){
          printf("--%d",p);
          p=path[i][p];
          }
        }
    printf("--%d\n",i);
}
```

弗洛伊德算法包含一个三重循环，其时间复杂度为 $O(n^3)$。

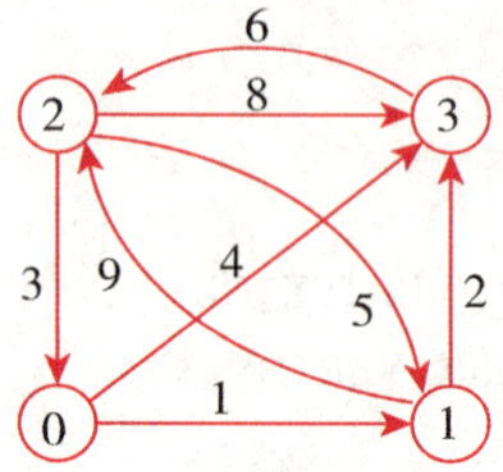

图 7.22　带权有向图

例如，对于图 7.22 所示带权有向图，其原始矩阵 $\mathbf{A}^{(-1)}$ 如图 7.23（a）所示，矩阵 **path** 保存了最短路径上终点的前一个中间顶点。$\mathbf{path}^{(-1)}$ 表示没有任何顶点作中间顶点时的最短路径。其值为当从顶点 V_i 到顶点 V_j 不存在边或 i 等于 j 时 $path^{(-1)}[i][j]$ 的取值为 -1，当从顶点 V_i 到顶点 V_j 有边存在时 $path^{(-1)}[i][j]$ 的取值为 i，矩阵 $\mathbf{path}^{(-1)}$ 如图 7.23(b) 所示。

当 k=0 时，即以顶点 0 作为中间顶点，因 $A^{(-1)}[2][0]+A^{(-1)}[0][1]=3+1=4$，较原来的 A(-1)[2][1]=5 小，故使 $A^{(0)}[2][1]=4$，同时使 $path^{(0)}[2][1]=path^{(-1)}[0][1]=0$。又因 $A^{(-1)}[2][0]+A^{(-1)}[0][3]=3+4=7$，较原来的 $A^{(-1)}[2][3]=8$ 小，故使 $A^{(0)}[2][3]=7$，同时保存 $path^{(0)}[2][3]=path^{(-1)}[0][3]=0$，矩阵 $\mathbf{A}^{(0)}$ 和矩阵 $\mathbf{path}^{(0)}$ 如图 7.23(c) 和 (d) 所示。

当 k=1 时，即以顶点 1 作为中间顶点，因 $A^{(0)}[0][1]+A^{(0)}[1][2]=1+9=10$，较原来的 $A^{(0)}[0][2]=\infty$ 小，故使 $A^{(1)}[0][2]=10$，同时使 $path^{(1)}[0][2]=path^{(0)}[1][2]=1$。同样因 $A^{(0)}[0][1]+A^{(0)}[1][3]=1+2=3$，较原来的 $A^{(0)}[0][3]=4$ 小，故使 $A^{(1)}[0][3]=3$，保存 $path^{(1)}[0][3]=path^{(0)}[1][3]=1$。又因 $A^{(0)}[2][0]+A^{(0)}[0][3]=3+3=6$，较原来的 $A^{(0)}[2][3]=7$ 小，故使 $A^{(1)}[2][3]=6$，保存 $path^{(1)}[2][3]=path^{(-1)}[1][3]=1$，矩阵 $\mathbf{A}^{(1)}$ 和矩阵 $\mathbf{path}^{(1)}$ 如图 7.23(e) 和 (f) 所示。

当 k=2 时，即以顶点 2 作为中间顶点，因为 $A^{(1)}[1][2]+A^{(1)}[2][0]=9+3=12$，较原来的 $A^{(1)}[1][0]=\infty$ 小，故使 $A^{(2)}[1][0]=12$，同时使 $path^{(2)}[1][0]=path^{(1)}[2][1]=2$。同理因 $A^{(1)}[3][2]+A^{(1)}[2][0]=6+3=9$，较原来的 $A^{(1)}[3][0]=\infty$ 小，故使 $A^{(2)}[3][0]=9$，保存 $path^{(2)}[3][0]=path^{(1)}[2][0]=2$。又因 $A^{(1)}[3][2]+A^{(1)}[2][1]=6+4=10$，较原来的 $A^{(1)}[3][1]=\infty$ 小，故使 $A^{(2)}[3][1]=10$，保存 $path^{(2)}[3][1]=path^{(1)}$

[2][1]=0，矩阵 $\mathbf{A}^{(2)}$ 和矩阵 $\mathbf{path}^{(2)}$ 如图 7.23(g)和(h)所示。

当 k=3 时，即以顶点 3 作为中间顶点，因为 $A^{(2)}[0][3]+A^{(2)}[3][2]=3+6=9$，较原来的 $A^{(2)}[0][2]=10$ 小，故使 $A^{(3)}[0][2]=9$，同时使 $path^{(3)}[0][2]=path^{(2)}[3][2]=3$。同理因 $A^{(2)}[1][3]+A^{(2)}[3][0]=2+9=11$，较原来的 $A^{(2)}[1][0]=12$ 小，故使 $A^{(3)}[1][0]=11$，保存 $path^{(3)}[1][0]=path^{(2)}[3][0]=2$。又因 $A^{(2)}[1][3]+A^{(2)}[3][2]=2+6=8$，较原来的 $A^{(2)}[1][2]=9$ 小，故使 $A^{(3)}[1][2]=8$，保存 $path^{(3)}[1][2]=path^{(2)}[3][2]=3$，矩阵 $\mathbf{A}^{(3)}$ 和矩阵 $\mathbf{path}^{(3)}$ 如图 7.23(i)和(j)所示。

通过以上分析可知，在每次运算中，对 i=k 或 j=k 或 i=j 的那些元素无须进行计算，因为它们不会被修改，对于其余元素，只有满足 $A^{(k-1)}[i][k]+A^{(k-1)}[k][j]<A^{(k-1)}[i][j]$ 的元素才会被修改，即把小于号左边的两个元素之和赋给 $A^{(k)}[i][j]$。

$$\mathbf{A}^{(1)}=\begin{pmatrix} 0 & 1 & \infty & 4 \\ \infty & 0 & 9 & 2 \\ \infty & 5 & 0 & 0 \\ \infty & \infty & 6 & 0 \end{pmatrix}$$

(a)

$$\mathbf{path}^{(1)}=\begin{pmatrix} -1 & 0 & -1 & 0 \\ -1 & -1 & 1 & 1 \\ 2 & 5 & 0 & 0 \\ -1 & -1 & 3 & -1 \end{pmatrix}$$

(b)

$$\mathbf{A}^{(0)}=\begin{pmatrix} 0 & 1 & \infty & 4 \\ \infty & 0 & 9 & 2 \\ 3 & 4 & 0 & 2 \\ \infty & \infty & 6 & 0 \end{pmatrix}$$

(c)

$$\mathbf{path}^{(0)}=\begin{pmatrix} -1 & 0 & -1 & 0 \\ -1 & -1 & 1 & 1 \\ 2 & 0 & -1 & 0 \\ -1 & -1 & 3 & -1 \end{pmatrix}$$

(d)

$$\mathbf{A}^{(1)}=\begin{pmatrix} 0 & 1 & \underline{10} & \underline{3} \\ \infty & 0 & 9 & 2 \\ 3 & 4 & 0 & \underline{6} \\ \infty & \infty & 6 & 0 \end{pmatrix}$$

(e)

$$\mathbf{path}^{(1)}=\begin{pmatrix} -1 & 0 & \underline{1} & 0 \\ -1 & -1 & 1 & 0 \\ 2 & 0 & -1 & 1 \\ -1 & -1 & 3 & -1 \end{pmatrix}$$

(f)

$$\mathbf{A}^{(2)}=\begin{pmatrix} 0 & 1 & 10 & 3 \\ \underline{12} & 0 & 9 & 2 \\ 3 & 4 & 0 & 6 \\ \underline{9} & \underline{10} & 6 & 0 \end{pmatrix}$$

(g)

$$\mathrm{Path}^{(2)}=\begin{pmatrix} -1 & 0 & 1 & \underline{1} \\ \underline{2} & -1 & 1 & 1 \\ 2 & 0 & -1 & 1 \\ \underline{2} & \underline{0} & 3 & -1 \end{pmatrix}$$

(h)

$$\mathbf{A}^{(3)}=\begin{pmatrix} 0 & 1 & 9 & 3 \\ 11 & 0 & 8 & 2 \\ 3 & 4 & 0 & 6 \\ 9 & 10 & 6 & 0 \end{pmatrix}$$

(i)

$$\mathbf{path}^{(3)}=\begin{pmatrix} -1 & 0 & \underline{3} & \underline{0} \\ -2 & -1 & 3 & 1 \\ 2 & 0 & -1 & 1 \\ 2 & 0 & 3 & -1 \end{pmatrix}$$

(j)

图 7.23　图 7.22 中有向图的各顶点之间的最短路径及路径长度

7.7 图的应用举例——校园导航问题

校园的分布可以用图来表示，校园中的建筑可以用顶点表示，建筑之间的道路可以用边表示。两个建筑之间可以有多条不同的路径连通，路径长度也可以不同。若确定两个建筑楼，请找出它们之间的最佳路径(最短路径)。

本案例可以采用邻接矩阵记录校园中建筑之间的连通关系，逻辑关系定义可以参考算法 7.1，而过程中记录路径变化的逻辑关系定义可参考算法 7.14。

主要算法实现如下：

【算法描述 7.17】

```
void  Dijkstra (MGraph *G,int v0,int v1) {
    int s[MAX_VERTEX_NUM];
    int c[MAX_VERTEX_NUM];
    int mindis;
    int i,j,k,p;
    for(i=0;i<G->vertex;i++) {
        dist[i].length=G->edges[v0][i];
        s[i]=0;
        if (dist[i].length<MAXINF)
            dist[i].pre=v0;
        else
            dist[i].pre=-1;
    }
    s[v0]=1;
    for(i=1; i<G->vertex;i++) {
        mindis=MAXINF;
        k=v0;
        for(j=1;j<G->vertex;j++)
            if(s[j]==0 &&dist[j].length<mindis) {
                k=j;
                    mindis=dist[j].length;
                }
        if(k==v0)
            break;
        s[k]=1;
        for(j=1;j<G->vertex;j++)
            if(s[j]==0&&G->edges[k][j]<MAXINF &&dist[k].length+G->edges[k][j]< dist[j]
.length) {
```

```
                dist[j].length=dist[k].length+G->edges[k][j];
                dist[j].pre=k;
            }
        }
    if(s[v1]==1){
        printf("顶点%c到顶点%c的最短距离是:%d,路径为:",G->vexs[v0],G->vexs[v1],dist[v1].length);
        i=0;
        c[i++]=v1;
        p=dist[v1].pre;
        while(p!=v0){
            c[i]=p;
            p=dist[p].pre;
            i++;
        }
        j=i;
        c[i]=v0;
        for(i=j;i>0;i--){
            printf ("%c->",G->vexs[c[i]]);
        }
        printf ("%c\n",G->vexs[c[v0]]);
    }
    else
        printf("顶点%c到顶点%c没有最短距离!\n",G->vexs[v0],G->vexs[v1]);
}
```

运行结果如图7.24所示。

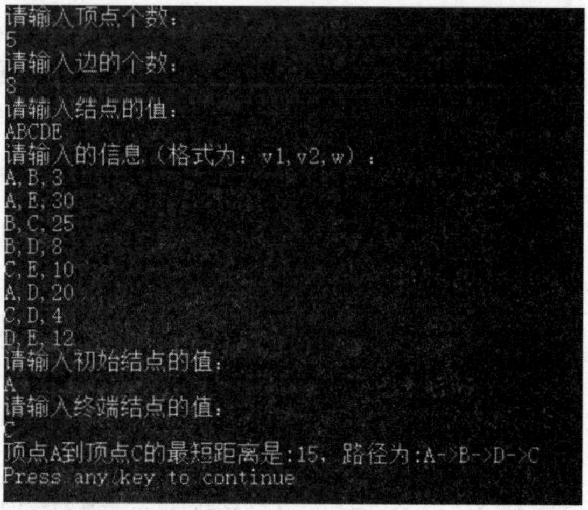

图7.24 校园导航运行图

7.8 小 结

图是一种非线性数据结构。一个图由两部分组成：一部分是顶点，另一部分是顶点之间的偶对，称为边或弧。在图中任意两个顶点之间都有可能有相关联关系的，它既不同于线性结构，也不同于树形结构，它是数据结构中四类基本逻辑结构中最为复杂的，也是表达能力最强的一类结构。

本章主要介绍了图的相关概念、图的存储表示、图的遍历方法及图上典型应用问题的实现。

邻接矩阵、邻接表(或逆邻接表)是最常用的图的存储方式，既适合存放有向图，也可以存放无向图。但需注意，采用邻接表存放无向图时，在插入、删除边时，应有两个边表结点被插入或删除。不论以何种方式存储，对于网图，还要存储边或弧的权值。

在图的基本运算中，最重要的仍是遍历操作，图的遍历方法有两种：深度优先遍历和广度优先遍历。

本章还重点介绍了图上的一些典型应用问题，如图的连通性问题、图的生成树和最小生成树问题、最短路径、拓扑排序和关键路径等问题的解决思路、算法步骤及时空效率。可以从中看到图的基本知识在解决实际问题中的运用，并感受到图的应用方式是非常灵活的。

通过本章的学习，应了解有关图的基本术语，特别是无向图、有向图、网、顶点、顶点的度、子图、连通图、非连通图及非连通图的连通分量等。掌握图的几种存储结构。能够由给定的图写出与其对应的某种存储结构，由一个图的某种存储结构画出这个图。了解不同存储结构的优缺点和适用于哪类问题。能够使用图的遍历算法、普里姆算法、克鲁斯卡尔算法、拓扑算法、关键路径算法、迪杰斯特拉算法和弗洛伊德算法等解决实际问题。

习 题

一、选择题

1. 在一个图中，每个顶点的前驱顶点和后继顶点个数可以有(　　)。

A. 1 个　　B. 2 个　　C. 0 个　　D. 任意多个

2. 一个有 n 个顶点的有向图最多有(　　)条边。

A. n　　B. n(n−1)　　C. n(n−1)/2　　D. 2n

3. 在一个具有 n 个顶点的无向连通图中至少有(　　)条边。

A. n　　B. n+1　　C. n−1　　D. n/2

4. 在一个具有 n 个顶点的有向图中，构成强联通图时至少有(　　)条边。

A. n　　B. n+1　　C. n−1　　D. n/2

5. 无向图的邻接矩阵是一个(　　)。

A. 对称矩阵 B. 零矩阵 C. 上三角矩阵 D. 对角矩阵

6. 一个图的邻接矩阵中，非0且非∞的元素个数为奇数，则该图可能是(　　)。

A. 有向图 B. 无向图 C. 无向图或有向图 D. 以上都不对

7. 对于一个具有n个顶点的无向图，若采用邻接矩阵表示，则该矩阵的大小是(　　)。

A. n B. $(n-1)^2$ C. n−1 D. n^2

8. 对于无向图的邻接矩阵来说，(　　)。

A. 第i行的非零元素个数和第i列的非零元素个数一定相等

B. 矩阵中的非零元素个数等于图中的边数

C. 第i行、第i列非零元素总数等于顶点i的度数

D. 邻接矩阵中非全零行的行数等于图中的顶点数

9. 带权有向图G用邻接矩阵**A**存储，则顶点i的入度等于**A**中(　　)。

A. 第i行非∞的元素之和 B. 第i列非∞的元素之和

C. 第i行非∞且非0的元素个数 D. 第i列非∞且非0的元素个数

10. 用邻接表存储图所用的空间大小(　　)。

A. 与图的顶点和边数有关 B. 只与图的边数有关

C. 只与图的顶点数有关 D. 与边数的平方有关

11. 下列关于邻接表的叙述中，(　　)是正确的。

A. 无向图的邻接表中，第i个顶点的度等于第i个单链表中结点的2倍

B. 邻接表比邻接矩阵的操作更简便

C. 邻接矩阵比邻接表的操作更简便

D. 求有向图结点的度，必须遍历整个邻接表

12. 如果从无向图的任一顶点出发进行一次深度优先遍历即可访问所有顶点，则该图一定是(　　)。

A. 完全图 B. 连通图 C. 有回路 D. 一棵树

13. 以下叙述中错误的是(　　)。

A. 图的遍历是从给定的初始点出发访问每个顶点且每个顶点仅访问一次

B. 图的深度优先遍历适合无向图

C. 图的深度优先遍历不适合有向图

D. 图的深度优先遍历是一个递归过程

14. 任何一个无向连通图(　　)最小生成树。

A. 只有一棵 B. 有一棵或多棵 C. 一定有多棵 D. 可能不存在

15. 对于有n个顶点的带权连通图，它的最小生成树是指图中任意一个(　　)。

A. 由n−1条权值最小的边构成的子图

B. 由n−1条权值之和最小的边构成的子图

C. 由n−1条权值之和最小的边构成的连通子图

D. 由n个顶点构成的极小连通子图，且边的权值之和最小

二、填空题

1. 在一个无向图中，所有顶点的度之和等于边数的＿＿＿＿＿倍。
2. 一个有 n 个顶点的无向图最多有＿＿＿＿＿条边。
3. 在具有 n 个顶点和 e 条边的无向图的邻接矩阵中，零元素的个数为＿＿＿＿＿。
4. 一个具有 n(n≥1) 个顶点的无向图，最少有＿＿＿＿＿个联通分量，最多有＿＿＿＿＿个联通分量。
5. 对于一个具有 n 个顶点、e 条边的不带权无向图，若采用邻接矩阵表示，其中非零元素个数是＿＿＿＿＿。
6. 在有向图的邻接表表示时，顶点 V 的边单链表中结点个数等于＿＿＿＿＿；顶点 V 在边单链表中出现的次数是＿＿＿＿＿。
7. n 个顶点的连通图的生成树有＿＿＿＿＿个顶点。
8. 对于具有 n 个顶点的连通图来说，它的生成树一定有＿＿＿＿＿条边。
9. 一个具有 n 个顶点的无向图是一个环，则它有＿＿＿＿＿棵生成树。
10. 对于有 n 个顶点、e 条边的有向图，求最短路径的迪杰斯特拉算法的时间复杂度为＿＿＿＿＿，求最短路径的弗洛伊德算法的时间复杂度为＿＿＿＿＿。

三、判断题

1. 若一个图的邻接矩阵是对称矩阵，则该图一定是无向图。（　　）
2. 若一个图的邻接矩阵不是对称矩阵，则该图一定是有向图。（　　）
3. 拓扑序列是对有向图进行的。（　　）
4. 任何一个有向图，其全部顶点可以排列成一个拓扑序列。（　　）
5. 可以进行拓扑序列的有向图一定是无环的。（　　）
6. 关键路径是时间结点网络中从源点到汇点的最长路径。（　　）
7. 关键路径是由关键活动构成的。（　　）
8. 一个表示工程的 AOE 网中的关键路径必须是唯一的。（　　）

四、综和应用题

1. 在如题图 7.1 所示的无向图中，写出从顶点 0 开始进行深度优先遍历和广度优先遍历可以得到的访问序列。
2. 请给出题图 7.1 的邻接矩阵与邻接表，并求出每个顶点的度。

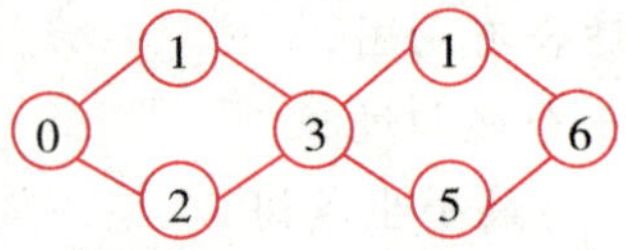

题图 7.1

3. 请给出题图 7.2 的邻接矩阵与邻接表，并求出每个顶点的出度与入度。
4. 对于题图 7.3 所示的无向带权图：

(1) 用普里姆算法求解其最小生成树的求解过程(从顶点 1 开始)；

(2) 用克鲁斯卡尔算法求解其最小生成树的求解过程。

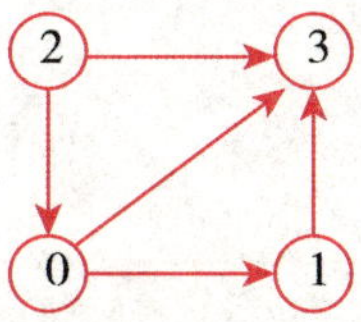

题图 7.2

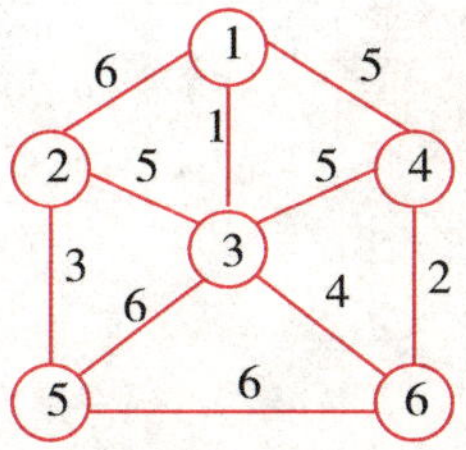

题图 7.3

5. 对于题图 7.4 所示的有向带权图，采用迪杰斯特拉算法求从顶点 0 到其他顶点的最短路径，要求给出求解过程。

6. 题图 7.5 中的顶点表示村庄、有向边表示交通路线，若要建立一家医院，试问建在哪一个村庄能使各村庄总体交通代价最小？

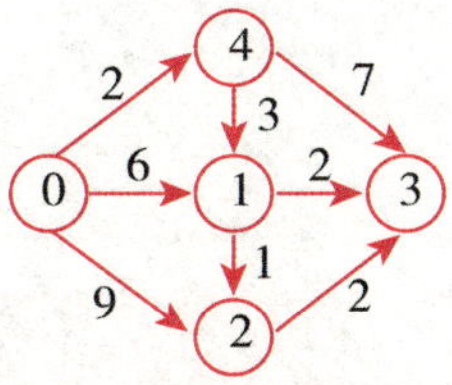

题图 7.4

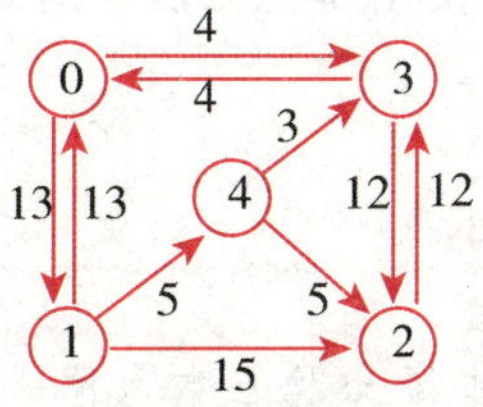

题图 7.5

7. 对于题图 7.6 所示的 AOE 网：

(1) 列出各结点的最早、最迟发生时间；

(2) 列出各活动的最早、最迟发生时间；

(3) 哪些活动是该 AOE 网的关键活动？画出其关键路径。

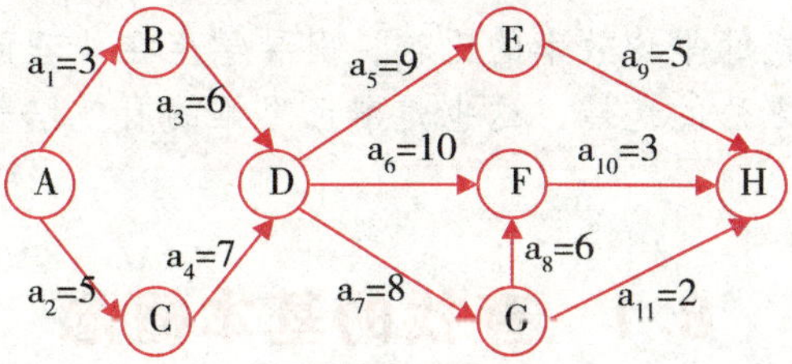

题图 7.6

8. 试写一个算法，判别以邻接表方式存储的有向图中是否存在由顶点 V_i 到顶点 V_j 的路径($i \neq j$)。

9. 以邻接表作为存储结构实现求从源点到其余各顶点的最短路径的迪杰斯特拉算法。

第 8 章

查 找

在第 2 章至第 7 章中已经介绍了各种线性或非线性的数据结构，并讨论了这些数据结构的相关运算。在实际应用中，查找运算是经常使用的。面对一些数据量很大的实时系统，如网络订票系统、搜索引擎等，查找效率非常重要。本章针对查找运算，将讨论应该采用哪种数据结构，使用哪些方法，并通过对它们的效率进行分析来比较各种查找算法在不同情况下的优劣。

学习目标

掌握查找的基本概念及基本术语。
掌握静态查找方法：顺序查找、有序表查找和分块查找。
掌握动态查找方法：二叉排序树查找。
掌握哈希表查找。

思政目标

通过不同情况下查找的平均效率的比较，引导学生在处理问题前需要对现状进行多角度分析，再进行解决方法的选择，这也是辩证思维的有效培养与使用。

8.1 查找的基本概念

查找，又称查询、检索，是在大量的数据中获取需要的、满足特定条件的信息或数据。在本书中，查找是指在一组数据集合中找关键字值等于给定值的某个元素或记录。

关键字是指数据元素(或记录)中的某个数据项，用它可以标识一个数据元素(或记录)。若此关键字可以唯一地标识一个记录，则称此关键字为主关键字；反之，把可以识别若干记录的关键字称为次关键字。例如，“学号”可以看成学生的主关键字，“姓名”则应视为次关键字。

查找表是由具有同一类型(属性)的数据元素(或记录)组成的集合。即查找表是一种以集合为逻辑结构、以查找为核心的数据结构。

由于集合中的数据元素之间是没有“关系”的，因此在查找表的实现时就不受“关系”

的约束，而是根据实际应用对查找的具体要求去组织查找表，以便实现高效率的查找。

对查找表常做的运算有：建立查找表、查找、读取表元，以及对表进行修改操作(如插入、删除元素)等。

若对查找表的查找过程不包括对表的修改操作，则此类查找称为静态查找；若在查找的同时插入表中不存在的数据元素，或从查找表中删除已存在的指定元素，则此类查找称为动态查找。简言之，静态查找仅对查找表进行查找操作，而不能改变查找表本身；动态查找除了对查找表进行查找操作外，还可以向表中插入数据元素或删除表中数据元素。

查找是指在含有 n 个元素的查找表中，找出关键字等于给定值的数据元素(或记录)。

由于查找表的范围和给定的关键字值不同，查找有两种可能的结果：

①当要查找的关键字是主关键字时，查找结果是唯一的，一旦找到，则称为查找成功，查找过程结束并给出找到的数据元素的信息，或指示该数据元素的位置；

②若整个表检索完，还没有找到，则称为查找失败，此时查找结果应给出一个“空”记录或“空”指针。

当关键字是次关键字时，查找结果可能不唯一，要想查得表中所有的相关数据元素需要查遍整个表，或在可以肯定查找失败时，才能结束查找过程。

采用何种查找方法，取决于使用哪种数据结构来表示“表”，即表中的记录是按何种方式组织的，根据不同的数据结构采用不同的查找方法，以便实现高效率的查找。

由于查找运算的主要操作是关键字的比较，所以，通常把查找过程中对关键字的比较次数的平均值作为衡量一个查找算法效率优劣的标准，称为平均查找长度(average search length，ASL)。平均查找长度是指在查找过程中所进行的关键字比较次数的期望值。

对于一个含 n 个数据元素的查找表，查找成功时，有

$$ASL = \sum_{i=1}^{n} p_i c_i \tag{8.1}$$

其中，n 为结点的个数；c_i 为查找第 i 个数据元素所需要的比较次数；p_i 为查找第 i 个结点的概率，且 $\sum_{i=1}^{n} p_i = 1$，通常情况下，若没有特别声明，可认为在查找表中查找每个记录的概率是相等的，即 $p_1 = p_2 = \cdots = p_n = 1/n$。

用上述平均查找长度公式很难求出查找失败时的平均查找长度。因为当查找失败时，要查找的数据元素不在查找表中，其查找概率很难确定，此时通常用平均比较次数来表示平均查找长度。

在本章讨论中，涉及的数据元素(记录)类型及关键字类型将统一定义如下：

【算法描述 8.1】

```
typedef int KeyType;
typedef struct{
    KeyType key;                    //关键字字段
    ……                              //其他信息
}DataType;
```

8.2 静态查找

线性表查找属于静态查找,是将查找表视为一个线性表,先将其顺序或链式存储,再进行查找,因此查找思想较为简单,效率不高。如果查找表中的数据元素有一定的规律(如按关键字有序),可以利用这些信息获得较好的查找效率。

在本节中,定义线性查找表的顺序存储结构如下。

【算法描述 8.2】

```
#define MAXLEN 100                          //查找表的容量
#define DataType int
typedef struct{                             //查找表存储空间
   DataType data[MAXLEN];
int length;                                 //查找表中元素的个数
}SeqList;
```

线性查找表链式存储的结点结构类型定义如下。

【算法描述 8.3】

```
typedef struct node{
   DataType data;                           //元素的数据域
   struct node *next;                       //下一个元素的指针域
}LSNode, *LSTable;
```

8.2.1 顺序查找

顺序查找又称线性查找，即依次对每一个记录进行查找，是最基本的查找方法之一。其查找方法为：从表的一端开始，向另一端逐个按给定的关键字与每个元素的关键字进行比较，若找到，则查找成功，并给出数据元素在表中的位置；若整个表检索完之后，仍未找到与给定关键字相同的关键字，则查找失败，给出失败信息。

顺序查找既适合顺序存储的查找表，也适合链式存储的查找表。

(1) 顺序表上的查找

与顺序表一样，查找表中的数据元素依次顺序存储。顺序查找简单，很容易按下列算法实现：

【算法描述 8.4】顺序表查找

```
int Seq_Search_1 (SeqList *List,KeyType kx){
   int i=1;
   while(i<=List->length&&List->data[i]!=kx)          //从表头端向后查找
      i++;
   if(i>List->length)
      return 0;
```

```
    else
      return i;
}
```

在上述查找中，每次循环条件要进行两次比较，如果稍加修改，会使比较次数减少一半。下面是改进后的算法，是从表尾端向表前端查找，注意 list. data[0]的使用。

【算法描述 8.5】加监视哨后的顺序表查找

```
int Seq_Search_2 (SeqList * List,KeyType kx){
    int i;
    List->data[0]=kx;
    i= List->length;
    while(List->data[i]!=kx)
      i--;                              //从表尾端向前查找
    return i;
}
```

在本算法中，在进行查找之前，list. data[0]分量的关键字被赋值为 kx，这样在查找过程中就不必每次都检测整个表是否查找完毕。如果查找是成功的，那么 i 会停在找到的那个元素的位置，这时 $1\leq i\leq n$；如果查找失败，查找也会停在 list. data[0]分量，即 $i=0$。因此，list. data[0]分量起到了监视哨的作用。这样一个小小的设计技巧，会大大提高查找效率，此算法的时间复杂度为 $O(n)$。

(2)单链表上的顺序查找

设查找表组织为带头结点的单链表，在单链表上的顺序查找算法如下。

【算法描述 8.6】单链表上的顺序查找

```
LinkList Link_Search (LinkList LT,KeyType kx){
    LinkNode *p=(LinkNode *)malloc(sizeof(LinkNode));
    p=LT->next;                        //p 指向第一个结点
    while(p!=NULL && p->data!=kx)
      p=p->next;
    return p;
}
```

该算法从查找表的第一个结点开始，判断当前结点的值是否等于 kx，若等于，则返回该结点的地址，否则继续查找下一个，直至找到值为 kx 的结点，或者表结束都没有找到，此时返回 NULL。算法的时间复杂度为 $O(n)$。

许多情况下，查找表中各数据元素的查找概率是不相等的。为了提高查找效率，查找表中的数据存放需依据查找概率越高，则比较次数越少，查找概率越低，则比较次数越多的原则。例如，顺序结构的查找表可将查找概率高的元素尽量放在表尾，而链式结构的查找表可将查找概率高的元素尽量放在表头。

顺序查找的优点是思路简单，且对表中数据元素的存储方式、是否按关键字有序均无要求；缺点是平均查找长度较大，效率低，当 n 很大时，不宜采用顺序查找。

8.2.2 有序表查找

有序表是指查找表中的元素按关键字大小有序存储。在很多情况下，查找表中各元素关键字之间可能构成某种次序关系，如英汉字典中，字典序就是一种次序关系；学生信息表中，学号也是一种次序关系。如果查找表采用顺序结构存储且按关键字有序，那么查找时可采用效率较高的算法实现。在本节的讨论中，假设查找表是按关键字递增有序的。

折半查找也称二分查找，是一种效率较高的查找方法。

折半查找的思想为：在有序表中，取中间元素作为比较对象，若给定值与中间元素的关键字相等，则查找成功；若给定值小于中间元素的关键字，则在中间元素的左半区继续查找；若给定值大于中间元素的关键字，则在中间元素的右半区继续查找。不断重复上述查找过程，直到查找成功；或所查找的区域无数据元素，查找失败。

【例 8.1】顺序存储的有序表关键字排列如下：

5，13，19，21，37，56，64，75，80，88，92

使用折半查找法在表中查找关键字为 70 的数据元素。

设 low 和 high 指示查找区间的上下边界，查找关键字为 70 的过程如图 8.1 所示。

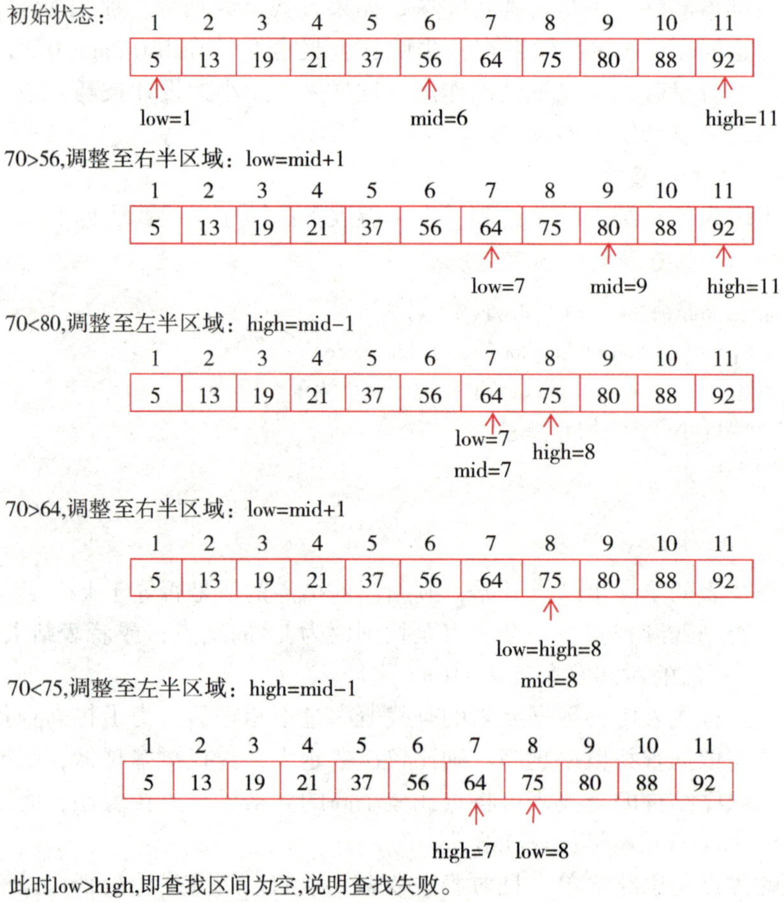

图 8.1 有序表查找失败过程示意图

【算法描述 8.7】有序表上的折半查找

```
int Binary_Search (SeqList * List,KeyType kx) {
  int mid,low=1,high=List->length;
  while(low<=high) {
    mid=(low+high)/2;
    if(kx==List->data[mid])
      return mid;
    else if(kx<List->data[mid])
      high= mid-1;
    else
      low= mid+1;
  }
  return mid;
}
```

从折半查找过程看，以表的中点为比较对象，并以中点将表分割为两个子表，对定位到的子表继续这种操作。所以，对表中每个数据元素的查找过程，可用二叉树来描述，称这个描述查找过程的二叉树为判定树。例 8.1 中折半查找过程的判定树如图 8.2 所示。

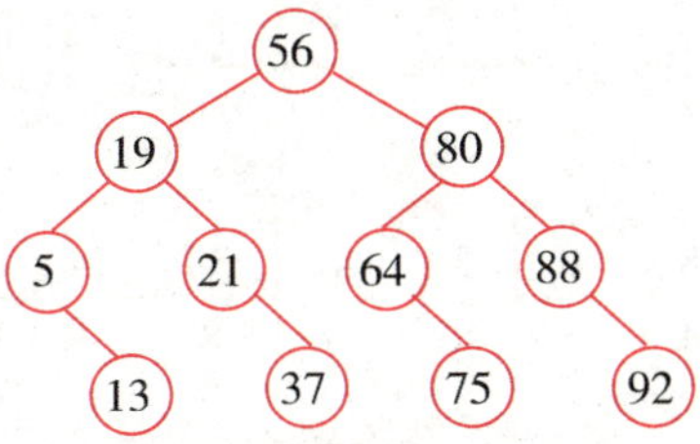

图 8.2　例 8.1 中折半查找过程的判定树

可以看出，查找表中任一元素的过程，即为将元素值与从判定树根结点开始的每一个结点进行比较，最终查找到该元素结点或发现判定树无此元素的过程。查找次数既是判定树中从根到该元素结点路径上各结点关键字的比较次数，也是该元素结点在判定树中的层次数量。对于 n 个结点的判定树，树高为 k，则有 $2^{k-1}-1<n\leqslant 2^{k-1}$，即 $k-1<\log_2(n+1)<k$，所以 $k=\lceil \log_2(n+1)\rceil$。因此，折半查找在查找成功时，所进行的关键字比较次数至多为 $\lceil \log_2(n+1)\rceil$。

讨论折半查找的平均查找长度，为便于讨论，以树高为 k 的满二叉树($n=2k-1$)为例。假设表中每个元素的查找是等概率的，即 $p_i=1/n$，则树的第 i 层最多有 2^{k-1} 个结点，因此，折半查找的平均查找长度为

$$ASL=\sum_{i=1}^{n} p_i c_i=[1\times 2^0+2\times 2^1+\cdots+k\times 2^{k-1}]/n$$
$$=(n+1)(\log_2(n+1)-1)/n\approx \log_2(n+1)-1 \qquad (8.2)$$

所以，折半查找的时间复杂度为 $O(\log_2 n)$。

8.2.3 分块查找

若查找表中的数据元素的关键字是按块有序的，则可以进行分块查找。分块查找又称索引顺序查找，是对顺序查找的一种改进。其基本思想是：首先把表长为 n 的线性表分成 m 块，前 m-1 块记录个数为 t=n/m，第 m 块的记录个数小于或等于 t。在每一块中，结点的存放不一定有序，但块与块之间必须分块有序(假设按结点的递增有序)，即后一块中所有记录的关键字值都应比前一个块中所有记录的关键字值大。为了实现分块查找，还需对每个子表建立一个索引项，再将这些索引项顺序存储，形成一个索引表。每个索引项包括两个字段：关键字字段(存放对应子表中的最大关键字值)和指针字段(存放指向对应子表的指针)，这样索引表则是按关键字有序的。查找时，分成两步进行：先根据给定值 kx 在索引表中查找，以确定所要查找的数据元素属于查找表中的哪一块，由于索引表按关键字有序，因此可用顺序查找或折半查找；然后，进行块内查找，因为块内无序，只能进行顺序查找。

【例 8.2】关键字集合为：

22，12，13，8，9，33，42，38，24，48，58，74，49，86

按照关键字值 22，48，86 分为 3 块建立其索引表，如图 8.3 所示。

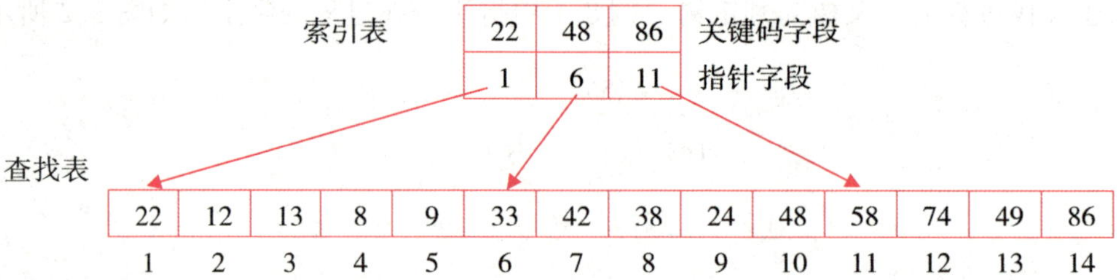

图 8.3　分块查找示例图

分块查找由索引表查找和子表查找两步完成。设 n 个数据元素的查找表分为 m 个子表，且每个子表均为 t 个元素，则

$$t=n/m$$

设在索引表上的检索也采用顺序查找，这样，分块查找的平均查找长度为

$$ASL=ASL_{索引表}+ASL_{子表}=1/2(m+1)+1/2(n/m+1)=1/2(m+n/m)+1$$

可见，平均查找长度不仅和表的总长度 n 有关，而且和所分的子表个数 m 有关。可以证明，对于表长 n 确定的情况下，m 取$\sqrt{n}$时，$ASL=\sqrt{n}+1$ 达到最小值。

8.3 动态查找

动态查找表的特点是，表结构本身是在查找过程中动态生成的，即对于给定值 key，若表中存在其关键字等于 key 的记录，则查找成功返回，否则插入关键字等于 key 的记录。

树表查找是将查找表按照某种规律建构成树形结构。因为建构的树形结构是按某种规律建立的，因此查找过程也遵循这种规律，可以获得较高的查找效率。

8.3.1 二叉排序树

(1)二叉排序树的定义

二叉排序树或者是一棵空树，或者是具有下列性质的二叉树：

①若左子树不空，则左子树上所有结点的值均小于根结点的值；若右子树不空，则右子树上所有结点的值均大于根结点的值。

②左、右子树也分别是二叉排序树。

图 8.2 就是一棵二叉排序树。可以看出，对二叉排序树进行中序遍历，得到一个按关键字有序的序列。

下面以二叉链表作为二叉排序树的存储结构，二叉链表结点的类型定义如下。

【算法描述 8.8】

```
typedef struct bistnode{
   DataType data;
   struct bistnode  *lchild, *rchild;
}BiSTNode, *BiSTree;
```

(2)二叉排序树中的查找

若将查找表组织为一棵二叉排序树，则根据二叉排序树的特点，查找过程如下。

①若查找树为空，查找失败。

②若查找树非空，将给定关键字 kx 与查找树根结点的关键字进行比较：

a. 若相等，查找成功，结束查找过程；

b. 若给定关键字 kx 小于根结点关键字，查找将在左子树上继续进行，转①；

c. 若给定关键字 kx 大于根结点关键字，查找将在右子树上继续进行，转①。

二叉排序树上的查找算法如下。

【算法描述 8.9】二叉排序树上的查找

```
BiSTree BST_Search1(BiSTree t,KeyType kx,BiSTNode *parent){
   BiSTNode *p=t;                  //从根结点开始查找
   while(p){
      if (kx==p->data)             //kx 等于当前结点 p 的关键字,查找成功
         break;
      else if(kx<p->data)
         p=p->lchild;              //kx 小于 p 的关键字,在左子树继续查找
      else
         p=p->rchild;              //kx 大于 p 的关键字,在右子树继续查找
   }
   return p;                       //查找失败
}
```

二叉排序树的定义是递归的，在二叉树上的查找过程也可以用递归的算法实现。

【算法描述 8.10】二叉排序树上的查找(递归)

```
BiSTree BST_Search2(BiSTree t,KeyType kx){
  if(t==NULL||t->data==kx)
    return t;                    //若树空,或者根结点的关键字等于kx,返回t
  else if(kx<t->data)
    BST_Search2(t->lchild,kx);   //kx小于p的关键字,在左子树继续查找
  else
    BST_Search2(t->rchild,kx);   //kx大于p的关键字,在右子树继续查找
}
```

在二叉排序树上查找元素的过程是从根结点开始的。例如，在图 8.2 所示的二叉排序树中查找关键字为 70 的结点，首先以 kx=70 与根结点的关键字 56 比较，而 kx>56，所以在以 80 为根的右子树上继续查找；kx<80，所以在以 64 为根的左子树上继续查找；kx>64，继续在以 75 为根的右子树上查找；kx<75，此时 75 的左子树为空，查找失败，返回空指针。

显然，在二叉排序树上进行查找时，若查找成功，是从根结点出发走一条从根到待查结点的路径；若查找失败，是从根结点出发走一条从根到某个叶子结点的路径。因而，无论查找成功或失败，关键字的比较次数不超过树的高度。当查找成功时，找到一个元素所需要的比较次数与其所在结点的层次数有关。例如，在图 8.2 所示的二叉排序树中查找关键字为 13 的结点，需要进行 4 次比较；查找关键字为 64 的结点，需要进行 3 次比较。

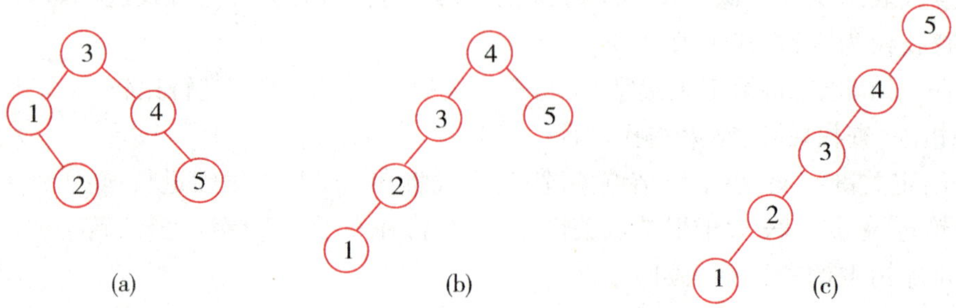

图 8.4 相同关键字构成的不同形态的二叉排序树

二叉排序树上的查找与折半查找类似，但是在长度为 n 的有序表上进行折半查找的判定树是唯一的，而含有 n 个结点的二叉排序树却不唯一，如图 8.4 所示 3 棵二叉排序树都是由关键字集合(1，2，3，4，5)构成的，但其形态不同，在查找成功的情况下它们的平均查找长度也不同。对于图 8.4(c)，第 1，2，3，4，5 层各有 1 个结点，而查找第 k 层上的结点恰好需要进行 k 次比较，因此等概率情况下，查找成功的平均查找长度为：$ASLsucc=(1\times1+2\times1+3\times1+4\times1+5\times1)/5=3$。对于图 8.4(b)，第 1，2，3，4 层分别有个 1，2，1，1 个结点，而查找第 k 层上的结点恰好需要进行 k 次比较，因此等概率情况下，查找成功的平均查找长度为：$ASLsucc=(1\times1+2\times2+3\times1+4\times1)/5=2.4$。对于图 8.4(a)，第 1，2，3 层分别有 1，2，2 个结点，而查找第 k 层上的结点恰好需要进行 k 次比较，因此等概率情况下，查找成功的平均查找长度为：$ASLsucc=(1\times1+2\times2+3\times2)/5=2.2$。

由此可见，二叉排序树的查找性能与树的形态有关。在最坏情况下，二叉排序树是一棵单

支树，如图8.4(c)所示，这时树的高度最大，平均查找长度与顺序查找时相同，为(n+1)/2。在最好情况下，二叉排序树的形态比较匀称，与折半查找的判定树类似，其平均查找长度大约为$O(\log_2 n)$。

(3)在二叉排序树中插入一个结点

二叉排序树是一种动态的查找表，排序树的结构是在查找的过程中逐渐生成的，当遇到树中不存在的关键字时，生成新结点并将其插入树中。

先讨论向二叉排序树中插入一个结点的过程：设待插入结点的关键字为kx，为将其插入，先要在二叉排序树中进行查找，若查找成功，按二叉排序树定义，待插入结点已存在，不用插入；若查找不成功，则插入之。因此，新插入结点一定是作为叶子结点添加上去的。

在二叉排序树中插入一个结点的算法如下。

【算法描述8.11】在二叉排序树中插入一个结点

```
BiSTree BST_InsertNode (BiSTree t,KeyType kx){
  BiSTNode *f, *p, *s;
  p=t;                                        //寻找插入位置
  while(p){
    if(kx==p->data){
      printf("kx已存在,不需插入");
      return t;
    }
    else{
      f=p;                                    //结点f指向结点p的双亲
      if(kx<p->data)
        p=p->lchild;
      else
        p=p->rchild;
    }
  }
  s=(BiSTNode *)malloc(sizeof(BiSTNode));     //申请并填装结点
  s->data=kx;
  s->lchild=NULL;
  s->rchild=NULL;
  if(! t)
    t=s;                                      //向空树中插入时
  else if(kx<f->data)
    f->lchild=s;                              //插入结点s为结点f的左孩子
  else
    f->rchild=s;                              //插入结点s为结点f的右孩子
  return t;
}
```

(4)构造一棵二叉排序树

构造一棵二叉排序树是由空树开始逐个插入结点的过程。

【例 8.3】设关键字序列为：45，24，53，12，28，90，则构造一棵二叉排序树的过程如图 8.5 所示。

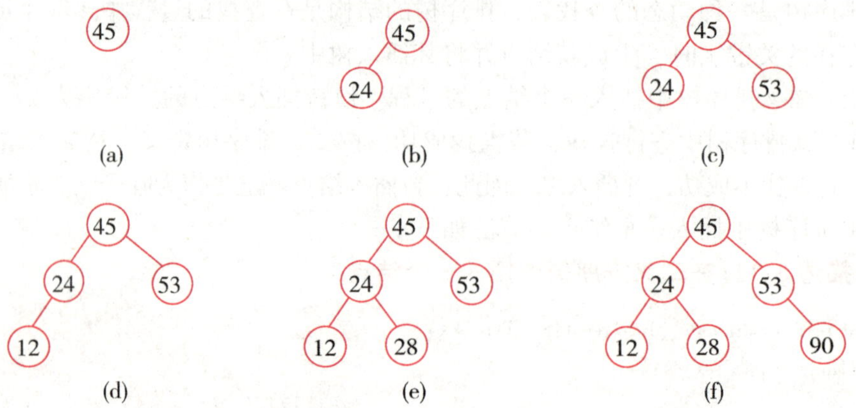

图 8.5　根据关键字序列构造一棵二叉排序树的过程

【算法描述 8.12】根据读入关键字序列，构造一棵二叉排序树

```
BiSTree BST_Create (        ){
    BiSTree t=NULL;
    KeyType kx;
    scanf("%d",&kx);                 //假设关键字为整数
    //scanf(…);                      //读入其他信息
    while(kx!=0){                    //读入 0 结束
        t=BST_InsertNode (t,kx);     //向二叉排序树 t 中插入关键字为 kx 的结点
        scanf("%d",&kx);             //输入下一个关键字
        //scanf(…);                  //读入其他信息
    }
    return t;
}
```

(5)在二叉排序树中删除一个结点

在二叉排序树中删除一个结点，首先进行查找，查找失败则无法删除；在查找成功的情况下，必须保证删除该结点后仍然能保持二叉排序树的特性。

二叉排序树中删除的结点可能是叶子结点，也可能是非叶子结点。当删除非叶子结点时，就会破坏原有结点的链接关系，需要重新修改指针，使得删除结点后仍为一棵二叉排序树。

假设在查找结束时，已经保存了待删除结点及其双亲结点的地址。指针变量 q 指向待删除的结点，指针变量 p 指向待删除结点 *q 的双亲结点。删除的基本思想如下。

①若待删除的结点是叶子结点，由于删去叶子结点后不影响整棵树的特性，所以直接

删去该结点，只需要将待删除结点的双亲结点的相应指针域置为 NULL。如图 8.6(a)所示的语句为：p->lchild=NULL；。

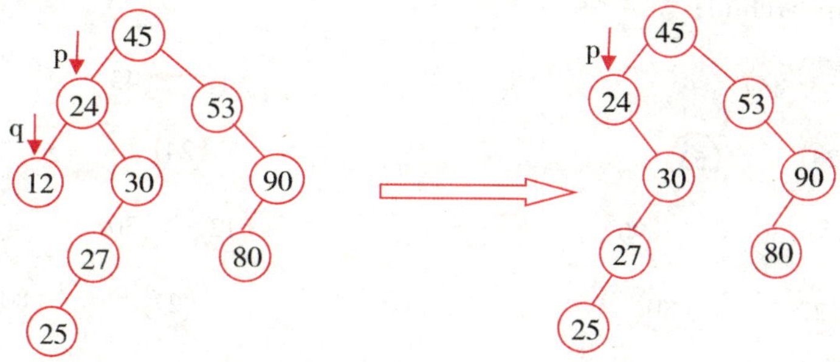

图 8.6　删除叶子结点

②若待删除的结点只有左子树而无右子树。根据二叉排序树的特点，可以直接将其左子树的根结点放在被删结点的位置，即将待删除结点的指针域值赋给待删除结点双亲结点的相应指针域。如图 8.7 所示，删除结点 q 的语句为：p->rchild=q->rchild；。

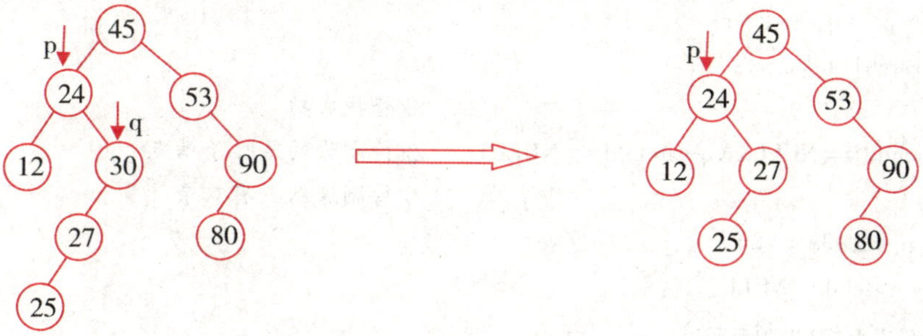

图 8.7　删除结点只有左子树没有右子树

③若待删除的结点只有右子树而无左子树。与②情况类似，可以直接将其右子树的根结点放在被删结点的位置，即将待删除结点的指针域值赋给待删除结点双亲结点的相应指针域。如图 8.8 所示，删除结点 q 的语句为：p->rchild=q->rchild；。

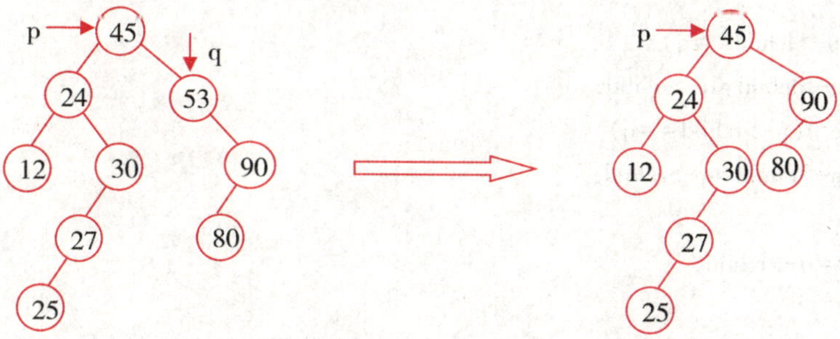

图 8.8　删除结点只有右子树没有左子树

④若待删除的结点同时有左子树和右子树。根据二叉排序树的特点，可以通过中序遍历序列中待删除结点的直接前驱或直接后继的结点代替删除结点。如图 8.9 所示，若删除

结点 q，先获取该二叉排序树的中序序列：12，24，25，27，30，45，53，80，90。待删除结点值为 45，则可以用 24 或 53 代替值为 45 的结点，所以任选其一，可以写语句：q=q->lchild；或 q=q->rchild；。

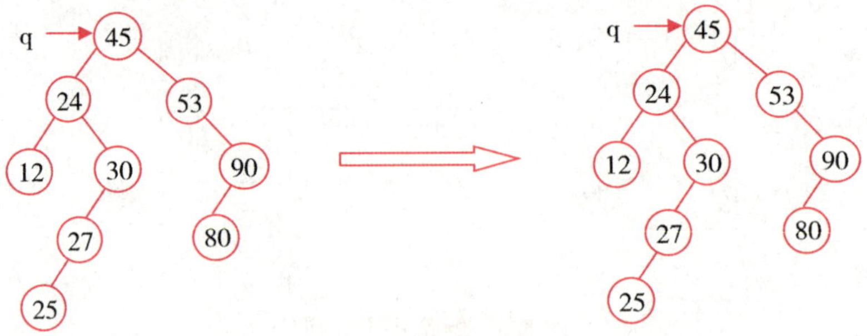

图 8.9　删除结点既有左子树又有左子树

【算法描述 8.13】在二叉排序树上删除结点

```
void BST_Del(BiSTree t,KeyType kx){
  BiSTNode *p,*q,*s,*r;
  q=BST_Search1(t,kx,p);
  if(q){                                          //查找成功
    if(q->lchild==NULL&&q->rchild==NULL)          //待删除的是叶子结点
      if(p){                                      //待删除结点有双亲
        if(p->lchild==q)
          p->lchild=NULL;
        else if(p->rchild==q)
          p->rchild=NULL;
        else
          t=NULL;
      }                                           //原来的树只有一个根结点
    else if(q->lchild==NULL)                      //不是叶子结点,且待删除结点的左子树为空
      if(p){
        if(p->lchild==q)
          p->lchild=q->rchild;
        else if(p->rchild==q)
          p->rchild=q->rchild;
        else
          t=q->rchild;
      }
    else if(q->rchild==NULL)                      //待删除结点的右子树为空
      if(p){
        if(p->lchild==q)
          p->lchild= q->lchild;
```

```
            else if(p->rchild==q)
              p->rchild= q->lchild;
            else
              t=q->lchild;
          }
        else{
            s=q;
            r=s->rchild;                         //找右子树关键字值最小的结点
            while (r->lchild!=NULL){
              s=r;
              r=r->lchild;
            }
            r->lchild=q->lchild;                 //把待删除结点的左子树根结点作为其父结点的左
子树
            if(q!=s){
              s->lchild=r->rchild;               //把*r的右子树作为其父结点*s的左子树
              r->rchild=q->rchild;               //把待删除结点的右子树作为*r的右子树
            }
            if(p){                               //待删除结点有父结点
              if(p->lchild==q)
                p->lchild=r;
              else if(p->rchild==q)
                p->rchild=r;
              else
                t=r;
            }
            free(q);
        }
      }
    }
```

8.3.2 平衡二叉树

(1)平衡二叉树的定义

由上文可知，二叉排序树的查找效率取决于二叉树的形态，而二叉排序树的形态与生成树时结点的插入次序有关。结点的插入次序往往不能预先确定，这就需要在生成树时进行动态的调整，以构造形态匀称的二叉树，下面将要讨论的平衡二叉树就是这样一种匀称的二叉排序树。

平衡二叉树又称 AVL 树。它或者是一棵空树，或者是具有下列性质的二叉排序树：它的左子树和右子树都是平衡二叉树，且左子树和右子树高度之差的绝对值不超过 1。

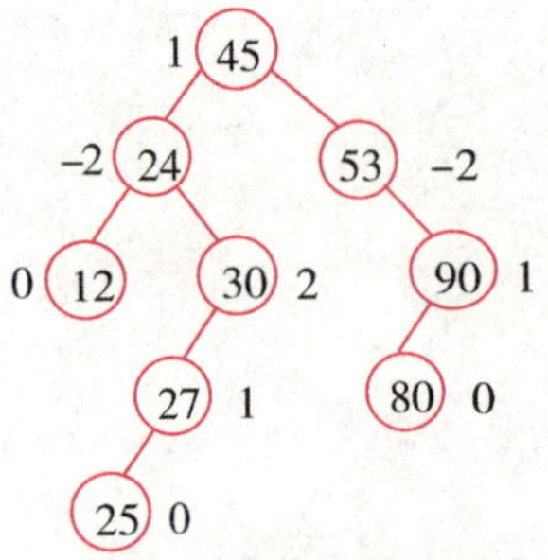

图 8.10　非平衡二叉树

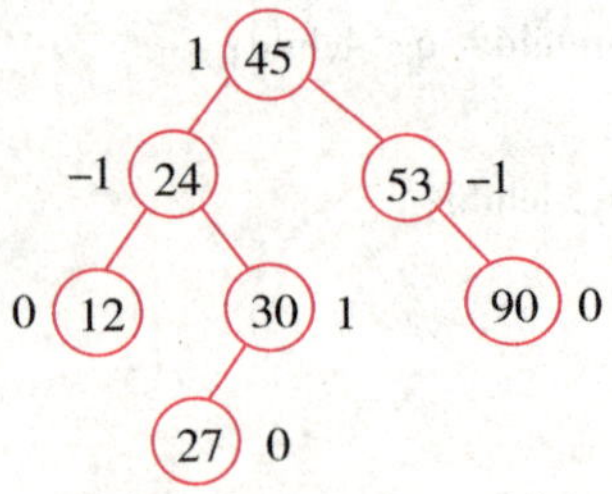

图 8.11　平衡二叉树

图 8.10 和图 8.11 给出了两棵二叉排序树，每个结点旁边所注数字是以该结点为根的二叉树中左子树与右子树高度之差，这个数字称为结点的平衡因子。由平衡二叉树定义，所有结点的平衡因子只能取-1，0，1 三个值之一。若二叉排序树中存在这样的结点，其平衡因子的绝对值大于 1，这棵树就不是平衡二叉树。图 8.10 所示的二叉排序树就不是平衡的。而图 8.11 所示的二叉排序树每个结点的平衡因子的取值都在-1，0，1 范围内，因此是一棵平衡二叉树。

【算法描述 8.14】平衡二叉树排序定义

```
typedef struct avlnode{
    datatype data;                          //数据元素
    int bf;                                 //平衡因子
    struct avlnode *lchild, *rchild;        //左右孩子指针
}AVLNode, *AVLTree;
```

(2) 平衡二叉树的插入及平衡调整

在平衡二叉树上插入或删除结点后，可能使二叉树失去平衡，因此，需要对失去平衡的树进行平衡化调整。调整后的二叉树除了各结点的平衡因子绝对值不超过 1，还必须保持二叉排序树的特性。设 A 结点为结点插入后失去平衡的最小子树根结点，对该子树进行平衡化调整归纳起来有以下 4 种情况。

①LL 型。

这种失衡是在失去平衡的最小子树根结点 A 的左孩子的左子树上插入结点造成的。如图 8.12(a)所示的树为插入前的二叉树，是一棵平衡二叉树。其中，A_R 为结点 A 的右子树，B_L，B_R 分别为结点 B 的左、右子树，A_R，B_L，B_R 三棵子树的高均为 h。

在图 8.12(a)所示的二叉排序树上插入结点 x，如图 8.12(b)所示。结点 x 插入在结点 B 的左子树 B_L 上，导致结点 A 的平衡因子绝对值大于 1，以结点 A 为根的子树失去平衡。

对失衡的子树做右旋转，即将结点 B 作为新的根结点，结点 A 作为结点 B 的右孩子，A 的右子树 A_R 不变，将 B 的右子树 B_R 作为 A 的左子树，B 的左子树 B_L 不变。调整后的二叉树如图 8.12(c)所示。

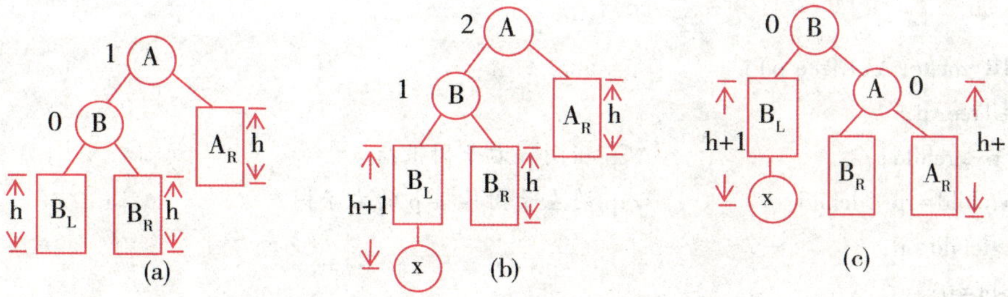

图 8.12 LL 型调整

【算法描述 8.15】LL 型调整

```
void LL_rotate( AVLTree p) {
   AVLTree lp;
   lp=p->lchild;                    //lp 指向 p 左子树根结点
   p->lchild=lp->rchild;            //lp 的右子树挂接 p 的左子树
   lp->rchild= p;
   p->bf=0;
   lp->bf=0;                        //修改相关的平衡因子
   p=lp;                            //p 指向新的根结点
}
```

②RR 型。

这种失衡是在失去平衡的最小子树根结点 A 的右孩子的右子树上插入结点造成的。图 8.13(a)所示的树为插入前的二叉树。其中，A_L 为结点 A 的左子树，B_L，B_R 分别为结点 B 的左、右子树，A_L，B_L，B_R 三棵子树的高均为 h。

在图 8.13(a)所示的二叉排序树上插入结点 x，如图 8.13(b)所示。结点 x 插入结点 B 的右子树 B_R 上，导致结点 A 的平衡因子绝对值大于 1，以结点 A 为根的子树失去平衡。

对失衡的子树做左旋转，即将结点 B 作为新的根结点，结点 A 作为结点 B 的左孩子，A 的左子树 A_L 不变，将 B 的左子树 B_L 作为 A 的右子树，B 的右子树 B_R 不变。调整后的二叉树如图 8.13(c)所示。

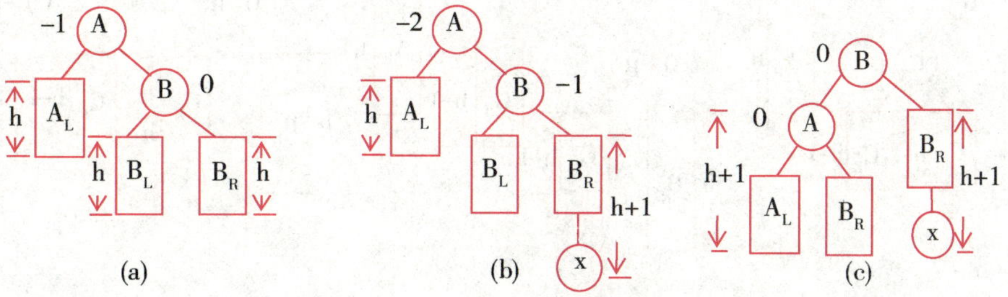

图 8.13 RR 型调整

【算法描述 8.16】RR 型调整

```
void RR_rotate(AVLTree p){
   AVLTree rp;
   rp=p->rchild;                        //rp 指向 p 右子树根结点
   p->rchild=rp->lchild;                //rp 的左子树挂接 p 的右子树
   rp->lchild=p;
   p->bf=0;
   rp->bf=0;                            //修改相关的平衡因子
   p=rp;                                //p 指向新的根结点
}
```

③LR 型。

这种失衡是在失去平衡的最小子树根结点 A 的左孩子的右子树上插入结点造成的。如图 8.14 所示为插入前的二叉树，根结点 A 的左子树比右子树高度高 1，待插入结点 x 将插入到结点 B 的右子树上(无论插入 C 的左子树还是右子树)，并使结点 B 的右子树高度增加 1，从而使结点 A 的平衡因子的绝对值大于 1，导致以结点 A 为根的子树平衡被破坏，如图 8.15(a)、图 8.16(a)所示。

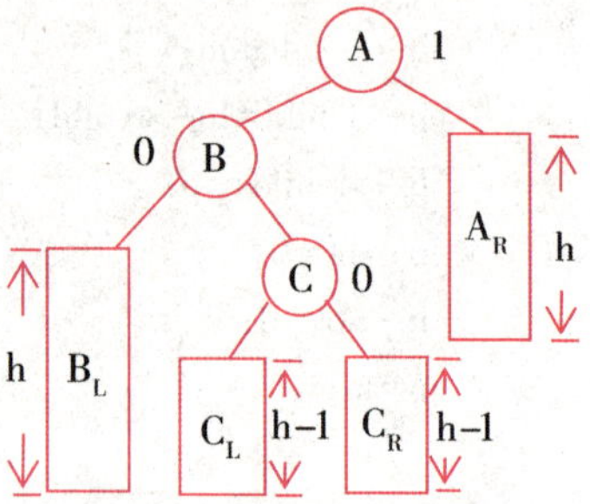

图 8.14　LR 型插入前

无论将结点 x 插入 C 的左子树还是右子树，只要使 C 的高度增加，调整的方法都是一样的。先对以 B 为根的子树进行 RR 型调整，再对以 A 为根的树进行 LL 型调整。即将结点 C 作为新的根结点，结点 B 作为结点 C 的左孩子，结点 A 作为结点 C 的右孩子，B 的左子树 B_L 不变，A 的右子树 A_R 不变，将 C 的左子树 C_L 作为 B 的右子树，将 C 的右子树 C_R 作为 A 的左子树。调整过程及调整后的二叉树如图 8.15(b)、(c)和图 8.16(b)、(c)所示。

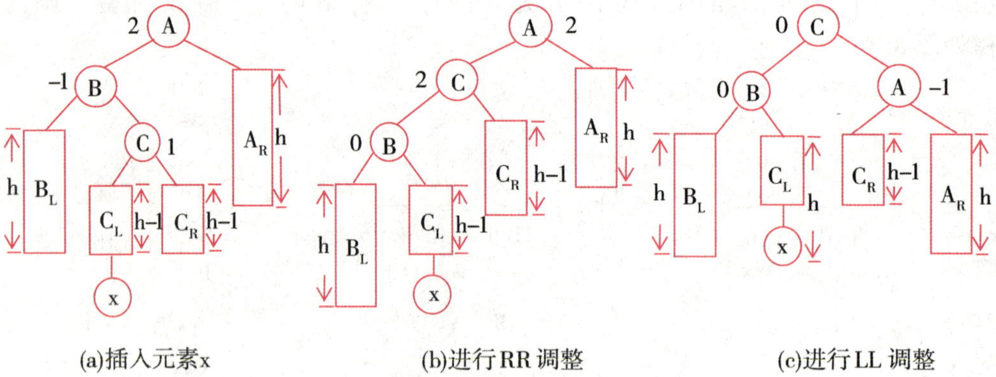

图 8.15　LR_ Ⅰ型调整

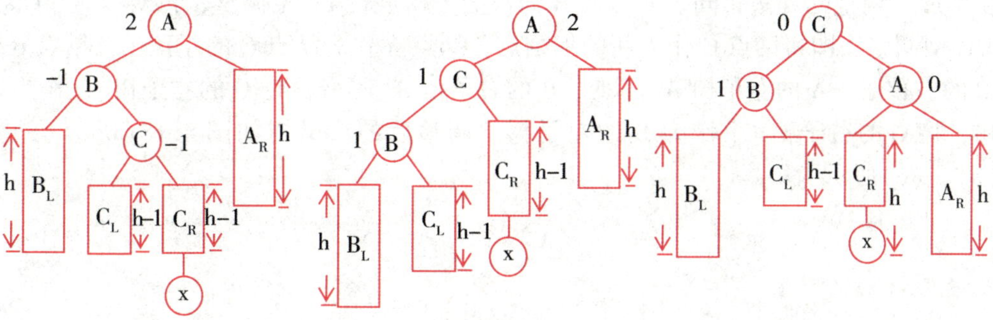

(a)插入元素x　　(b)进行RR调整　　(c)进行LL调整

图 8.16　LR_ II 型调整

【算法描述 8.17】LR 型调整

```
void LR_rotate(AVLTree p){
  AVLTree lp,rlp; int r;
  lp=p->lchild;                    //lp 指向失衡结点 a 的左孩子 b
  rlp=lp->rchild;                  //rlp 指向 lp 的右孩子 c
  if(rlp->bf==-1)   r=1;
  else   r=0;                      //记忆是 LR_I 还是 LR_II
  RR_rotate(p->lchild);            //对 p 的左子树进行 RR 处理
  LL_rotate (p);                   //对 p 进行 LL 处理
  if(r==1){                        //改变相关结点的平衡因子
    p->bf=0;
    lp->bf=1;
  }
  else{
    p->bf=-1;
    lp->bf=0;
  }
  p=rlp;
  p->bf=0;
}
```

④RL 型。

这种失衡是因为在失去平衡的最小子树根结点 A 的右孩子的左子树上插入结点造成的。如图 8.17 所示为插入前的二叉树，根结点 A 的右子树比左子树高度高 1，待插入结点 x 将插入结点 B 的右子树上(无论插入 C 的左子树还是右子树)，并使结点 B 的右子树高度增 1，从而使结点 A 的平衡因子的绝对值大于 1，导致结点 A 为根的子树平衡被破坏，如图 8.18(a)、图 8.19(a)所示。这种失衡是因为在失去平衡的最小子树根结点 A 的右孩子 B 的左子树 C 上插入新的结点 x，无论将结点 x 插入到 C 的左子树还是右子树，只要使 C

的高度增加，调整的方法相同。先对以 B 为根的子树进行 LL 型调整，再对以 A 为根的树进行 RR 型调整。即将结点 C 作为新的根结点，结点 A 作为结点 C 的左孩子，结点 B 作为结点 C 的右孩子，A 的左子树 A_L 不变，B 的右子树 B_R 不变，将 C 的左子树 C_L 作为 A 的右子树，将 C 的右子树 C_R 作为 B 的左子树。调整后的二叉树如图 8.18(b)、(c)和图 8.19(b)、(c)所示。

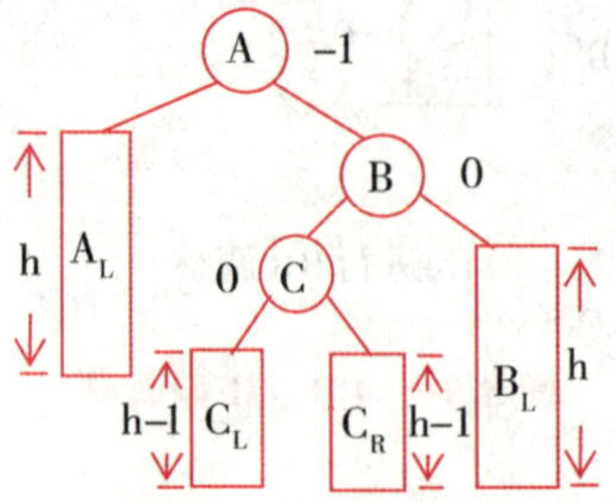

图 8.17　RL 型插入前

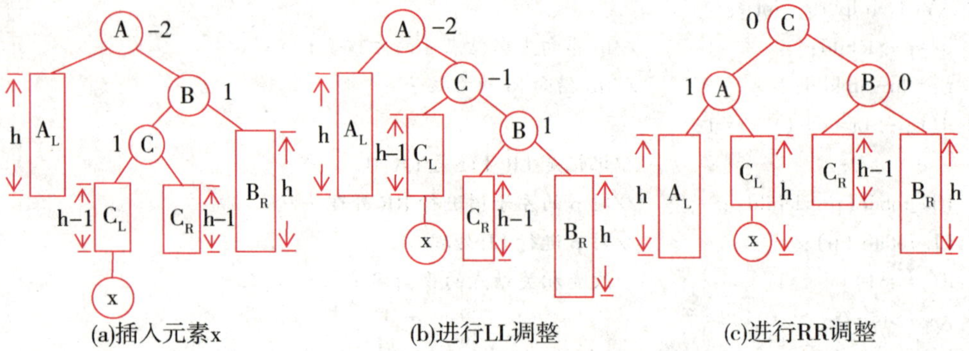

图 8.18　RL_ I 型调整

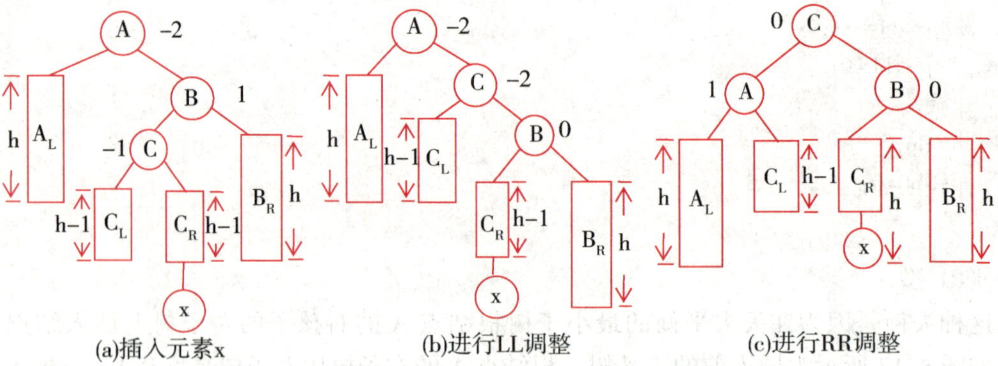

图 8.19　RL_ II 型调整

【算法描述 8.18】RL 型调整

```
void LR_rotate (AVLTree p){
   AVLTree rp,lrp; int lh;
   rp=p->rchild;                        //rp 指向失衡结点 a 的右孩子 b
   lrp=rp->lchild;                      //lrp 指向 rp 的左孩子 c
   if(lrp->bf==-1)lh=1;                 //记忆是 RL-I 还是 RL-II
   else lh=0;
   LL_rotate(p->rchild);                //对 p 的左子树进行 RR 处理
   RR_rotate(p);                        //对 p 进行 LL 处理
   if(lh==1){                           //改变相关结点的平衡因子
      p->bf=0;
      rp->bf=-1;
   }
   else{
      p->bf=1;
      rp->bf=0;
   }
   p=lrp;
   p->bf=0;
}
```

(3) 平衡二叉树的构造

平衡二叉树是平衡的二叉排序树，也是一种动态的查找表。树的结构不是一次生成的，而是在查找的过程中，当遇到树中不存在的关键字时，生成新结点，再将其插入树中；同样地，要删除结点时，也要先进行查找，找到结点时，将其从树中删除。

无论在平衡二叉树中进行插入还是删除，都要求其仍能保持平衡二叉排序树的特性。

平衡二叉树的插入和向二叉排序树中插入一个结点的过程类似，先要在平衡二叉树中进行查找，查找失败时，将待插入结点作为叶子结点添加到树中，然后判断此时二叉树是否平衡，若平衡则插入结束，否则，根据具体情况进行平衡调整。

在平衡二叉树中删除结点，与删除二叉排序树一个结点一样，先要在平衡二叉树中进行查找，查找成功时，先按照普通二叉排序树的删除策略进行结点的删除，删除后判断二叉树是否平衡，若平衡则删除结束，否则，根据具体情况进行平衡调整。

【例 8.4】已知长度为 5 的表为{13，24，37，90，53}。请按照表中元素的顺序构造一棵平衡二叉排序树。

平衡二叉排序树的构造过程如图 8.20 所示。

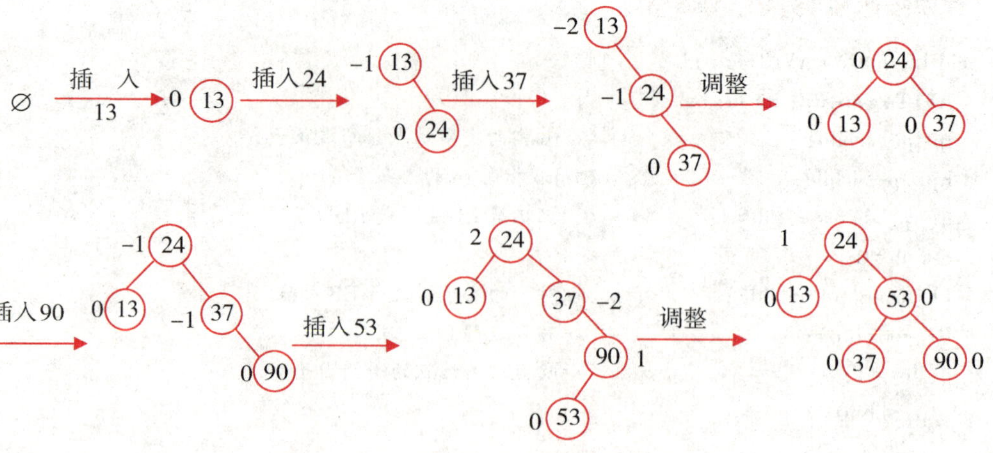

图 8.20　构造平衡二叉排序树的过程

*8.3.3　B-树

前面章节讨论的查找方法都是应用于内存储器中的所需存储空间较小的文件，并且一般以结点为基本单位进行查找，称为内查找法。但是在计算机的应用中，很多文件都是存储在外存储器中的，甚至有的文件大小可达到 GiB 级，若按照内查找法则需要反复进行内存储器和外存储器的交换，时间效率低。数据库文件是同类型记录的值的集合，是存储在外存储器上的，在数据库中按照关键字查找记录，对数据库文件的记录进行插入和删除操作时需要对外存储器进行读写操作。由于外存储器读写较内存储器慢很多，因而对大型数据库文件进行操作时，为了减少外存储器的读写次数，可以按照关键字建立索引，即组织成索引文件。索引文件由索引表和数据区两部分组成，索引表也是文件，是以索引项为记录的集合，数据结构可以是线性的也可以是树形的。下面讨论一种适用于外存储器的文件查找的平衡多叉树 B-树，如磁盘管理中的文件目录管理和数据库系统中的索引组织大多采用这种数据结构。

(1) B-树的定义

一棵 m 阶的 B-树，或者为空树，或者为满足下列特性的 m 叉树：

①树中每个结点至多有 m 棵子树。

②若根结点不是叶子结点，则至少有两棵子树。

③除根结点之外的所有非终端结点至少有 $\lceil m/2 \rceil$ 棵子树。

④所有非终端结点中包含以下信息数据：$(n, A_0, K_1, A_1, K_2, \cdots, K_n, A_n)$。

其中，$K_i(i=1, 2, \cdots, n)$ 为关键字，且 $K_i<K_{i+1}$；A_i 为指向子树根结点的指针 $(i=0, 1, \cdots, n)$，且指针 A_i 所指子树中所有结点的关键字均大于 K_i，小于 $K_{i+1}(i=1, 2, \cdots, n-1)$，$A_0$ 所指子树中所有结点的关键字均小于 K_1，A_n 所指子树中所有结点的关键字均大于 K_n，n 为关键字的个数且 $\lceil m/2 \rceil -1 \leqslant n \leqslant m-1$。实际上，结点中还包含指向父结点的指针和指向关键字对应数据区记录的指针。

⑤所有叶子结点都出现在同一层次上，并且不带信息（可以看成外部结点或查找失败

的结点，实际上这些结点不存在，指向这些结点的指针为空）。

从上述定义可以看出，对于任一关键字 K_i 而言，P_{i-1} 相当于指向其左子树，P_i 相当于指向其右子树。B-树具有平衡、有序、多路的特点。图 8.22 所示为一棵 4 阶的 B-树，能很好地说明其特点。

n	P_0	K_1	P_1	K_2	P_2	…	K_n	P_n

图 8.21 B-树结点结构

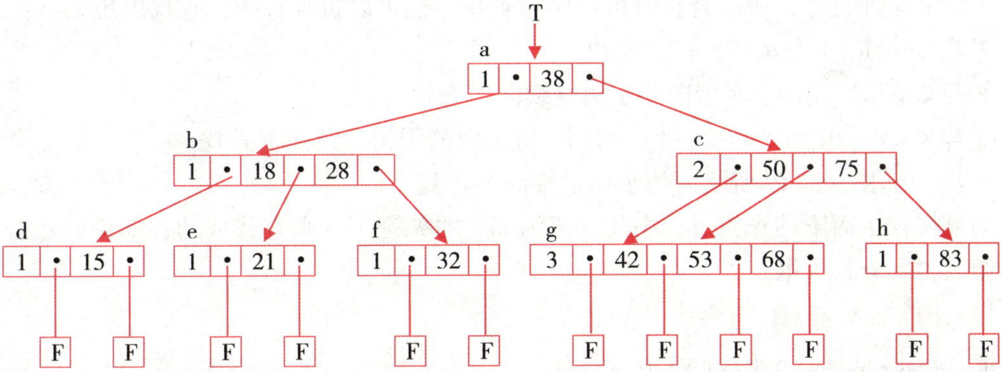

图 8.22 一棵 4 阶 B-树

【算法描述 8.19】B-树类型定义

```
#define   m   4                          //B-树的阶,暂设为 4
typedef struct B_node {
   int keynum;                           //结点中关键字的个数,即结点的大小
   struct B_node * parent;               //指向双亲结点
   KeyType key[m+1];                     //关键字向量,key[1]…key[m],0 分量未用
   struct B_node * nptr[m+1];            //子树指针向量,nptr[0]…nptr[m]
   DataType * eptr[m+1];                 //记录指针向量,eptr[1]…eptr[m]
}B_Node, * B_Tree;                       //B 树结点类型
```

(2) B-树的查找

B-树的查找类似于二叉排序树的查找，在图 8.22 所示 B-树中查找关键字 53 的过程如下：首先从根节点开始，根据根节点指针 t 找到 a，a 中只有一个关键字 38，经比较 53>38，若查找数据存在，则必在 p_1 指针所指子树内；顺着指针找到结点 c，c 中有两个关键字 50 和 75，而 50<53<75，若查找数据存在，则必在 p_1 指针所指子树内；顺着指针找到结点 g，在结点 g 中找到关键字 53，查找成功。查找失败情况相似，当指针已经指向叶子，说明 B-树中不存在待查找的关键字，查找失败。

由此可见，B-树上的查找过程是一个顺指针查找结点和在结点的关键字中查找交替进行的过程。返回的查找结果类型定义如下。

【算法描述 8.20】B-树查找返回结果类型

```
typedef struct {
    B_Node *pt;             //指向找到的结点
    int i;                  //在结点中的关键字序号,结点序号区间[1…m]
    int tag;                //1:查找成功,0:查找失败
} Result;
```

将给定的关键值 key 与根结点的各关键字 K_1，K_2，…，$K_j(1\leqslant j\leqslant m-1)$进行比较，由于该关键字序列有序，所以查找时可以顺序查找，也可以折半查找，查找思想如下：

①若 $key=K_i(1\leqslant i\leqslant j)$，查找成功。

②若 $key<K_1$，沿 P_0 所指向的子树继续向下查找。

③若 $K_i<key<K_{i+1}(1\leqslant i\leqslant j-1)$，沿 P_1 所指向的子树继续向下查找。

④若 $key>K_j$，沿 P_j 所指向的子树继续向下查找。

如果在自上而下的查找过程中找到值为 key 的关键字，则查找成功；如果已经查找到叶子结点，则查找失败。

【算法描述 8.21】B-树查找

```
Result SearchBTree(B_Tree t,KeyType kx){
    Result rs;
    B_Node *p, *q;
    p=t;q=NULL;                 //初始化,p指向待查结点,q指向p的双亲
    int i,found=0;
    while (p&&! found) {
        i=Search(p,kx);         //在p->key[1…keynum]中查找
        if(i>0&&p->key[i]==kx)  //找到
            found=1;
        else {
            q=b
            p=p->nptr[i];
        }
    }
    rs.tag=found;
    if(! found)                 //查找不成功,返回kx的插入位置信息
        p=q;
    rs.pt=p;                    //查找成功,返回指向kx位置的信息
    rs.i=i;
    return rs;
```

性能分析：B-树的查找是由两个基本操作交叉进行的过程，即：

①在 B-树上找结点；

②在结点中找关键字。

因为通常 B-树是存储在外存储器上的，操作①就是通过指针在磁盘相对定位，将结点信息读入内存，再对结点中的关键字有序表进行顺序查找或折半查找。因为在磁盘上读取结点信息比在内存中进行关键字查找耗时多，所以，在磁盘上读取结点信息的次数，即 B-树的层次数是决定 B-树查找效率的首要因素。

对于含有 n 个关键字的 m 阶 B-树，最坏的情况下达到多深呢？可按二叉平衡树进行类似分析。首先，讨论 m 阶 B-树各层上的最少结点数。

由 B-树定义：第 1 层至少有 1 个结点；第 2 层至少有 2 个结点；由于除根结点外的每个非终端结点至少有$\lceil m/2 \rceil$棵子树，则第 3 层至少有 $2(\lceil m/2 \rceil)$ 个结点……以此类推，第 k+1 层至少有 $2(\lceil m/2 \rceil)^{k-1}$个结点；而 k+1 层的结点为叶子结点。若 m 阶 B-树有 n 个关键字，则叶子结点(即查找不成功的结点)为 n+1，由此有

$$n+1 \geqslant 2\times(\lceil m/2 \rceil)^{k-1}$$

即

$$k \leqslant \log_{\lceil m/2 \rceil}\left(\frac{n+1}{2}\right)+1$$

这就是说，在含有 n 个关键字的 B-树上进行查找时，从根结点到关键字所在结点的路径上涉及的结点数不超过 $\log_{\lceil m/2 \rceil}\left(\frac{n+1}{2}\right)+1$。

(3) B-树的插入

在 B-树上插入关键字与在二叉排序树上插入结点不同，关键字的插入不是在叶子结点上进行的，而是在最底层的某个非终端结点中添加一个关键字。添加分以下两种情况：

①若添加后，该结点上关键字个数小于或等于 m-1，则插入结束。

②若添加后，该结点上关键字个数为 m 个，使该结点的子树超过了 m 棵，这与 B-树定义不符，所以要进行调整，即结点的“分裂”。结点的“分裂”方法为：关键字加入结点后，将结点中的关键字分成 3 部分，使得前后两部分关键字个数均大于或等于($\lceil m/2 \rceil$-1)，而中间部分只有一个结点。前后两部分成为两个结点，将中间的一个结点插入父结点中。若插入父结点而使父结点中关键字个数为 m 个，则父结点继续分裂，直到插入某个父结点，其关键字个数小于 m。可见，B-树是从底向上生长的。

构造一棵 B-树是在空树的基础上，按照 B-树插入结点的规则，反复向树中插入结点。

【例 8.5】请在如图 8.23 所示的 3 阶 B-树中插入关键字 30，26 和 85。

首先通过查找确定应插入的位置。由根 *a 起进行查找，确定 30 应插入 *d 结点中，由于 *d 中关键字数目不超过 2(即 m-1)，故第一个关键字插入完成。插入 30 后的 B-树如图 8.24(a)所示。同样，通过查找确定关键字 26 也应该插入 *d 结点中。由于 *d 中关键字的数目超过 2，此时需将 *d 分裂成两个结点，关键字 26 及其前、后两个指针仍保留在 *d 结点中，而关键字 37 及其前、后两个指针存储到新产生的结点 *d′中。同时，将关键字 30 和指示结点 *d′的指针插入其双亲结点中。由于 *b 结点中的关键字数目没有超过 2，所以插入完成。插入后的 B-树如图 8.24(c)所示。类似地，在 *g 中插入 85 之后需分

裂成两个结点，而当 70 插入双亲结点中时，由于 ∗e 中关键字数目超过 2，则再次分裂为结点 ∗e 和 ∗e′,如图 8.24(f)所示。

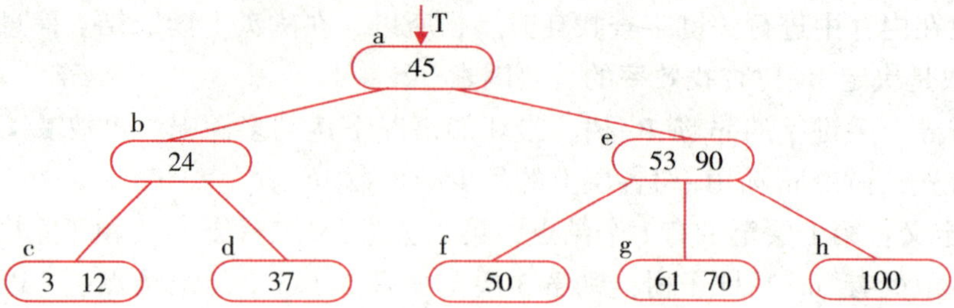

图 8.23　一棵 3 阶 B–树

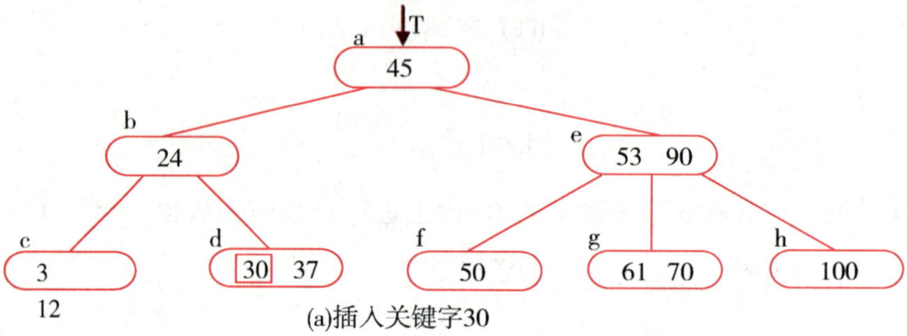

(a)插入关键字30

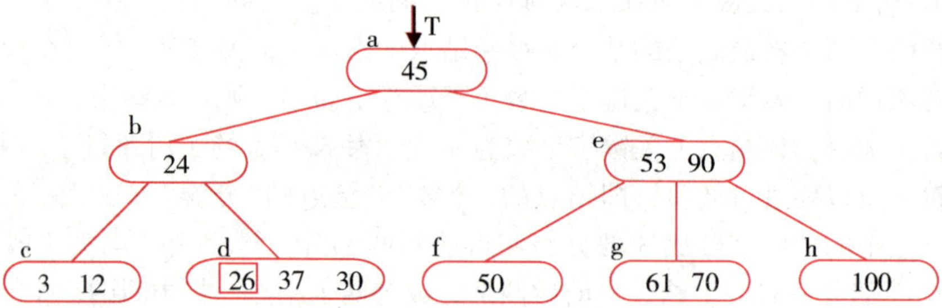

(b)插入关键字26

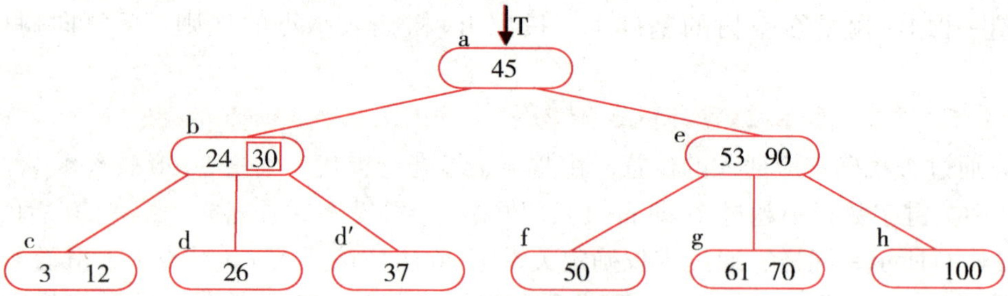

(c)插入关键字26并分裂

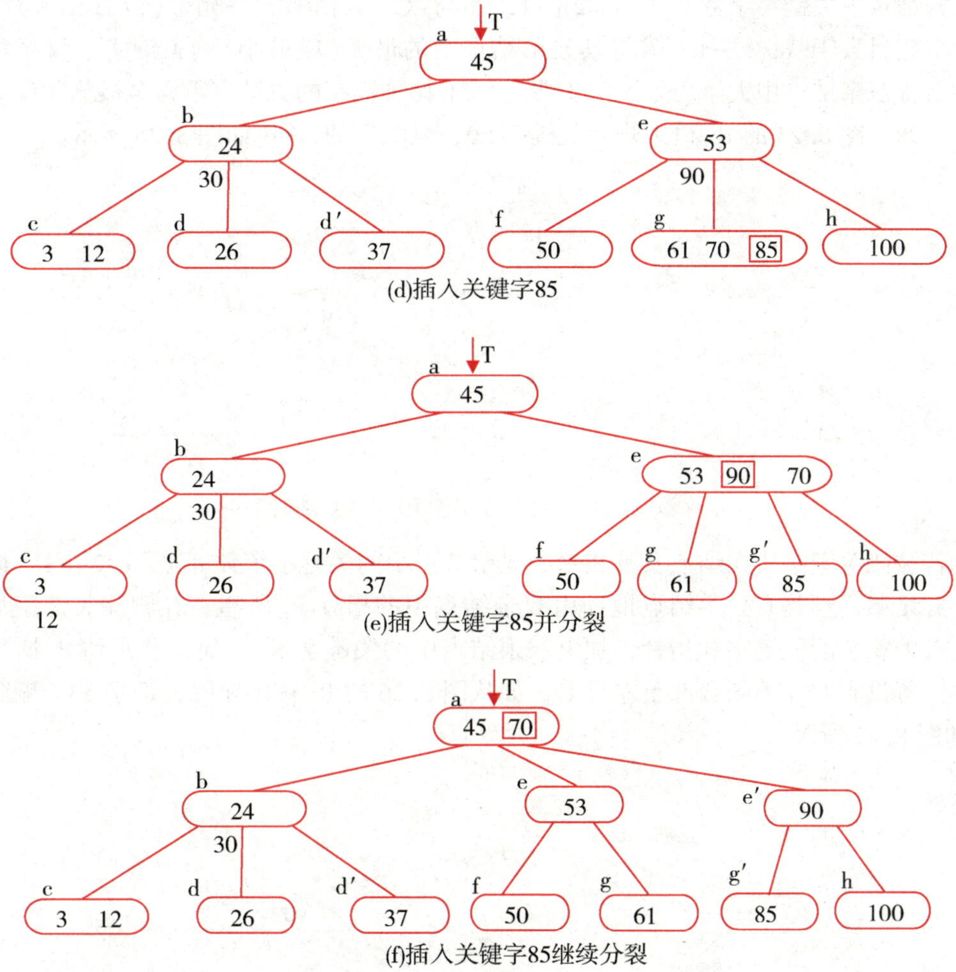

图 8.24　B-树中插入数据过程示意图

(4) B-树的删除

B-树的删除分以下 3 种情况：

①若结点中关键字个数大于⌈m/2⌉-1，则直接删去关键字 K_i 和相应指针 P_i，树的其他部分不变。如从图 8.23 的 B-树中删除关键字 61，删除后的 B-树如图 8.25 所示。

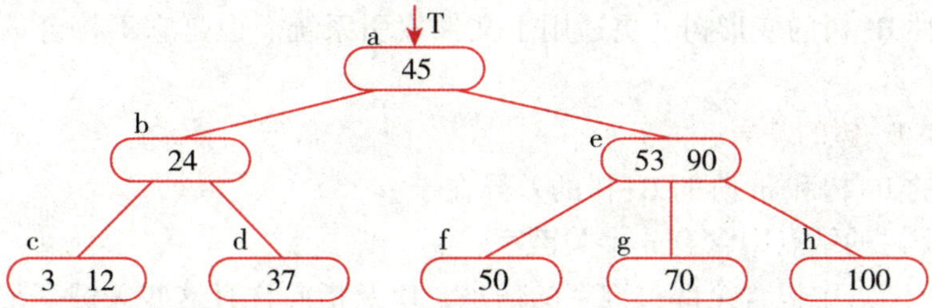

图 8.25　图 8.23 的 B-树中删除 61 结果图

②若结点中关键字个数等于⌈m/2⌉-1，而与该结点相邻的左兄弟(或右兄弟)结点中的关键字数目大于⌈m/2⌉-1，需将其兄弟结点中的最大(或最小)的关键字上移至双亲结点中，而将双亲结点中大于(或小于)且紧靠该上移关键字的关键字下移至被删关键字所在的结点。如从图 8.23 的 B-树中删除关键字 50，删除后的 B-树如图 8.26 所示。

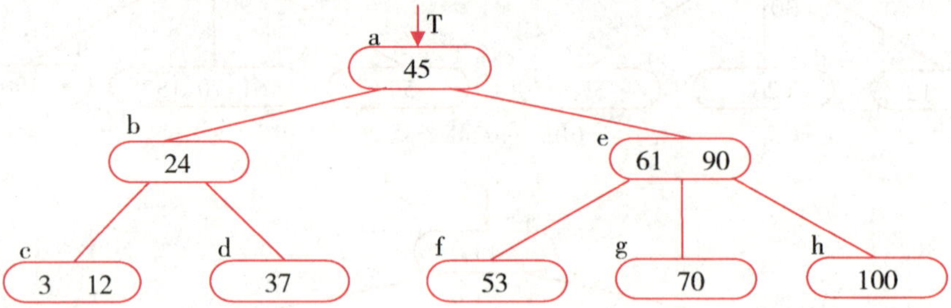

图 8.26 图 8.23 的 B-树中删除 50 结果图

③若被删关键字所在结点及其相邻的兄弟节点中的关键字个数等于⌈m/2⌉-1。假设该结点有右兄弟，且其右兄弟结点地址由双亲结点中的指针 P_i 所指，在删除关键字后，它所在结点中剩余的关键字和指针，加上双亲结点中的关键字 K_i 一起，合并到 P_i 所指兄弟结点中，若没有右兄弟则合并至左兄弟。如从图 8.26 的 B-树中删除关键字 53，删除后的 B-树如图 8.27 所示。

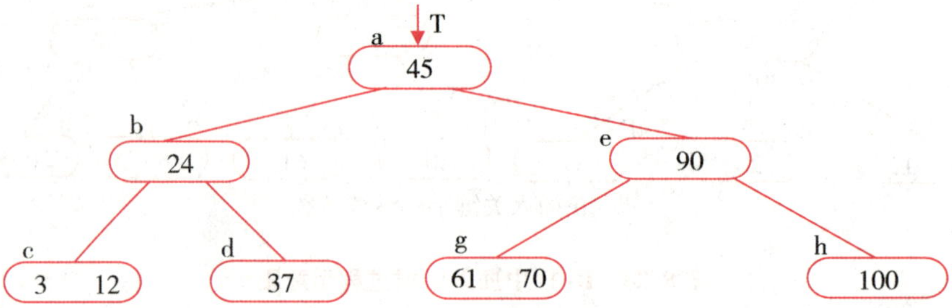

图 8.27 图 8.26 的 B-树中删除 53 结果图

*8.3.3 B+树

B+树是一种 B-树的变形树，更适用于文件索引系统。但是它不符合本书第 6 章中定义的树。

(1) B+树和 B-树的差异

一棵 m 阶的 B+树和 m 阶的 B-树的差异在于：

①有 n 棵子树的结点中含有 n 个关键字；

②所有叶子结点中包含全部关键字的信息，以及指向含有这些关键字记录的指针，且叶子结点本身依关键字的大小自小而大顺序链接；

③所有非终端结点可以看成索引部分，结点中仅含有其子树(根结点)中的最大(或最

小)关键字。

通常在B+树上有两个头指针：一个指向根结点；另一个指向关键字最小的叶子结点。因此可以对B+树进行两种查找操作：

①从最小关键字起顺序查找；

②从根结点开始进行随机查找。

(2)B+树的查找、插入和删除

在B+树上进行随机查找、插入和删除的过程基本上与B-树类似。

①查找。若非终端结点上的关键字等于给定值，则并不终止，而是继续向下直到叶子结点。因此，在B+树中，不管查找成功与否，每次查找都走了一条从根到叶子结点的路径。B+树查找的分析类似于B-树。

B+树不仅能够有效地查找单个关键字，而且更适合查找某个范围内的所有关键字。例如，在B+树上找出范围在[a，b]的所有关键字值。处理方法如下：通过一次查找找出关键字a，不管它是否存在，都可以到达可能出现a的叶子结点，然后在叶子结点中查找关键字值不小于a的那些关键字，对于所找到的每个关键字都有一个指针指向相应的记录，这些记录的关键字在所需要的范围。如果在当前结点中没有发现大于b的关键字，就可以使用当前叶子结点的最后一个指针找到下一个叶子结点，并继续进行同样的处理，直至在某个叶子结点中找到大于b的关键字，才停止查找。

②插入。仅在叶子结点上进行插入，当结点中的关键字个数大于m时要分裂成两个结点，它们所含关键字的个数分别为L和⌈m+1⌉；并且，它们的双亲结点中应同时包含这两个结点中的最大关键字。

③删除。B+树的删除也仅在叶子结点进行，当叶子结点中最大关键字被删除时，其在非终端结点中的值可以作为一个“分界关键字”存在。若因删除而使结点中关键字的个数少于⌈m/2⌉，则其和兄弟结点的合并过程与B-树类似。

8.4 散列表查找

散列是一种存储策略，散列表也称为哈希表、杂凑表，是基于散列存储策略建立的查找表。其基本思想是确定一个函数，求得每个关键字相应的函数值并以此作为存储地址，直接将该数据元素存入相应的地址空间，因此它的查找效率很高。

8.4.1 散列表查找的基本概念

以上讨论的查找方法，数据元素的存储位置与关键字之间不存在确定的关系，因此，查找时，需要进行一系列对关键字的查找比较，即“查找算法”是建立在比较的基础上的，查找效率由比较一次缩小的查找范围决定。理想的情况是依据关键字直接得到其对应的数据元素位置，即要求关键字与数据元素间存在一一对应关系，通过这个关系，能很快地由关键字得到对应的数据元素位置，如例8.6所示。

【例 8.6】11 个元素的关键字分别为 18，27，1，20，22，6，10，13，41，15，25。选取关键字与元素位置间的函数为 f(key)＝key%11，通过这个函数，求得每一个关键字的函数值作为其存储地址，对 11 个元素建立查找表，如图 8.28 所示。

0	1	2	3	4	5	6	7	8	9	10
22	1	13	25	15	27	6	18	41	20	10

图 8.28　用散列方法建立的一个查找表

在查找时，对给定值 kx 依然通过这个函数计算出地址，再将 kx 与该地址单元中元素的关键字比较，若相等，则查找成功。

散列表与散列方法：按照一定规则确定关键字的某个函数 f(key)，用该函数求得每个数据元素关键字的函数值，将此函数值作为该元素的存储位置，并按此存放在查找表中；查找时，由同一个函数对给定值 kx 计算地址，将 kx 与计算出的地址单元中数据元素的关键字进行比较，确定查找是否成功，这就是散列方法(哈希法)。散列方法中使用的转换函数称为散列函数(哈希函数)，按这个思想构造的查找表称为散列表(哈希表)。

对于 n 个数据元素的集合，总能找到关键字与存放地址一一对应的函数。若最大关键字为 m，可以分配 m 个数据元素存放单元，选取函数 f(key)＝key 即可，但这样会造成存储空间浪费很大，甚至不可能分配这么大的存储空间。通常关键字的范围比散列地址范围大得多，因而经过散列函数变换后，可能将不同的关键字映射到同一个散列地址上，这种现象称为冲突，映射到同一散列地址上的关键字称为同义词。可以说，冲突不可能避免，只能尽可能减少。所以，使用散列方法需要解决以下两个问题。

①要构造好的散列函数 Hash(key)。一个好的散列函数符合以下两个原则。

- 所选函数尽可能简单，以便提高转换速度。
- 所选函数对关键字计算出的地址，应在散列地址集中大致均匀分布，以减少空间浪费。

②制订解决冲突的方案。

8.4.2　构造散列函数的方法

(1) 直接定址法

$$Hash(key)=a\times key+b \quad (a，b\ 为常数)$$

上述公式即取关键字的某个线性函数值为散列地址，这类函数是一一对应的函数，不会产生冲突，但要求地址集合与关键字集合大小相同，因此，对于码值范围较大的关键字集合不适用。

【例 8.7】关键字集合为{100，300，500，700，800，900}，选取散列函数为：Hash(key)＝key/100，则可直接存放，如图 8.29 所示。

0	1	2	3	4	5	6	7	8	9
	100		300		500		700	800	900

图 8.29　用直接定址法建立的一个散列表

(2)除留余数法

$$Hash(key) = key\%p \quad (p\text{ 是一个整数})$$

上述公式即取关键字除以 p 的余数作为散列地址。使用除留余数法，选取合适的 p 很重要，若散列表表长为 m，则要求 $p \leqslant m$，且接近 m 或等于 m。p 一般选取为小于 m 的最大的质数，也可以是不包含小于 20 的质因子的合数。

(3)随机数法

$$Hash(key) = random(key)$$

上述公式中，random 为随机函数，选择一个随机函数，取关键字的随机函数值为其哈希地址。实际造表时，采用何种构造哈希函数的方法取决于建表的关键字集合的情况(包括关键字的范围和形态)，总的原则是使产生冲突的可能性尽可能地降低。

(4)数字分析法

设关键字集合已知，并且每个关键字的位数比散列表的地址码位数多，每个关键字均由 n 位组成，每位上可能有 r 种不同的符号(基数)，如 k_1，k_2，k_3，…，k_n，则可以从关键字中提取数字分布比较均匀的若干位作为散列地址。

例如，若关键字是 6 位十进制数，则每位上可能有 10 个不同的数符 0~9，所以 r=10。若关键字是仅由英文字母组成的字符串，不考虑大小写，则每位上可能有 26 种不同的字母，所以 r=26。

数字分析法根据 r 种不同的符号在各位上的分布情况，选取某几位，组合成散列地址。所选的位应具有各种符号在该位上出现的频率大致相同的特性。

1	3	2	1	7	4
1	4	3	5	4	2
2	3	6	3	2	6
2	4	2	6	9	0
2	3	8	9	1	1
1	4	4	0	5	3
第一位	第二位	第三位	第四位	第五位	第六位

图 8.30　数字分析法的关键码

如图 8.30 所示是一组关键字。可以看出，第一位均是 1 和 2，第二位也只有 3 和 4，因此，这两位不能用，余下 4 位分布较均匀，近乎随机，可作为散列地址选用。若散列地址是两位，则可取这 4 位中的任意两位组合成散列地址，也可以取其中两位与其余两位叠加求和后，取低两位作为散列地址。

数字分析法适用于事先必须明确知道所有关键字的每一位上各种数字的分布情况。在实际应用中，同一学院的学生学号的前几位基本是相同的，若数据表只包含同一学院学生，则可以用数字分析法排除学号的前几位数字。

(5)平方取中法

通常在选定散列函数时不一定能知道关键字的全部情况，取其中哪几位都不一定合适，而一个数平方后的中间几位数和数的每一位都相关，如果取关键字平方后的中间几位或其组合作为散列地址，则使随机分布的关键字得到的散列地址也是随机的，具体所取的位数由表长决定。平方取中法是一种较常用的构造散列函数的方法。

平方取中法适用于不能事先了解关键字的所有情况，或难以直接从关键字中找到取值较分散的几位的情况。

(6) 折叠法

将关键字分割成位数相同的几部分(最后一部分的位数可以不同)，然后取这几部分的叠加和(舍去进位)作为散列地址，这种方法称为折叠法。根据数位叠加的方式，可以把折叠法分为移位叠加和边界叠加两种。移位叠加是将分割后每一部分的最低位对齐，然后相加；边界叠加是将两个相邻的部分沿边界来回折叠，然后对齐相加。

例如，当散列表长为 1000 时，关键字 key = 53877652136，从左到右按 3 位数一段分割，可以得到 4 个部分：538，776，521，36。分别采用移位叠加和边界叠加，求得散列地址为 995 和 914，如图 8.31 所示。

```
      538              538
      776              677
      521              521
 +     36         +     63
 ----------       ----------
      871              799
  H(key)=871       H(key)=799
  (a)移位叠加       (b)边界叠加
```

图 8.31　折叠法求散列地址

折叠法适用于散列地址位数较少、关键字位数较多，并且难以直接从关键字中找到取值较为分散的几位的情况。

8.4.3　散列冲突的解决方法

(1) 开放定址法

开放定址法解决冲突的思想是：由关键字得到的散列地址一旦产生冲突，也就是说，该地址已经存放了数据元素，就按照一个探测序列去寻找下一个空的散列地址空间，只要散列表足够大，空的散列地址总能找到，然后将数据元素存入。

形成探测序列的方法有很多种，下面介绍常用的两种方法。

①线性探测法。

发生冲突后，从该地址开始顺序向下一个地址探测，直到找到一个空的单元，即探测序列为

$$H_i = (\mathrm{Hash}(key) + d_i) \% m \quad (1 \leqslant i < m)$$

式中，Hash(key)——散列函数；

m——散列表的长度；

d_i——增量序列 1，2，…，m-1，且 $d_i = i$。

【例 8.8】关键字集为{19，1，23，14，55，68，11，82，36}，散列表表长为 11，选取散列函数：Hash(key) = key%11，用线性探测法处理冲突，构造散列表，并求其查找长度。

由给定的散列函数得到对应的散列地址（若有冲突则为非最终的存放地址），如图 8.32 所示。

key	19	1	23	14	55	68	11	82	36
key % 11	8	1	1	3	0	2	0	5	3

图 8.32　根据散列函数求值

由以上求得的散列地址可知，关键字为 19，1。这两个元素散列地址没有冲突，直接存入对应的空间。

第 3 个元素的关键字为 23，因为 Hash(23) = 1，该地址已被第 2 个元素占据，发生冲突，需寻找下一个空的散列地址。根据探测序列，$H_1 = (Hash(23) + d_i)\%11$，$d_i = 1$：$H_1 = (Hash(23) + d_i)\%11 = 2$，这两个元素散列地址没有冲突，存入对应的空间。

第 4 个元素的关键字为 14，因为 Hash(14) = 3，这两个元素散列地址没有冲突，直接存入对应的空间。

第 5 个元素的关键字为 55，因为 Hash(55) = 0，这两个元素散列地址没有冲突，直接存入对应的空间。

第 6 个元素的关键字为 68，因为 Hash(68) = 2，该地址已被第 3 个元素占据，发生冲突，需寻找下一个空的散列地址。根据探测序列，由 $H_1 = (Hash(68) + d_i)\%11 = 3$，这两个散列地址没有冲突，存入对应的空间。

第 7 个元素的关键字为 11，因为 Hash(11) = 0，散列地址冲突，则：

$H_1 = (Hash(11) + 1)\%11 = 1$，仍然冲突；

$H_2 = (Hash(11) + 2)\%11 = 2$，仍然冲突；

$H_3 = (Hash(11) + 3)\%11 = 3$，仍然冲突；

$H_4 = (Hash(11) + 4)\%11 = 4$，仍然冲突；

$H_5 = (Hash(11) + 5)\%11 = 5$，找到空的散列地址，存入。

第 8 个元素的关键字为 82，因为 Hash(82) = 5，该地址已被第 7 个元素占据，发生冲突，需寻找下一个空的散列地址。根据探测序列，由 $H_1 = (Hash(82) + d_i)\%11 = 6$，这两个散列地址没有冲突，存入对应的空间。

第 9 个元素的关键字为 36，因为 Hash(36) = 3，该地址已被第 4 个元素占据，发生冲突，需寻找下一个空的散列地址，则：

$H_1 = (Hash(36) + 1)\%11 = 4$，仍然冲突；

$H_2 = (Hash(36) + 2)\%11 = 5$，仍然冲突；

$H_3 = (Hash(36) + 3)\%11 = 6$，仍然冲突；

$H_4 = (Hash(36) + 4)\%11 = 7$，这散列地址没有冲突，存入对应的空间。

数组下标	0	1	2	3	4	5	6	7	8	9	10
关键字	55	1	23	14	68	11	82	36	19		
探测次数	1	1	2	1	3	6	2	5	1		

图 8.33　线性探测法解决冲突建立的散列表

对于关键字为 55，1，14，19 的查找只需 1 次比较，对关键字为 23，82 的查找需 2 次比较，对关键字 68 的查找需 3 次比较，对关键字 36 的查找需 5 次比较，对关键字 11 的查找需 6 次比较，故平均查找长度为

$$ASL=(1\times4+2\times2+3\times1+5\times1+6\times1)/9=22/9$$

线性探测法可能使第 i 个散列地址的同义词存入第 i+1 个散列地址，这样本应存入第 i+1 个散列地址的元素变成了第 i+2 个散列地址的同义词……因此，可能出现很多元素在相邻的散列地址上“堆积”起来，大大降低了查找效率。为此，可采用二次探测法或双散列函数探测法以改善“堆积”问题。

②二次探测法。

$$H_i=(Hash(key)+d_i)\%m \tag{8.3}$$

式中，Hash(key)——散列函数；

m——散列表长度；

d_i——增量序列 1^2，-1^2，2^2，-2^2，…，q^2，$-q^2$ 且 $q\leqslant(m-1)$。

仍以上例用二次探测法处理冲突，建立散列表，如图 8.34 所示。

对关键字寻找空的散列地址，关键字 68，11，82 与上例不同。

Hash(68)=2，散列地址冲突，则：

$H_1=(Hash(68)+1^2)\%11=3$，仍然冲突；

$H_2=(Hash(68)-1^2)\%11=1$，仍然冲突；

$H_3=(Hash(68)+2^2)\%11=6$，找到空的散列地址，存入。

Hash(11)=0，散列地址冲突，则：

$H_1=(Hash(11)+1^2)\%11=1$，仍然冲突；

$H_2=(Hash(11)-1^2)\%11=-1$，无此地址；

$H_3=(Hash(11)+2^2)\%11=4$，找到空的散列地址，存入。

Hash(82)=5，找到空的散列地址，存入。

构建的散列表如图 8.34 所示。

数组下标	0	1	2	3	4	5	6	7	8	9	10
关键字	55	1	23	14	11	82	68	36	19		
探测次数	1	1	2	1	4	1	4	4	1		

图 8.34　二次探测法解决冲突建立的散列表

对关键字为 55，1，14，82，19 的查找只需 1 次比较，对关键字 23 的查找需 2 次比较，对关键字 11，68，36 的查找需 4 次比较，故平均查找长度为

$$ASL=(1\times5+2\times1+4\times3)/9=19/9$$

【算法描述 8.22】数据结构定义

```
#define SUCCESS 1              //查找成功的标志
#define UNSUCCESS 0            //查找不成功的标志
```

```
#define MAXSIZE 11                    //散列表的最大长度
#define NULL KEY -2                   //-2 为无记录标志
#define DUPLICATE-1                   //表中已有相同关键字的元素返回标志
typedef int KeyType;                  //设关键字为整型
typedef struct{
  KeyType key;                        //其他相关字段
}Node;
typedef struct {
  Node elem[MAXSIZE];                 //数据元素存储地址
  int count;                          //当前数据元素个数
  int sizeindex;                      //当前容量
}HashTable;
```

【算法描述 8.23】以线性探测法处理冲突检索散列表的算法

```
int FindHash(HashTable H,KeyType K,int p){
int c=0;
  p=Hash(K);                          //求得哈希地址
                                      //该位置中填有记录,并且与关键字不相等
  while(H.elem[p].key!=NULL_KEY&&K!=H.elem[p].key){
  c++;
  if(c<H.sizeindex)
    p=(Hash(K)+c)%p;                  //求得下一探查地址 p
  else
    break;
  if(K==H.elem[p].key)
    return SUCCESS;                   //查找成功,p 返回待查数据元素下标
  else
    return UNSUCCESS;                 //若查找不成功,p 返回插入位置
}
```

(2)拉链法

拉链法解决冲突的思想是：将同义词结点拉成一个链表，将各链表的头指针按散列地址顺序存储在数组中。

例 8.8 中，根据图 8.35 所示散列地址，将所有同义词拉成一个单链表，再将单链表的头指针根据散列地址顺序组织起来。用拉链法处理冲突构造的散列表如图 8.35 所示。

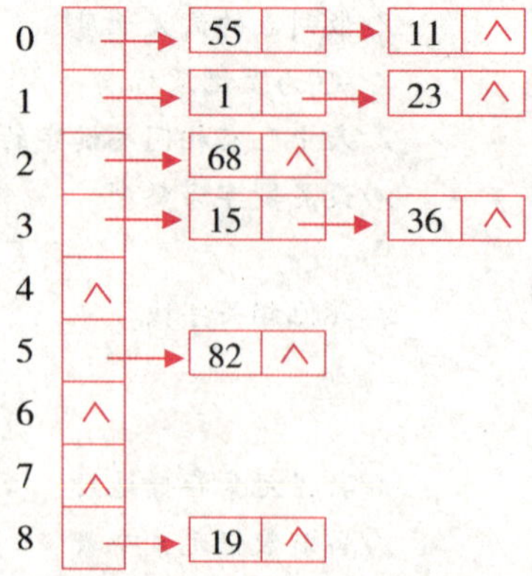

图 8.35　拉链法解决冲突建立的散列表

对于以上构造的散列表，在等概率情况下，查找成功的平均查找长度为

$$ASL=(1\times6+2\times3)/9=12/9$$

【算法描述 8.24】拉链法处理冲突所构造的散列表的结点类型定义

```
#defineM 11                    //M 为散列表的容量
#define DUPLICATE - 1          //表中已有相同关键字的元素返回标志
typedef int KeyType;           //设关键字为整型
typedef struct hnode{
  KeyType key;                 //关键字
  struct hnode *next;          //指向下一个同义词的指针
     //……                     //其他信息
}HNode;
typedef struct {
  HNode *elem[M];              //存储数据元素
  int count;                   //散列表的当前数据元素个数
}LHashTable;
```

在拉链法处理冲突的散列表中检索元素的算法如下。

【算法描述 8.25】拉链法处理冲突检索散列表

```
HNode *FindHash(LHashTable H,KeyType K){
  int p;
  HNode *q;
  p=Hash(K);                 //求得哈希地址
  q=H.elem[p];               //同义词链表的头指针
  while(q){
  if(q->key==K)
    break;
  else
    q=q->next;
```

```
    }
    return q;
}
```

8.4.4　散列表的查找分析

在散列表的查找中，一些关键字可通过散列函数转换的地址直接找到，另一些关键字在散列函数得到的地址上产生了冲突，需要按处理冲突的方法进行查找。

在介绍的 3 种处理冲突的方法中，产生冲突后的查找仍然是给定值与关键字进行比较的过程。所以，对散列表查找效率，依然用平均查找长度来衡量。

根据散列的构造过程可知，查找效率取决于产生冲突的多少：产生的冲突少，查找效率就高；产生的冲突多，查找效率就低。因此，影响产生冲突多少的因素，也就是影响查找效率的因素。影响产生冲突的多少有以下 3 个因素。

①散列函数是否均匀。

②处理冲突的方法。

③散列表的装填因子。

散列表的装填因子定义为

$$\alpha=\frac{\text{表中元素的个数}}{\text{哈希表的长度}} \tag{8.4}$$

分析这 3 个因素，尽管散列函数的“好坏”直接影响冲突产生的频度，但一般情况下，我们总认为所选的散列函数是“均匀的”，因此，可不考虑散列函数对平均查找长度的影响。

处理冲突的方法直接影响平均查找长度，就线性探测法和二次探测法处理冲突的例子来看，如例 8.8 中有相同的关键字集合、同样的散列函数，但在数据元素查找等概率情况下，它们的平均查找长度却不同。

装填因子是散列表装满程度的标志因子，显然装填因子 $\alpha\leqslant 1$，一般选择在 0.65～0.85 范围。由于表长是定值，α 与“填入表中的元素个数”成正比，所以，α 越大，填入表中的元素较多，产生冲突的可能性就越大；α 越小，填入表中的元素越少，产生冲突的可能性就越小。实际上，散列表的平均查找长度是装填因子 α 的函数，只是不同处理冲突的方法有不同的函数。表 8.1 中给出几种不同处理冲突方法的平均查找长度和 α 的关系，可供参考。

表 8.1 平均查找长度与填装因子的关系

处理冲突的方法	平均查找长度	
	查找成功时	查找不成功时
线性探测法	$Snl\approx\frac{1}{2}\left(1+\frac{1}{1-\alpha}\right)$	$Unl\approx\frac{1}{2}\left[1+\frac{1}{(1-\alpha)^2}\right]$
二次探测法与双散列法	$Snr\approx-\frac{1}{\alpha}\ln(1-\alpha)$	$Unr\approx\frac{1}{1-\alpha}$
拉链法	$Snc\approx1+\frac{\alpha}{2}$	$Unc\approx\alpha+e^{-\alpha}$

散列方法存取速度快，也较节省空间，静态查找、动态查找均适用，但由于存取是随机的，因此不便于顺序查找。

8.5 小　结

查找是数据处理中经常出现的一种操作，查找表是一种以集合为逻辑结构、以查找为核心运算的数据结构。根据不同的应用，可以将查找表按顺序结构、链式结构、索引结构、散列结构进行存储。基于在查找表中的操作不同，查找表又分为静态查找和动态查找。关于静态查找，本章讨论了无序表的顺序查找、有序表的折半查找和其他分割方法的查找及分块查找；关于动态查找，本章讨论了将查找表组织为二叉排序树和 AVL 树形式下的查找、将查找表组织为散列表的形式进行的查找。

①无序表的查找。只能是顺序查找，一旦查找成功就结束，对失败查找则需查遍全表。成功查找和失败查找的平均查找长度均为 $O(n)$。

②有序表的查找。有序表的查找方法很多，主要有顺序查找、折半查找、分块查找等。

有序表的顺序查找，其时间复杂度仍为 $O(n)$，但比无序表的查找效率高，成功查找和失败查找都不一定要查遍全表；折半查找、分块查找都是高效的查找方法，时间复杂度为 $O(\log_2 n)$，其中二分查找用得最为普遍，分块查找要求关键字按块有序。

树表查找是将查找表组织为特定形式的树形结构，并按其规律进行的查找，也可以理解为一种树形结构的应用。在二叉排序树的查找中，关键字比较的次数不会超过二叉树的深度，平均查找的时间复杂度为 $O(\log_2 n)$。

散列表是根据选定的散列函数和解决碰撞的方法，把结点按关键字转换为地址进行存储的。对散列表的查找方法是：首先按所选的散列函数对关键字进行转换，得到一个散列地址，然后按该地址进行查找，若不存在，再根据构建散列表时所用的处理碰撞的方法进一步查找。如果是静态查找，则查找成功时，给出查到结点的所需信息，否则给出失败信息；如果是动态查找，则根据查找结果再进行插入或删除。

习 题

一、选择题

1. 查找表是以(　　)为查找结构的。

A. 集合　　B. 图　　C. 树　　D. 文件

2. 静态查找表与动态查找表的根本区别在于(　　)。

A. 逻辑结构不一样　　B. 施加在其上的操作不一样

C. 所包含的数据元素类型不一样　　D. 存储实现不一样

3. 顺序查找法适合于存储结构为(　　)的线性表。

A. 散列存储　　B. 顺序存储或链式存储

C. 压缩存储　　D. 索引存储

4. 在表长为 n 的顺序表上进行顺序查找，在查找不成功时与关键字比较的次数为(　　)。

A. n　　B. 1　　C. n+1　　D. n−1

5. 对线性表进行折半查找时，要求线性表必须是(　　)。

A. 以顺序方式存储

B. 以链式方式存储，且结点按关键字有序排序

C. 以链式方式存储

D. 以顺序方式存储，且结点按关键字有序排序

6. 有一个长度为 12 的有序表，按折半查找法对该表进行查询，在表内各元素等概率的情况下查找成功所需的平均比较次数为(　　)。

A. 35/12　　B. 37/12　　C. 39/12　　D. 43/12

7. 有一个有序表为{1，3，9，12，32，41，45，62，75，77，82，95，100}，当折半查找值为 82 的结点时，(　　)次比较后查找成功。

A. 2　　B. 3　　C. 4　　D. 5

8. 当采用分块查找时，数据的组织方式为(　　)。

A. 数据分成若干块，每块内数据有序

B. 数据分成若干块，每块内数据不必有序，但块间必须有序，每块内最大(或最小)的数据组成索引块

C. 数据分成若干块，每块内数据有序，每块内最大(或最小)的数据组成索引块

D. 数据分成若干块，每块(除最后一块外)中数据个数需相同

9. 设有一组记录的关键字为{19，14，23，1，68，20，84，27，55，11，10，79}，用链地址法构造散列表，散列函数为 H(key)= key MOD 13，散列地址为 1 的链中有(　　)个记录。

A. 1　　B. 2　　C. 3　　D. 4

10. 下面关于哈希(Hash)查找的说法中正确的是(　　)。

A. 哈希函数构造得越复杂越好，因为这样随机性好，冲突少

B. 除留余数法是所有哈希函数中最好的

C. 不存在特别好与坏的哈希函数，要视情况而定

D. 若需在哈希表中删去一个元素，不管用何种方法解决冲突都只要简单地将该元素删去即可

11. 若采用链地址法构造散列表，散列函数为 H(key) = key MOD 17，则需(　　)个链表。这些链表的链首指针构成一个指针数组，数组的下标范围为(　　)。

(1) A. 17　　B. 13　　C. 16　　D. 任意

(2) A. 0 至 17　　B. 1 至 17　　C. 0 至 16　　D. 1 至 16

12. 衡量查找算法效率的主要标准是(　　)。

A. 元素个数　　B. 平均查找长度

C. 所需的存储量　　D. 算法难易程度

13. 就平均查找效率而言，以下几种查找方法的速度从慢到快的关系是(　　)。

A. 顺序、分块、哈希、折半　　B. 顺序、分块、折半、哈希

C. 分块、折半、哈希、顺序　　D. 顺序、哈希、分块、折半

二、填空题

1. 以折半查找方法在一个查找表上进行查找时，要求该查找表必须是顺序存储的________表。

2. 从有序表{12，18，32，45，58，72，83，96}中分别折半查找 45 和 56 两个元素时，其比较次数为________和________。

3. 在分块查找方法中，首先查找________，然后查找相应的________。

4. 在分块查找方法中，表中每块内的元素可以________，块与块之间必须按________存放。

5. 顺序查找、折半查找、分块查找都属于________查找。

6. 向一棵二叉排序树中插入一个元素时，若元素的值小于根结点的值，则接着向根结点的________插入；若元素的值大于或等于根结点的值，则接着向根结点的________插入。

7. 在一棵二叉排序树上进行________遍历后，其关键字序列是一个________。

8. 对线性表{18，25，63，50，42，32，90}进行哈希存储时，若选用 H(k) = k%9 作为哈希函数，则哈希地址为 0 的元素有________个，哈希地址为 5 的元素有________个。

三、判断题

1. 折半查找法要求待查表的关键字必须有序。　　(　　)

2. 散列法是一种将关键字转换为存储地址的存储方法。　　(　　)

3. 在二叉排序树中，根结点的值都小于孩子结点的值。　　(　　)

4. 对于有序表而言，采用折半查找法总比采用顺序查找法速度快。　　(　　)

5. 二叉排序树是一种特殊的线性表。　　(　　)

6. 哈希表的查找效率主要取决于散列表构造时选取的散列和处理冲突的方法。　　(　　)

7. 一般来说，用散列函数得到的地址，冲突不可能避免，只能尽可能减少。（　　）
8. 对于满足折半查找和分块查找条件的文件而言，无论它存放在何种介质上，均能进行顺序查找、折半查找和分块查找。（　　）
9. 即使排序算法是不稳定的，该算法也仍有实际应用价值。（　　）
10. 直接插入排序时，关键字的比较次数与记录的初始排列无关。（　　）
11. 排序要求数据一定要按顺序方式存储。（　　）
12. 对于两棵具有相同关键字但形状不同的二叉排序树，按中序遍历它们得到的序列的顺序是一样的。（　　）

四、综合应用题

1. 已知序列{35，24，16，78，22，15，29，70，54，31，20，90，77}。
   (1)画出用这个序列生成的二叉排序树。
   (2)在原图中如果删除15，有几种情况？将删除后的二叉排序树画出。
   (3)在原图中如果删除22，有几种情况？将删除后的二叉排序树画出。
   (4)在原图中如果删除78，有几种情况？将删除后的二叉排序树画出。
2. 设有一组关键字{9，1，23，14，55，20，80，27}，采用哈希函数：H(key)=key%7，表长为10，用开放定址法的二次探测法 $H_i=(H(key)+d_i)\%10$ ($d_i=1^2，-1^2，2^2，-2^2，\cdots$)解决冲突。要求：对该关键字序列构造哈希表，并计算查找成功的平均查找长度。
3. 已知关键字集{30，15，21，40，25，26，36，37}，若查找表的装填因子为0.8，设哈希函数为H(Key)=Key%9，采用线性探测法解决冲突，画出哈希表并计算查找成功的平均查找长度。
4. 假定对有序表{3，4，5，7，24，30，42，54，63，72，87，95}进行折半查找，试回答下列问题：
   (1)画出描述折半查找过程的判定树。
   (2)若查找元素为54，需依次与哪些元素比较？
   (3)若查找元素为90，需依次与哪些元素比较？
5. 使用散列函数H(x)=x%10，把一个整数值转换成散列表下标，现要把序列{1，13，12，34，38，33，27，22}插入散列表中。
   (1)使用链地址法构造散列表并画出链地址法的散列表。
   (2)求查找成功的平均查找长度。
6. 试写出一个算法，将两棵二叉排序树合并为一棵二叉排序树。
7. 假设哈希表长为m，哈希函数为H(key)，用链地址法处理冲突。编写输入一组关键字并建立哈希表的算法。

第 9 章

排　序

排序是数据处理中经常使用的一种重要运算，它是将一组无序的数据元素按其关键字的某种次序排列成有规律的序列。排序的目的之一就是方便数据的查找。排序分为内排序和外排序。本章将介绍几种常用的排序方法，包括插入排序、交换排序、选择排序、归并排序，以及各种排序方法的比较。

学习目标

掌握排序的基本概念。
掌握插入排序方法：直接插入排序和折半插入排序。
掌握交换排序方法：冒泡排序和快速排序。
掌握选择排序方法：直接选择排序和队排序。
了解归并排序方式。

思政目标

将待排序元素具体化为待排序事件，关键字比喻为事情重要程度。其实每时每刻我们都在给自己未完成的事情按照重要程度排序，总是优先做比较重要的事情。重要程度的参照物则是我们制定的目标，有助于目标达成的事情重要度就高。每名同学都应该及时制定阶段目标、人生目标，这样才能准确地将对自己有益的事情进行排序。大学四年中，学习是最重要和紧急的事情，必须优先安排和执行。

9.1　排序的基本概念

9.1.1　排序

排序是日常工作和软件设计中常用的运算之一。为了提高查询速度，需要将无序序列按照一定的顺序组织成有序序列。

例如，字典里的所有字都按一定的规律排好序，这样使用字典才比较方便。排序的主要目的是实现快速查找。

若有一组无序数据{2，5，78，3，1，69，90}，要求将其按从小到大的顺序排列，则这个问题很好解决。

但对有些数据进行排序就比较复杂。如对表9.1中的学生信息进行排序，这时一般需在这一组记录中，找出“主关键字”，按“主关键字”进行排序。

表9.1 学生信息表

学号	姓名	班级	年龄	成绩
2022493601	崔雨轩	计算机类6班	18	78
2022493602	丁洁	计算机类6班	19	89
2022493603	樊辰东	计算机类6班	18	77
2022493604	冯波	计算机类6班	19	98
2022493605	郭力铭	计算机类6班	20	61
2022493606	胡志勇	计算机类6班	20	90

一般情况下，假设含n个记录的序列为$\{R_1, R_2, \cdots, R_n\}$，其相应的关键字序列为$\{K_1, K_2, \cdots, K_n\}$，这些关键字相互之间可以进行比较，即它们之间存在着如下关系：

$$K_{p1} \leqslant K_{p2} \leqslant \cdots \leqslant K_{pn}$$

按此固有关系将上面记录的序列重新排列为$\{R_{p1}, R_{p2}, \cdots, R_{pn}\}$的操作称为排序。

(1) 排序过程中的两种基本操作

①比较两个关键字值的大小。

②根据比较结果，移动记录的位置。

(2) 对关键字排序的3个原则

①关键字值为数值型的，则按键值大小为依据。

②关键字值为ASCII码，则按键值的内码编排顺序为依据。

③关键字值为汉字字符串类型，则大多以汉字拼音的字母次序为依据。

(3) 待排序记录的3种存储方式

①待排序记录存放在地址连续的一组存储单元上。

②待排序记录存放在静态链表中。

③待排序记录存放在一组地址连续的存储单元，同时另设一个指示各个记录存储位置的地址向量，在排序过程中不移动记录本身，而移动地址向量中这些记录的“地址”，在排序结束后，再按照地址向量中的值调整记录的存储位置。

9.1.2 排序的分类

(1) 增排序和减排序

如果排序的结果是按关键字从小到大的次序排列的，就是增排序，否则就是减排序。

(2) 稳定排序和不稳定排序

假设$K_i = K_j (1 \leqslant i \leqslant n, 1 \leqslant j \leqslant n, i \neq j)$，且在排序前的序列中$R_i$领先$R_j$(即$i<j$)。若在排序后的序列中$R_i$仍领先于$R_j$，即那些具有相同关键字的记录，经过排序后它们的相对次序仍然保持不变，则称这种排序方法是稳定的；反之，若R_j领先R_i，则称所用的方法是不稳定的。需要注意的是，不稳定的排序方法是指在序列中，关键字值相等的不同记录

的前后相对位置不定，而不是一定要发生变化。

(3) 内部排序和外部排序

若整个排序过程不需要访问外存储器便能完成，则称此类排序问题为内部排序；反之，若参加排序的记录数量很大，整个序列的排序过程不可能在内存中完成，则称此类排序问题为外部排序。

本章主要介绍的是内部排序。内部排序主要分为插入排序法、交换排序法、选择排序法和归并排序法。待排序的记录序列可以是顺序存储结构，也可以是链表存储结构。

在进行算法说明时，为了简化算法，约定本章中排序数据都只包含一个关键字数据项的记录，并且约定待排序的记录均是以顺序存储结构存放的，且记录的关键字均为整数。另外，约定要排序的记录按递增顺序进行排序。则数据结构类型定义如下：

【算法描述 9.1】

```
#define MaxSize 100
typedef int KeyType;
typedef struct{
   KeyType data[MaxSize];
   int length;                              //待排序数据的实际长度
}DataList;
```

9.2 插入排序

插入排序的基本思想是：排序过程中将待排记录分成有序表和无序表两部分，每次从无序表中拿出一个待排序的记录，按其关键字大小插入前面已经排好序的有序子表中的适当位置，直到全部记录插入完成为止。即：将待排序列表分成左、右两部分，左边为有序表(有序序列)，右边为无序表(无序序列)。整个排序过程就是将右边无序表中的记录逐个插入左边的有序表中，构成新的有序序列(有序序列初始只包含待排数据中的第 1 个元素)。

9.2.1 直接插入排序

直接插入排序是一种最简单的排序方法，它的基本思想是依次将记录序列中的每一个记录插入有序段中，使有序段的长度不断扩大，如图 9.1 所示。

有 n 个记录的无序序列具体的排序过程可以描述如下。

①将待排序记录序列中的第一个记录作为一个有序段，此时这个有序段中只有一个记录。

②从第二个记录起到最后一个记录，依次将记录和前面子序列中的记录比较，确定记录插入的位置。

③将记录插入到子序列中，子序列中的记录个数加 1，直至子序列长度和原来待排序列长度一致时排序结束。

经过 n-1 趟就可以将初始序列的 n 个记录重新排列成按关键字值从小到大排列的有序序

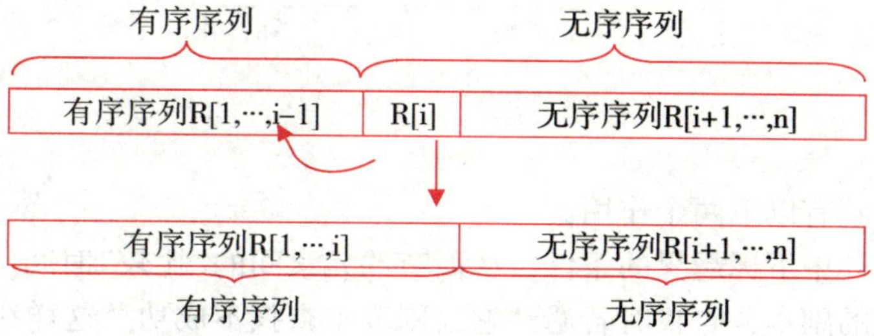

图 9.1　一趟直接插入排序的基本思想

列。为了防止在比较过程中数组下标溢出，设一个监视哨 r[0]，即先将要比较的关键字存入监视哨 r[0]中，再用 r[0]从后向前进行比较。若 r[0]小于所比较的关键字，则将该关键字向后移一位，并且继续向前比较，直到 r[0]大于或等于所比较的关键字时结束。因为是边比较边移动记录的，所以在当前比较记录的后面位置是空出来的，直接将 r[0]存入即可。

【例 9.1】设待排序的记录序列有 8 个记录，其关键字初始序列为{13，6，3，31，9，27，5，11}，则直接插入排序算法的过程如图 9.2 所示。

		监视哨 R[0]	R[1]	R[2]	R[3]	R[4]	R[5]	R[6]	R[7]	R[8]
初始序列			{13}	6	3	31	9	27	5	11
i=1	第一趟后	6	{6	13}	3	31	9	27	5	11
i=2	第二趟后	3	{3	6	13}	31	9	27	5	11
i=3	第三趟后	31	{3	6	13	31}	9	27	5	11
i=4	第四趟后	9	{3	6	9	13	31}	27	5	11
i=5	第五趟后	27	{3	6	9	13	27	31}	5	11
i=6	第六趟后	5	{3	5	6	9	13	27	31}	11
i=7	第七趟后	11	{3	5	6	9	11	13	27	31}

图 9.2　直接插入排序过程示意图

【算法描述 9.2】直接插入排序算法

```
void InsertSort(DataList *L, int n){
  int i,j;
  for(i=2; i<n; i++){                    //从第 2 个元素开始一次插入前面有序序列
    if(L->data[i]<L->data[i-1]){
        L->data[0]=L->data[i];
      j= i-1;
      while( j>-1&&L->data[0]< L->data[j]){
        L->data[j+1] = L->data[j];       //元素后移
        j--;
      }
      L->data[j+1] =L->data[0];          //插入正确位置
```

```
    }
  }
}
```

算法中的监视哨有以下两个作用：

①省去判断循环中下标越界的条件，从而节约元素间的“比较”时间。。

②保存查找值的副本，查找时若遇到它，则表示查找不成功。这样在从后向前查找失败时，不必判断查找表是否检测完，从而达到算法的统一。

针对算法的实现，需分以下情况讨论时间复杂度：

①最好的情况。关键字在记录序列中已经顺序有序，则“比较”次数为 n-1，“移动”次数为 0。

②最坏的情况。关键字在记录序列中逆序有序，则“比较”次数为(n+4)(n-1)/2，“移动”次数为(n+4)(n-1)/2。

所以直接插入排序的时间复杂度为 $O(n^2)$。

9.2.2 折半插入排序

直接插入排序的 3 个基本操作为：①为待插入元素在已排好序的有序子表中寻找插入位置；②移动元素，将插入位置空出；③插入元素。在这 3 个基本操作中，第①个基本操作是在有序表中进行查找，而在有序表中查找插入位置，利用第 8 章中所学知识，可以通过折半查找的方法实现，由此进行的插入排序称为折半插入排序。

【算法描述 9.3】折半插入排序算法

```
void InserthalfSort(DataList *L){
  int i,j,low,high,mid;
  for(i=2; i<L->length;i++){
    L->data[0]=L->data[i];                          //R[0]为监视哨
    low=1;
    high=i-1;
    while(low<=high){
      mid=(low+high)/2;
      if(L->data[0]>=L->data[mid])
      low=mid+1;
    else
      high=mid-1;
    }
    for(j=i-1;j>=high+1;--j)
      L->data[j+1]=L->data[j];
    L->data[high+1]=L->data[0];
  }
}
```

根据上述算法分析，折半插入排序是一个稳定的排序方法。

折半插入排序仅减少了关键字间的比较次数，但记录的移动次数不变。因此，折半插入排序的时间复杂度仍为 $O(n^2)$。

9.2.3 希尔排序

希尔排序又称为缩小增量排序。

由直接插入排序的分析可知，当待排记录序列为“正序”时，其时间复杂度可提高到 O(n)，由此可设想，若待排记录序列按关键字“基本有序”时，直接插入排序的效率较高；另外，由于直接插入排序算法简单，在 n 值很小时效率也较高。因此，从这两点出发设计一种算法就可以提高直接插入排序的效率。

希尔排序的过程为：先将整个待排记录序列分割成若干个子序列，每个子序列的 n 值都较小，进行直接插入排序时效率较高；待每个子序列都排序完毕，整个序列中的记录“基本有序”时，再对全体记录进行一次直接插入排序，就可以完成整体的排序工作。

希尔排序的一个特点是：子序列的构成不是简单地“逐段分割”，而是将相隔某个增量的记录组成一个子序列。

希尔排序基本思想是对待排记录序列先进行“宏观”调整，再进行“微观”调整。

所谓“宏观”调整，是指“跳跃式”的插入排序。其具体做法为：将记录序列分成若干子序列，分别对每个子序列进行插入排序。例如，将 n 个记录分成如下 d 个子序列。

{R[1]，R[1+d]，R[1+2d]，…，R[1+kd]}

{R[2]，R[2+d]，R[2+2d]，…，R[2+kd]}

…………

{R[d]，R[2d]，R[3d]，…，R[kd]，R[(k+1)d]}

其中，d 称为增量，它的值在排序过程中从大到小逐渐缩小，直至最后一趟排序减为 1。例如，对关键字序列{16，25，12，30，47，11，23，36，9，18，31}进行希尔排序。若 d=5，则将初始序列分为 5 组，分别如下。

①{R[1]，R[6]，R[11]}，即{16，11，31}。

②{R[2]，R[7]}，即{25，23}。

③{R[3]，R[8]}，即{12，36}。

④{R[4]，R[9]}，即{30，9}。

⑤{R[5]，R[10]}，即{47，18}。

将这 5 组元素在原来的相对位置上分别排序后，即得到希尔排序的第 1 趟的结果。接着可以通过改变增量 d 的值得到其他几趟的结果，直至得到最终结果。

值得注意的是，这 5 组元素的相对位置不能发生改变，即原来第 1 组的位置为 R[1]，R[6]，R[11]，则这 3 个元素按从小到大的顺序排好后，还要在这 3 个位置上。

【例 9.2】对关键字序列{16，25，12，30，47，11，23，36，9，18，31}进行希尔排序(增量 d=5，2，1)，并写出每一趟的结果。

①第 1 趟希尔排序，增量 d=5，将初始序列分为 5 组，分组情况如图 9.3 所示。

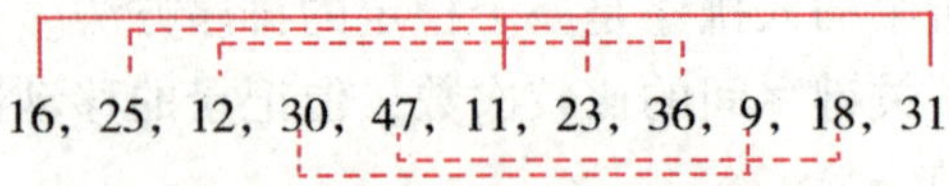

图 9.3　希尔排序 d=5 分组情况

第 1 趟排序的结果为：11，23，12，9，18，16，25，36，30，47，31。

(2)第 2 趟希尔排序，增量 d=2，将第 1 趟排序后的序列分为 2 组，分组情况如图 9.4 所示。

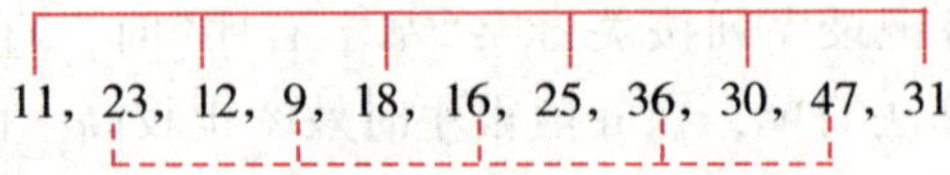

图 9.4　希尔排序 d=2 分组情况

第 2 趟排序的结果为：11，9，12，16，18，23，25，36，30，47，31。

(3)第 3 趟希尔排序，增量 d=1，将第 2 趟排序后的序列分为 1 组，分组情况如图 9.5 所示。

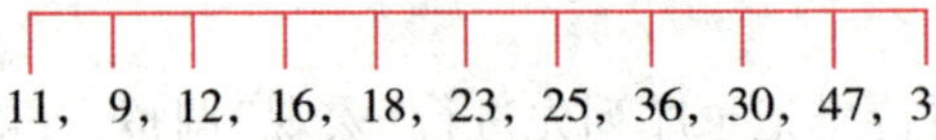

图 9.5　希尔排序 d=1 分组情况

第 3 趟排序的结果为：9，11，12，16，18，23，25，30，31，36，47。

希尔排序是不稳定排序，在效率上相比直接插入排序有很大的进步，但是对希尔排序的时间性能分析比较困难，因为以哪种步长序列最优难以断定，通常认为希尔排序的时间复杂度为 $O(n^{1.3})$。

希尔排序的增量序列可以有多种取法，较为优质的递增序列的共同特征如下：

①最后一个增量必为 1。

②应尽量避免序列中的值互为倍数的情况，特别是相邻的数值。

【算法描述 9.4】希尔排序算法

```
void shell_sort(DataList * L, int n){
  int i,j,gap;                                  // gap 为步长,每次减为原来的一半
  for (gap = n / 2; gap > 0; gap /= 2){         // 共 gap 个组,对每一组都执行直接插入排序
    for (i = 0 ;i < gap; i++){
      for (j = i + gap; j < n; j += gap){
        // 如果 a[j] < a[j-gap],则寻找 a[j]位置,并将后面数据的位置都后移
          if ( L->data[j] < L->data[j - gap]){
            int tmp = L->data[j];
            int k = j - gap;
            while (k >= 0 && L->data[k] > tmp){
              L->data[k + gap] = L->data[k];
```

```
                    k -= gap;
                }
                L->data[k + gap] = tmp;
            }
        }
    }
  }
}
```

9.3 交换排序

利用交换记录的位置进行排序的方法称为交换排序。

其基本思想是：两两比较待排序记录的关键字，如果逆序就进行交换，直到所有记录都排序完毕为止。

常用的交换排序方法主要有冒泡排序和快速排序等。

快速排序是一种分区交换排序法，是对冒泡排序方法的改进。

9.3.1 冒泡排序

冒泡排序是交换排序中一种简单的排序方法。它的基本思想是对所有相邻记录的关键字值进行比较，如果是逆序(R[i]>R[i+1])，则将其交换，最终达到有序化。其处理过程为：

①将整个待排序的记录(n 条)序列划分成有序区和无序区。初始状态有序区为空，无序区包括所有待排序的记录。

对无序区的 n 个元素进行 n-1 趟排序，从前向后依次将相邻记录的关键字进行比较，若逆序则将其交换，从而使关键字值小的元素向上"飘"(左移)，关键字值大的元素向下"沉"(右移)，从而将值大的元素存储在有序区。

第 1 趟：对第 R[1]至 R[n]个元素进行两两比较和交换，最终最大值存储在 R[n]，无序区 R[1, …, n-1]，有序区 R[n]。

第 2 趟：对第 R[1]至 R[n-1]个元素进行两两比较和交换，最终最大值存储在 R[n-1]，无序区 R[1, …, n-2]，有序区 R[n-1, n]。

…………

第 i 趟：针对第 R[1]至 R[n-i+1]个元素进行两两比较和交换，最终最大值存储在 R[n-i+1]，无序区 R[1, …, n-i]，有序区 R[n-i+1, n]。

…………

第 n-1 趟：对第 R[1]、R[2]两个元素进行比较和交换，最终最大值存储在 R[2]，此时序列有序，有序区 R[1, n]。

【例 9.3】设待排序的记录序列有 8 个记录，其关键字初始序列为{13，6，3，31，9，27，5，11}，则冒泡排序过程如图 9.6 所示。

		辅助存储空间 R[0]	R[1]	R[2]	R[3]	R[4]	R[5]	R[6]	R[7]	R[8]	
初始序列			13	6	3	31	9	27	5	11	
i=1	第1趟后	31	6	3	13	9	27	5	11	[31]	
i=2	第2趟后	27	3	6	9	13	5	11	[27	31]	
i=3	第3趟后	13	3	6	9	5	11	[13	27	31]	
i=4	第4趟后	9	3	6	5	9	[11	13	27	31]	
i=5	第5趟后	6	3	5	6	[9	11	13	27	31]	
i=6	第6趟后	6	3	5	[6	9	11	13	27	31]	
i=7	第7趟后	6	3	[5	6	9	11	13	27	31]	无意义

图 9.6　冒泡排序过程示意图

如图 9.6 所示，发现在进行到第 6 趟过程中，元素已经没有数据交换了，也就是说，图 9.6 中的第 7 趟不需要进行，没有意义。所以，为了提高冒泡排序算法的效率，可以设置一个值，记录每趟排序过程中是否有数据交换：若一趟排序过程中有数据交换，则算法继续；若一趟排序过程中没有数据交换，则算法结束。冒泡排序算法如下。

【算法描述 9.5】冒泡排序算法

```
void  BubbleSort( DataList * L) {
  int i,j,flag=1;            // flag 用来存储每一趟数据是否有交换，有交换值为 1,无交换值为 0
  for(i=1; i<L->length&&flag;i++) {
    flag=0;
    for(j=1;j<=L->length-i;j++)
      if(L->data[j]>L->data[j+1]) {
        L->data[0]=L->data[j];
        L->data[j]=L->data[j+1];
        L->data[j+1]=L->data[0];
        flag=1;
      }
  }
}
```

冒泡排序的时间性能分析有以下两种情况：

①最好的情况(关键字在记录序列中顺序有序)。只需进行一趟冒泡排序，元素“比较”的次数为 n-1，元素“移动”的次数为 0。

②最坏的情况(关键字在记录序列中逆序有序)。需进行 n-1 趟冒泡排序。

元素“比较”的次数为 n(n-1)/2，元素“移动”的次数为 3n(n-1)/2。综合上述两种情况，冒泡排序的时间复杂度为 $O(n^2)$。

9.3.2 快速排序

快速排序又称分区交换排序，是对冒泡排序的改进。

快速排序的基本思想是：找一个记录，以它的关键字作为“枢轴”，凡关键字小于枢轴的记录均移动至该记录之前，关键字大于枢轴的记录均移动至该记录之后。所以一趟快速排序之后，记录的无序序列R[s，…，t]将分割成两部分：R[s，…，i-1]和R[i+1，…，t]，且有

$$R[j].key \leqslant R[i].key \leqslant R[k].key$$
$$(s \leqslant j \leqslant i-1)\text{枢轴}\ (i+1 \leqslant k \leqslant t)$$

例如，关键字序列{49，38，65，97，76，13，27，49~}经过“一次划分”，调整为：27，38，13，(49)，76，97，65，49。

在调整过程中，设立了两个指针：low 和 high，它们的初值分别为 s 和 t，之后逐渐减小 high，增加 low，并保证 R[high].key≥49 和 R[low].key≤49，否则进行记录的“交换”。

快速排序首先对无序的记录序列进行“一次划分”，之后分别对分割所得两个子序列采用递归的方法进行快速排序。

【算法描述 9.6】快速排序算法

```
void  QuickSort(DataList *L,int low,int high){              //快速排序
  int i=low,j=high;
  if(low<high){
    L->data[0]=L->data[low];                                 //R[0]作为辅助存储空间
    while(i!=j){
      while(j>i&&L->data[j]>=L->data[0])
        j--;
      if(i<j){
        L->data[i]=L->data[j];
        i++;
      }
      while(i<j&&L->data[i]<=L->data[0])
        i++;
      if(i<j){
        L->data[j]=L->data[i];
        j--;
      }
    }
    L->data[i]=L->data[0];
    QuickSort(L,low,i-1);
    QuickSort(L,i+1,high);
  }
}
```

【例 9.4】设待排序的记录序列有 8 个记录，其关键字初始序列为{49，38，65，97，76，13，27，49~}，第 1 趟划分快速排序过程如图 9.7 所示，完整快速排序过程如图 9.8 所示。

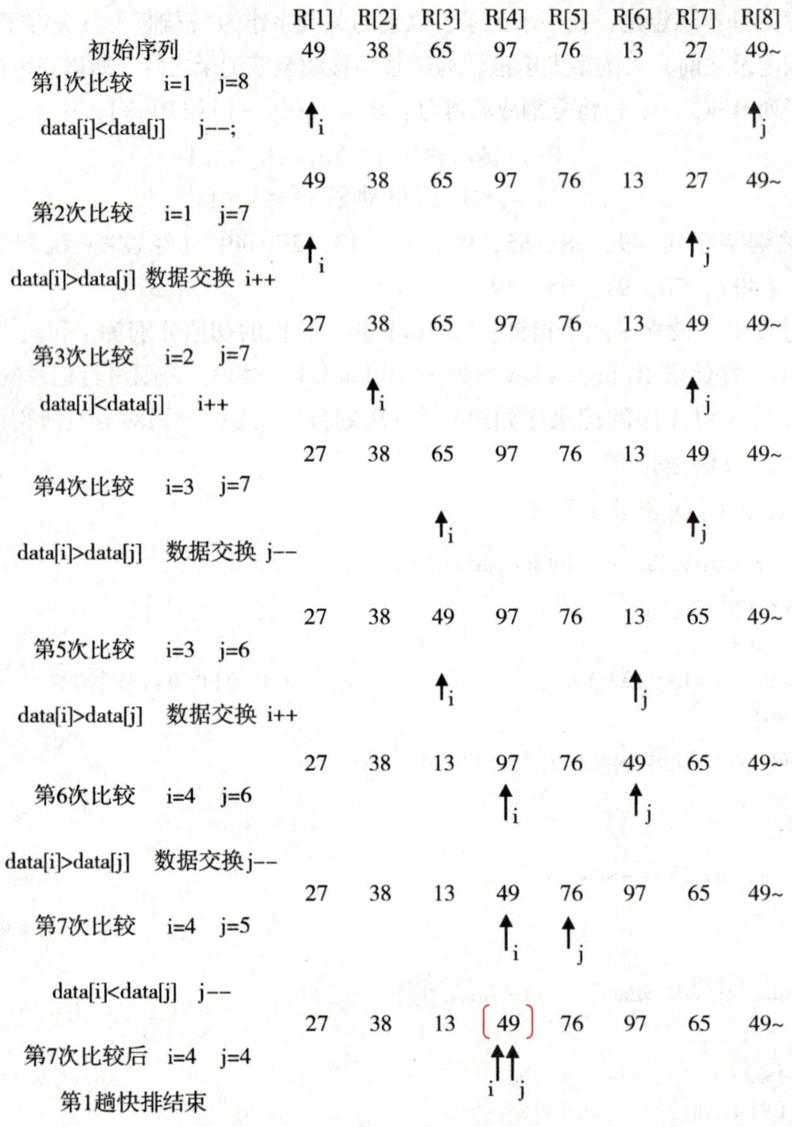

图 9.7 第 1 趟快速排序过程示意图

	R[1]	R[2]	R[3]	R[4]	R[5]	R[6]	R[7]	R[8]
初始序列	49	38	65	97	76	13	27	49~
第1趟快排结束	{27	38	13}	{49}	{76	97	65	49~}
第2趟快排结束	{13}	{27}	{38}	49	{49~	65}	{76}	{97}
第3趟快排结束	13	27	38	49	{49~}	{65}	76	97
第4趟快排结束	13	27	38	49	49~	65	76	97

图 9.8 完整快速排序过程示意图

快速排序中关键字的比较和交换是跳跃进行的，所以快速排序是不稳定的排序方法。快速排序的时间复杂度为 $O(n\log_2 n)$。

若待排记录的初始状态为按关键字有序，则快速排序将蜕化为冒泡排序，其时间复杂度为 $O(n^2)$。

为避免出现这种情况，可在进行一次划分之前，进行“预处理”，即：先对 $R[\lfloor(s+t)/2\rfloor].key$，$R[t].key$ 和 $R[\lfloor(s+t)/2\rfloor].key$ 进行相互比较，然后取关键字为“三者之中”的记录为枢轴记录。

在待排记录很多的情况下(即 n 很大时)，目前认为快速排序是效率最高的一种内部排序方法。但快速排序方法中，涉及递归调用，造成了栈空间的使用，所以快速排序的空间复杂度大到了$(n\log_2 n)$。

9.4 选择排序

选择排序是指在排序过程中，依次从待排序的记录序列中选择出关键字值最小的记录、关键字值次小的记录、……并分别将它们定位到序列左侧的第 1 个位置、第 2 个位置、……最后剩下一个关键字值最大的记录位于序列的最后一个位置，从而使待排序的记录序列成为按关键字值由小到大排列的有序序列。

9.4.1 直接选择排序

直接选择排序也称为简单选择排序，是选择排序中最简单直观的一种方法，其基本思想为：

①每次从待排记录序列中选出关键字值最小的记录。

②将其与待排记录序列第一位置的记录交换，则下一趟待排序列记录数减 1。

③不断重复过程①和②，即不断地从待排记录序列中剩下的记录中选出关键字值最小的记录与该区第一位置的记录交换(待排序列第一个位置不断后移，记录数逐渐减少)。经过 n-1 次的选择和多次交换后，原始序列就排成了有序序列，整个排序过程结束。

【例 9.5】请根据上述思想将关键字序列{49，38，65，97，76，13，27，49~}进行直接选择排序。

	R[1]	R[2]	R[3]	R[4]	R[5]	R[6]	R[7]	R[8]
初始序列	49	38	65	97	76	13	27	49~
第 1 趟排序结束	13	38	65	97	76	49	27	49~
第 2 趟排序结束	13	27	65	97	76	49	38	49~
第 3 趟排序结束	13	27	38	97	76	49	65	49~

第 4 趟排序结束	13	27	38	49	76	97	65	49~
第 5 趟排序结束	13	27	38	49	49~	97	65	76
第 6 趟排序结束	13	27	38	49	49~	65	97	76
第 7 趟排序结束	13	27	38	49	49~	65	76	97

图 9.9　直接选择排序过程示意图

直接选择排序算法如下所示。

【算法描述 9.7】直接选择排序算法

```
void SelectSort(DataList *L){                          //直接选择排序
  int i,j,index;
  for(i=1;i<L->length;i++){                            //控制排序次数
    index=i;
    for(j=i+1;j<=L->length;j++)
      if(L->data[index]>L->data[j])
              index=j;
        if(index!=i){
      L->data[0]=L->data[index];                       //R[0]作为辅助存储空间
      L->data[index]=L->data[i];
      L->data[i]=L->data[0];
    }
  }
}
```

当待排序列中剩下 1 个元素时，就无须再排序。直接选择排序中，若待排关键字个数为 n，则排序需进行 n-1 趟，并且其排序趟数是固定的，与待排数据无关。

直接选择排序是不稳定的排序方法。对 n 个记录进行直接选择排序，所需进行的关键字间的比较次数总计为 n(n-1)/2。移动记录的次数，最好情况为 0，最坏情况为 3(n-1)。所以直接选择排序的时间复杂度为 $O(n^2)$。

9.4.2　堆排序

堆排序是借助于完全二叉树结构进行排序的，是一种树形选择排序。

在直接选择排序中，为从 n 个关键字中选出最小值，需要进行 n-1 次比较；然后在剩下的 n-1 个关键字中选择次最小值，需要进行 n-2 次比较。在 n-2 次的比较中可能有许多比较在前面的 n-1 次比较中已经做过，因此存在多次重复比较，降低了算法的效率。

堆排序方法是由 J. Williams 和 Floyd 提出的一种改进方法，它在选择当前最小关键字值记录的同时，还保存了本次排序过程所产生的比较信息。

(1) 堆的基本概念

堆排序是利用堆树来进行排序的方法，堆树必须是一棵完全二叉树。堆是满足下列性质的数列$\{r_1, r_2, \cdots, r_n\}$，可分为小顶堆和大顶堆：

①若对数列中的任一个元素 r_i，都存在 $r_i \leqslant r_{2i}$ 且 $r_i \leqslant r_{2i+1}$，则其为小顶堆；

②若对数列中的任一个元素 r_i，都存在 $r_i \geqslant r_{2i}$ 且 $r_i \geqslant r_{2i+1}$，则其为大顶堆。

如图 9.10 所示，{9，17，65，23，45，78，87，53，31}是小顶堆；{87，78，53，45，65，9，31，17，23}是大顶堆。

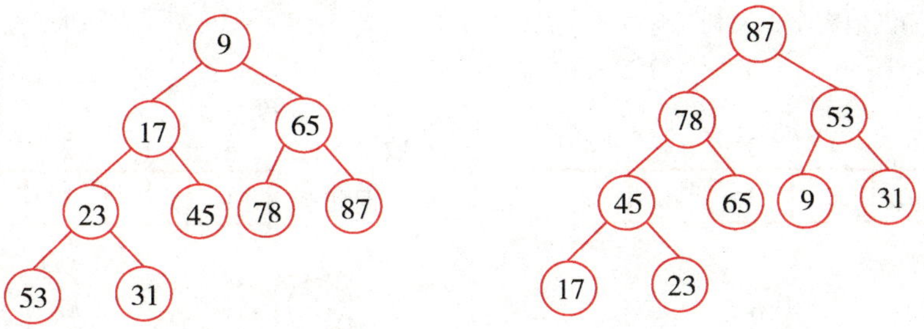

(a)小顶堆　　(b)大顶堆

图 9.10　堆树示意图

(2) 堆排序的基本概念

由于计算机中存储空间为一维的，所以可以用数组来存储待排序的数据，转换成一棵完全二叉树。然后将完全二叉树转换成堆树，就可以实现排序。

因此，堆排序的关键步骤有两个：

①构造堆。将一个无序序列建成初始堆。

②调整堆。在输出堆的根结点之后，调整剩余元素，使之成为一个新的堆。

首先考虑调整堆，再考虑构造堆。

(3) 堆排序的实现

①构造堆。要将一个无序序列调整为堆，必须将其所对应的完全二叉树中以每一结点为根的子树都调整为堆。如图 9.11(b)、(c)所示。显然，只有一个结点的树必是堆，而在完全二叉树中，所有序号大于$\lfloor n/2 \rfloor$的结点都是叶子，因此以这些结点为根的树已经是堆。此时只需要利用筛选法，从最后一个分支结点$\lfloor n/2 \rfloor$开始，依次将序号为$\lfloor n/2 \rfloor$、$\lfloor n/2 \rfloor-1$、…、1 的结点作为根的子树都调整为堆即可。建立大顶堆的结果是将初始序列中的最大元素调整到二叉树根结点的位置，如图 9.11(c)所示。

②堆排序。对于如图 9. 11(c)所示的大顶堆，将根元素与堆中的叶子元素进行位置互换，然后输出叶子(即原始的根)并将叶子从堆中删除，将剩余树形结构重新调整为堆。

③重复步骤①和步骤②，直至堆中只有一个元素。

数组下标	0	1	2	3	4
数据元素	4	10	3	5	1

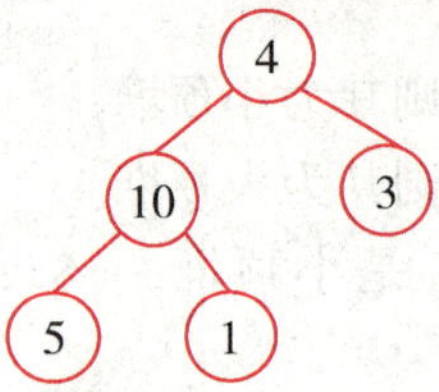

(a)创建完全二叉树

数组下标	0	1	2	3	4
数据元素	10	4	3	5	1

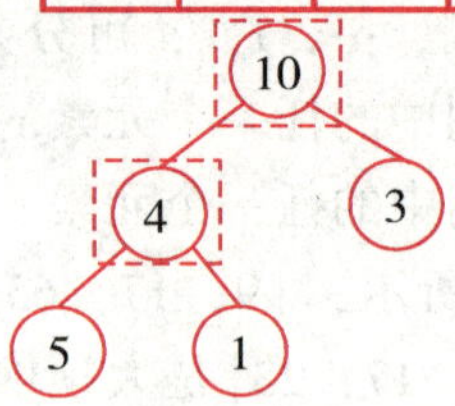

(b)创建大顶堆

数组下标	0	1	2	3	4
数据元素	10	5	3	4	1

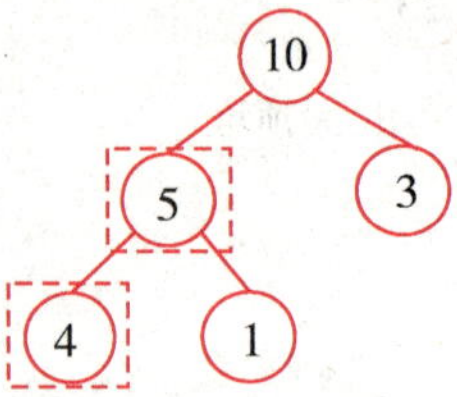

(c)创建大顶堆

数组下标	0	1	2	3	4
数据元素	1	5	3	4	10

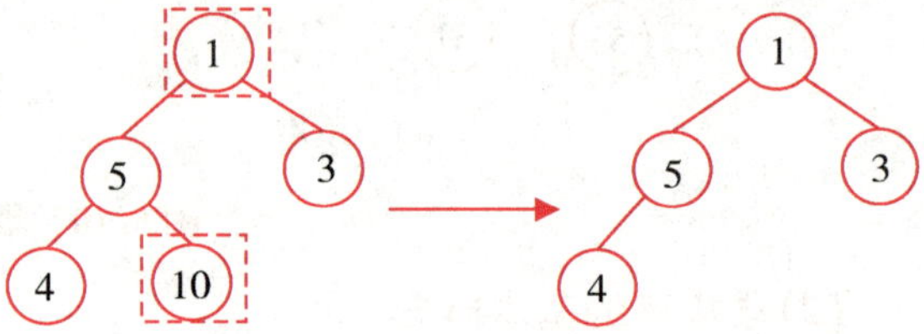

(d)堆排序——根与叶子交换并删除叶子结点

数组下标	0	1	2	3	4
数据元素	5	1	3	4	10

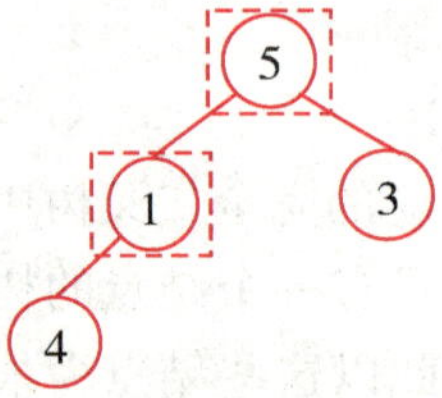

(e)调整为大顶堆

数组下标	0	1	2	3	4
数据元素	5	4	3	1	10

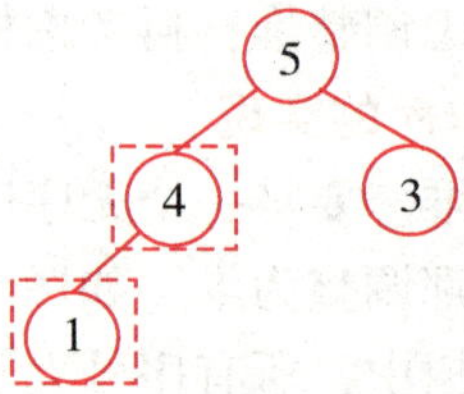

(f)调整为大顶堆

数组下标	0	1	2	3	4
数据元素	1	4	3	5	10

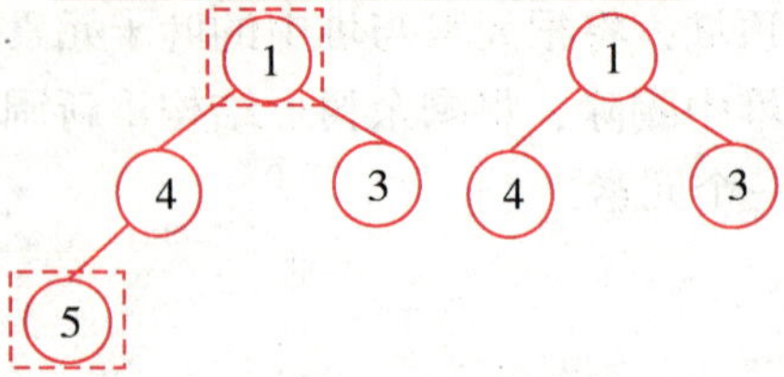

(g)堆排序-根与叶子交换并删除叶子结点

数组下标	0	1	2	3	4
数据元素	4	1	3	5	10

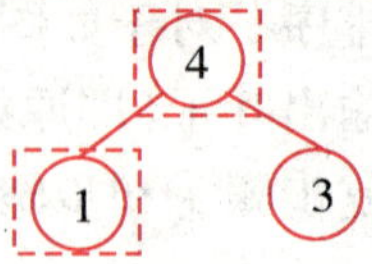

(h)调整为大顶堆

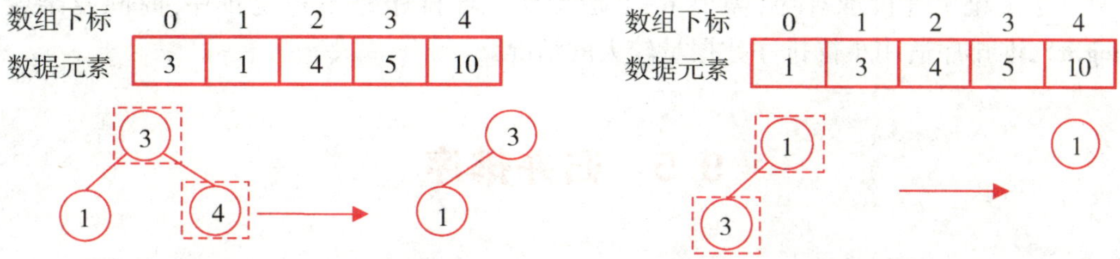

(i)堆排序-根与叶子交换并删除叶子结点　　(j)堆排序-根与叶子交换并删除叶子结点

图 9.11 大顶堆的排序过程

【例 9.6】将序列{4, 10, 3, 5, 1}利用堆排序进行从小到大排序。

【算法描述 9.8】堆筛选算法

```
void  HeapAdjust(DataList *L,int s,int m){
    int temp,j;
    temp=L->data[s];
    for(j=2*s;j<=m;j){
        if(j<m&&L->data[j]<L->data[j+1])
            j++;
        if(temp>=L->data[j])
            break;
        L->data[s]=L->data[j];
        s=j;
    }
    L->data[s]=temp;
}
```

【算法描述 9.9】堆排序算法

```
void  HeapSort(DataList *L,int s,int m){
    int i,j;
    KeyType t;
    for(j=2*s;j<=m;j){
        for(i=L->length/2;i>0;i--)
            HeapAdjust(L,i, L->length);
        for(i=L->length;i>1;i--){
            t=L->data[1];
            L->data[1]=L->data[i];
            L->data[i]=t;
            HeapSort(L,1,i-1);
        }
}
```

对 n 个关键字进行堆排序，需要 n-1 趟操作。堆排序是不稳定排序，时间复杂度为 $O(n\log_2 n)$，堆排序适用于待排序数据量较大的情况。

9.5 归并排序

归并排序也是一种常用的排序方法，归并排序是基于下列基本思想进行的：将两个或两个以上的有序子序列合并为一个有序序列。例如，有 3 个有序子序列分别为(1,5,7)、(2,4,9)和(3,6)，可以通过某种算法将其归并成一个有序序列(1,2,3,4,5,6,7,9)。

一般情况下，将 2 个有序序列合并为 1 个有序序列的算法较简单，所以在内部排序中，通常采用的是二路归并排序，即将两个位置相邻的记录有序子序列归并为一个记录的有序序列。

归并排序的基本思想如下：

①将 n 个记录的待排序序列看成由 n 个长度都为 1 的有序子表组成。

②将两两相邻的子表归并为一个有序子表。

③重复上述步骤，直至归并为一个长度为 n 的有序表。

两个有序表合并为一个有序表的基本思想如下：

设线性表 R[low…m] 和 R[m+1…High] 是两个已排序的有序表，存放在同一数组中相邻的位置上，将它们合并到一个数组 R_1 中，合并过程如下。

①比较线性表 R[low…m] 与 R[m+1…high] 的第一个记录，将其中关键字值较小的记录移入表 R_1（如果关键字值相同，可将 R[low…m] 的第一个记录移入 R_1 中）。

②将关键字值较小的记录所在线性表的长度减 1，并将其后继记录作为该线性表的第一个记录。

③反复执行步骤①和②，直到线性表 R[low…m] 或 R[m+1…high] 之一成为空表，然后将非空表中剩余的记录移入 R_1 中，此时 R_1 成为一个有序表。

【例 9.7】将序列{13,6,3,31,9,27,5,11}数据采用归并方法进行排序，排序过程如图 9.12 所示。

	R[1]	R[2]	R[3]	R[4]	R[5]	R[6]	R[7]	R[8]
初始序列	13	6	3	31	9	27	5	11
第一趟归并后	[6	13]	[3	31]	[9	27]	[5	11]
第二趟归并后	[3	6	13	31]	[5	9	11	27]
第三趟归并后	3	5	6	9	11	13	27	31

图 9.12 归并排序过程

【算法描述 9.10】一次归并算法

```
void Merge(DataList *L,int low,int mid,int high){        //归并排序的两个相邻有序段的合并函数
  DataList *r1;
  int i=low,j=mid+1,k=1;                                  //k 是 r1 的下标,i,j 分别为第 1,2 段的下标
  r1=(DataList *)malloc((high-low+1)*sizeof(int));
  while(i<=mid && j<=high)
    if(L->data[i]<=L->data[j])
      r1->data[k++]=L->data[i++];
    else
      r1->data[k++]=L->data[j++];
    while(i<=mid)
      r1->data[k++]=L->data[i++];
    while(j<=high)
      r1->data[k++]=L->data[j++];
    for(k=1,i=low;i<=high;k++,i++)
      L->data[i]=r1->data[k];
}
```

【算法描述 9.11】一趟完成归并算法

```
void MergeOnce(DataList *L,int length,int n){
  int i;
  for(i=1;i<=n-2*length+1;i=i+2*length)
    Merge(L,i,i+length-1,i+2*length-1);
  if(i<=n-length+1)
    Merge(L,i,i+length-1,n);
}
```

【算法描述 9.12】归并算法

```
void MergeSort(DataList *L,int n){
  int length;
  for(length=1;length<=n;length=2*length)
    MergeOnce(L,length,n);
}
```

从排序的稳定性看,二路归并排序是一种稳定的排序方法。

对 n 个记录进行归并排序,每一趟归并的时间复杂度为 $O(n)$,总共需进行$\lfloor \log_2 n \rfloor$趟,所以归并排序的时间复杂度为 $O(n\log_2 n)$。

9.6 基数排序

基数排序是与前面所述各类排序方法完全不同的一种排序方法。

(1) 基数排序概念

基数排序是一种借助于多关键字排序的思想对单逻辑关键字进行排序的方法,即先将关键字分解成若干部分,然后通过对各部分关键字的分别排序,最终完成对全部记录的排序。

基数排序首先把每个关键字看成一个 d 元组:$K_i=(K_i^0,K_i^1,\cdots,K_i^{d-1})$。

例如,将 578 看成(5,7,8),其中 $C_0\leqslant K_i^j\leqslant C_{r-1}(1\leqslant i\leqslant n,0\leqslant j\leqslant d-1)$,r 称为基数。若 578 为十进制数,则 $C_0=0,C_{r-1}=9$。

(2) 基数排序基本算法

设置 r 个桶,排序时先按 K_i^{d-1} 从大到小将记录分配到 r 个桶中,然后依次收集这些记录,称为一趟基数排序。再按 K_i^{d-2} 从大到小将记录分配到 r 个桶中,如此反复,直到对 K_i^0 分配和收集,得到的便是完成排序的序列。

基数 r 的选择和关键字的分解法因关键字的类型而异。

①关键字为十进制整数时,$r=10,C_0=0,C_{r-1}=9$,关键字的每一位取值为 $0\leqslant K_i^j\leqslant 9$,d 为关键字的最大位数。关键字为二进制数时,$r=2,C_0=0,C_{r-1}=1$,关键字的每一位取值为 0 或 1,d 为关键字的最大位数。

②关键字为字母串时,$r=26,C_0=$'A',$C_{r-1}=$'Z',关键字的每一位取值为'A'$\leqslant K_i^j\leqslant$'Z',d 为关键字中字母的最大长度。

【例 9.8】设待排序序列为{342,145,231,144,037,006,249,528,328,965},使用基数排序法进行排序,写出每趟排序结果。

根据题意,n=10,d=3,r=10。

第 1 趟:231,342,144,145,965,006,037,528,328,249。

第 2 趟:006,528,328,231,037,342,144,145,249,965。

第 3 趟:006,037,144,145,231,249,328,342,528,965。

从排序的稳定性看,基数排序是一种稳定的排序方法。基数排序时间复杂度为 $O(d\cdot(n+r))$。一般情况下,当 n 很大,d 较小时,此算法很有效,时间复杂度可看成 $O(d\cdot n)$。基数排序需要额外设置存放 r 个队列指针的数组,因此其空间复杂度为 $O(n+r)$。

9.7 内部排序的比较与选择

本章介绍了 4 类内部排序方法,即插入排序(可分为直接插入排序、折半插入排序和希尔排序)、交换排序(可分为冒泡排序和快速排序)、选择排序(可分为直接选择排序和堆排序)和归并排序。这几种内部排序算法的性能比较见表9.2。

表9.2 内部排序算法性能比较

内部排序方法	时间复杂度			辅助空间	稳定性
	最好情况	最坏情况	平均情况		
直接插入排序	O(n)	$O(n^2)$	$O(n^2)$	O(1)	稳定
折半插入排序	$O(n\log_2 n)$	$O(n^2)$	$O(n^2)$	O(1)	稳定
希尔排序			$O(n^{1.3})$	O(1)	不稳定
冒泡排序	O(n)	$O(n^2)$	$O(n^2)$	O(1)	稳定
快速排序	$O(n\log_2 n)$	$O(n^2)$	$O(n\log_2 n)$	$O(\log_2 n)$-O(n)	不稳定
直接选择排序	$O(n^2)$	$O(n^2)$	$O(n^2)$	O(1)	稳定
堆排序	$O(n\log_2 n)$	$O(n\log_2 n)$	$O(n\log_2 n)$	O(1)	不稳定
归并排序	$O(n\log_2 n)$	$O(n\log_2 n)$	$O(n\log_2 n)$	O(n)	稳定
基数排序	O(d(n+rd))	O(d(n+rd))	O(d(n+rd))	O(n+r)	稳定

在多种内部排序算法中,如何选择就成为影响算法效率的关键,影响排序效果的因素如下:

①待排序的记录数目n。

②关键字的数据类型结构。

③关键字的初始状态。

④对稳定性的要求。

⑤编程语言的条件。

⑥记录的存储结构。

⑦对时间复杂度和空间复杂度的要求。

所以,综合以上因素,要根据不同的环境及要求选择不同的排序方法,具体方法如下:

①若n较小(如$n \leqslant 50$),可采用简单排序,如直接插入排序或直接选择排序等。因为在记录规模较小时,采用编程复杂、效率较高的排序方法所能节约的运算时间是有限的。

②若n较大,则应采用时间复杂度为$O(n\log_2 n)$的排序方法,如快速排序、堆排序或归并排序等,此时虽然所用算法复杂一些,但可以节约大量时间。

③若文件初始状态已基本有序(正序),则应选用直接插入排序、冒泡排序等方法。

④从时间复杂度上考虑,快速排序是目前基于比较的内部排序中最好的方法。当待排序的关键字为随机分布时,快速排序的平均时间最短。

⑤堆排序时间性能也可以,而且所需的辅助空间少于快速排序,并且不会出现快速排序可能出现的最坏情况。所以在对时间、空间复杂度都有要求时,可以选择堆排序。

⑥若对排序稳定性有要求,则快速排序和堆排序都不能选择,可选择归并排序。

⑦本章给出的排序算法,数据都采用顺序存储。当记录的规模较大时,为了避免耗费大

量的时间去移动记录,也可以用链表作为存储结构。例如,插入排序、归并排序等都易于在链表上实现,从而减少记录的移动次数。但有的排序方法,如快速排序和堆排序,在链表上却难以实现。

9.8 外部排序简介

外部排序是指大文件的排序,即待排序的记录存储在外存储器上,待排序的文件无法一次装入内存,需要在内存和外存储器之间进行多次数据交换,以达到排序整个文件的目的。

外部排序最常用的算法是多路归并排序,即将原文件分解成多个能够一次性装入内存的部分,分别把每一部分调入内存完成排序。然后,对已经排序的子文件进行归并排序。

9.9 小结

本章主要介绍了 4 大类内部排序方法,分别为插入排序、交换排序、选择排序、归并排序。

插入排序算法的基本思想是:将待排序列看成有序序列和无序序列两部分,整个排序过程就是将无序序列中的记录逐个插入有序序列中。直接插入排序是这类排序算法中最基本的一种,然而,该排序方法的时间性能取决于待排序记录的初始特性。希尔排序算法是一种改进的插入排序,其基本思想是:将待排记录序列划分为若干组,在每组内先进行直接插入排序,对待排序列先进行“宏观”调整,再进行“微观”调整,算法比直接插入排序有了很大改进,其时间性能不取决于待排序记录的初始特性。

交换排序的基本思想是:两两比较待排序列的记录关键字,发现逆序即交换。交换排序有冒泡排序和快速排序两种。冒泡排序时间复杂度取决于待排序记录的初始性能。快速排序是一种改进的交换排序。其基本思想是:以选定的记录为中间记录,将待排序记录划分为左、右两部分,其中左边所有记录的关键字不大于右边所记录的关键字,然后对左、右两部分分别进行排序。快速排序在待排序列已有序的情况下即退化成了冒泡排序。

选择排序的基本思想是:在每一趟排序中,在待排序子表中选出关键字最小或最大的记录放在其最终位置上。直接选择排序和堆排序是基于这一思想的排序算法。直接选择排序和堆排序的时间性能与待排序记录的初始特性无关,其排序趟数是固定的。

归并排序中主要介绍了二路归并排序,其基本操作是指将两个有序表合并成一个新的有序表。归并排序的时间复杂度为 $O(n\log_2 n)$,最初待排序记录的排列顺序对运算时间影响不大,不足之处是需要占用较大的辅助空间。

从方法的稳定性来比较,直接插入排序、冒泡排序和归并排序是稳定的排序方法,而直接选择排序、堆排序和快速排序都是不稳定的排序方法。

习 题

一、选择题

1. 从未排序的序列中依次取出一个元素与已排序序列中的元素依次进行比较，然后将其放在排序序列的合适位置，该排序方法称为(　　)排序法。

A. 插入　　B. 选择　　C. 希尔　　D. 二路归并

2. 下面各种排序方法中，最好情况下时间复杂度为O(n)的是(　　)。

A. 快速排序　　B. 直接插入排序　　C. 堆排序　　D. 归并排序

3. 用某种排序方法对线性表{25,84,21,47,15,27,68,35,20}进行排序时，无序序列的变化情况如下：

25 84 21 47 15 27 68 35 20
20 15 21 25 47 27 68 35 84
15 20 21 25 35 27 47 68 84
15 20 21 25 27 35 47 68 84

则所采用的排序方法是(　　)。

A. 选择排序　　B. 希尔排序　　C. 归并排序　　D. 快速排序

4. 快速排序方法在(　　)情况下最不利于发挥其长处。

A. 要排序的数据量太大　　B. 要排序的数据中含有多个相同值
C. 要排序的数据已基本有序　　D. 要排序的数据个数为奇数

5. 一组记录的关键码为{46,79,56,38,40,84}，则利用快速排序的方法，以第一个记录为基准得到的一次划分结果为(　　)。

A. 38,40,46,56,79,84　　B. 40,38,46,79,56,84
C. 40,38,46,56,79,84　　D. 40,38,46,84,56,79

6. 在文件"局部有序"或文件长度较小的情况下，最佳内部排序方法是(　　)。

A. 直接插入排序　　B. 冒泡排序　　C. 简单选择排序　　D. 归并排序

7. 在下列算法中，(　　)算法可能出现下列情况：在最后一趟开始之前，所有的元素都不在其最终的位置上。

A. 堆排序　　B. 冒泡排序　　C. 插入排序　　D. 快速排序

8. 设有5000个无序的元素，希望用最快速度挑选出其中前10个最大的元素，在以下的排序方法中，采用(　　)方法最好。

A. 快速排序　　B. 堆排序　　C. 基数排序　　D. 插入排序

9. 以下序列不是堆的是(　　)。

A. 100,85,98,77,80,60,82,40,20,10,66
B. 100,98,85,82,80,77,66,60,40,20,10
C. 10,20,40,60,66,77,80,82,85,98,100
D. 100,85,40,77,80,60,66,98,82,10,20

10. 下面排序方法中，关键字比较次数与记录的初始排列无关的是(　　)。

A. 希尔排序　　B. 直接选择排序　　C. 直接插入排序　　D. 冒泡排序

11. 一组记录的关键字为{45,80,55,40,42,85}，则利用堆排序的方法建立的初始堆为(　　)。

A. 80,45,50,40,42,85　　B. 85,80,55,40,42,45

C. 85,80,55,45,42,40　　D. 85,55,80,42,45,40

12. n个元素进行冒泡排序的过程中，最好情况下的时间复杂度为(　　)。

A. O(1)　　B. $O(\log_2 n)$　　C. $O(n_2)$　　D. O(n)

13. n个元素进行快速排序的过程中，第一次划分最多需要移动(　　)次元素(包括开始将基准元素移到临时变量的那一次)。

A. n/2　　B. n−1　　C. n　　D. n+1

14. 下述几种排序方法中，要求内存量最大的是(　　)。

A. 插入排序　　B. 选择排序　　C. 快速排　　D. 归并排序

15. 下面排序方法中，时间复杂度不是$O(n^2)$的是(　　)。

A. 直接插入排序　　B. 二路归并排序　　C. 直接选择排序　　D. 冒泡排序

16. 对序列{15,9,7,8,20,-1,4}进行排序，进行一趟后数据的排列变为{4,9,-1,8,20,7,15}，则采用的是(　　)排序。

A. 选择　　B. 快速　　C. 希尔　　D. 冒泡

17. 用直接插入排序方法对下面4个序列进行排序(由小到大)，元素比较次数最少的是(　　)。

A. 94,32,40,90,80,46,21,69　　B. 32,40,21,46,69,94,90,80

C. 21,32,46,40,80,69,90,94　　D. 90,69,80,46,21,32,94,40

18. 下列排序算法中，(　　)是稳定的。

A. 堆排序，冒泡排序　　B. 快速排序，堆排序

C. 直接选择排序，归并排序　　D. 归并排序，冒泡排序

二、填空题

1. 每次从无序子表中取出一个元素，把它插入有序子表中的适当位置，此种排序方法叫作________排序；每次从无序子表中挑选出一个最小或最大元素，把它交换到有序表的一端，此种排序方法叫作________排序。

2. 每次直接或通过支点元素间接比较两个元素，若出现逆序排列就交换它们的位置，此种排序方法叫作________排序；每次使两个相邻的有序表合并成一个有序表的排序方法叫作________排序。

3. 假定一组记录为{46,79,56,38,40,84}，对其进行快速排序的第一次划分后，右区间内元素的个数为________。

4. 在所有的排序方法中，________排序方法采用的是二分法的思想。

5. 在所有的排序方法中，________排序方法使数据的组织采用的是完全二叉树的结构。

6. 若数据量特别大，需借助外存储器对数据进行排序，则这种排序称为________。

7. 对n个元素的序列进行冒泡排序，最少的比较次数是________，此时元素的排列情况

为________,在________情况下比较次数最多,其比较次数为________。

8. 希尔排序是把记录按下标的一定增量分组,对每组记录进行直接插入排序,随着增量________,所分成的组包含的记录越来越多,当增量的值为________时,整个数组合为一组。
9. 直接插入排序需借助的存储单元个数(空间复杂度)为________,最好情况下直接插入排序的算法时间复杂度为________,最坏情况下该算法的时间复杂度为________。
10. 对一组记录{54,38,96,23,15,72,60,45,83}进行直接插入排序,当把第7个记录60插入已排序的有序表时,为寻找其插入位置需比较________次。

三、判断题

1. 对于一个堆,按二叉树层次进行遍历可以得到一个有序序列。 ( )
2. 内部排序就是整个排序过程完全在内存中进行的排序。 ( )
3. 在数据基本有序时,直接插入排序法一定是性能最好的算法。 ( )
4. 当数据序列已有序时,若采用冒泡排序法,数据比较 n-1 次。 ( )
5. 内排序中的快速排序方法,在任何情况下均可得到最快的排序效果。 ( )
6. 用希尔方法排序时,若关键字的初始排序杂乱无序,则排序效率低。 ( )
7. 有一小顶堆,堆中任意结点的关键字均小于它的左、右孩子关键字,则其具有最大值的结点一定是一个叶子结点并可能在堆的最后两层中。 ( )
8. 对 n 个记录的集合进行归并排序,在最坏情况下所需要的时间是 O(n)。 ( )
9. 对 n 个记录的集合进行冒泡排序,在最坏情况下所需要的时间是 O(n)。 ( )

四、综合应用题

1. 什么是内部排序?什么是排序方法的稳定性和不稳定性?
2. 在冒泡排序过程中,什么情况下关键字会朝与排序相反的方向移动?试举例说明。快速排序中是否有这种现象?
3. 编写采用直接插入排序法进行排序时每一趟排序结果的算法。
4. 已知一组记录为{46,74,53,14,26,38,65},给出采用直接插入排序和快速排序法进行排序时的每一趟排序结果。
5. 将监视哨定义在 A[n] 处,待排序记录存储在 A[0]~A[n-1] 中,请编写直接插入排序算法。

参考文献

[1] 马睿,孙丽云.数据结构:C 语言版[M].武汉:华中科技大学出版社,2018.

[2] 严蔚敏,李冬梅,吴伟民.数据结构:C 语言版[M].2 版.北京:人民邮电出版社,2015.

[3] 刘畅,姚雪峰.数据结构[M].上海:上海交通大学出版社,2019.

[4] 谭浩强.C 语言程序设计[M].5 版.北京:清华大学出版社,2019.

[5] 严蔚敏,吴伟民,米宁.数据结构题集:C 语言版[M].北京:清华大学出版社,2011.

[6] 严蔚敏,吴伟民.数据结构:C 语言版[M].北京:清华大学出版社,2009.

[7] 李春葆.数据结构教程[M].北京:清华大学出版社,2005.

[8] 李春葆,金晶.数据结构教程:C 语言版[M].北京:清华大学出版社,2006.

[9] 邓文华.数据结构:C 语言版[M].2 版.北京:电子工业出版社,2009.

[10] 曲朝阳.数据结构[M].北京:中国电力出版社,2016.

[11] 程杰.大话数据结构[M].北京:清华大学出版社,2011.

[12] 张居晓,葛武滇,乔正洪,等.数据结构实用教程[M].北京:清华大学出版社,2012.

[13] 邓锐.数据结构案例教程:C/C++版[M].北京:清华大学出版社,2014.

[14] 叶茂功,代文征.数据结构项目化教程[M].北京:国防工业出版社,2013.

[15] 赵坚,姜梅.数据结构:C 语言版[M].北京:中国水利水电出版社,2005.

[16] 黄迪明.C 语言程序设计[M].北京:电子工业出版社,2005.

[17] 彭波.数据结构及算法[M].北京:机械工业出版社,2008.

附录 1

数组

在程序设计中，为了处理方便，把若干具有相同类型的变量按有序的形式组织起来，这些按序排列的同类数据元素的集合称为数组。在 C 语言中，数组属于构造数据类型。一个数组可以分解为多个数组元素，这些数组元素可以是基本数据类型或构造类型。因此，按数组元素的类型不同，数组又可分为数值数组、字符数组、指针数组、结构数组等各种类别。由于学生在学习数据结构前已有相应基础，我们只进行简单的回顾。

(1)一维数组的定义

类型说明符 数组名 [常量表达式]；

其中：

类型说明符是任一种基本数据类型或构造数据类型。

数组名是用户定义的数组标识符。

方括号中的常量表达式表示数据元素的个数，也称为数组的长度。

例如：

```
int a[10];                //整型数组 a，有 10 个元素。
float b[10],c[20];        //实型数组 b，有 10 个元素；实型数组 c，有 20 个元素。
char str[20];             //字符数组 str，有 20 个元素。
```

(2)一维数组的引用

数组元素是组成数组的基本单元。数组元素也是一种变量，其标识方法为数组名后跟一个下标。下标表示元素在数组中的顺序号。

数组元素的一般形式为

数组名[下标]；

其中，下标只能为整型常量或整型表达式。例如，a[10]，a[i+j]，a[i++] 都是合法的数组元素。数组元素通常也称为下标变量。必须先定义数组，才能使用下标变量，并且数组下标从 0 开始。例如，定义数组 a[10]，则引用时数组元素表示为 a[0]至 a[9]。在 C 语言中只能逐个地使用下标变量，而不能一次引用整个数组。例如，输出有 10 个元素的数组需要使用循环语句逐个输出各下标变量：

```
for(i=0; i<10; i++)
    printf("%d",a[i]);
```

而不能用一个语句输出整个数组：

printf("%d",a);

此种写法是错误的。

(3)一维数组的初始化

给数组赋值的方法除了用赋值语句对数组元素逐个赋值外,还可以采用初始化赋值和动态赋值的方法。

数组初始化赋值是指在数组定义时给数组元素赋予初值。数组初始化是在编译阶段进行的。这样将减少运行时间,提高效率。

初始化赋值的一般形式为

类型说明符 数组名[常量表达式]={值,值,…,值};

其中,{ }中的各数据值即为各元素的初值,各值之间用逗号间隔。

例如, int a[10]={ 0,1,2,3,4,5,6,7,8,9 }; 相当于 a[0]=0; a[1]=1;…;a[9]=9;

C 语言对数组的初始化赋值还有以下几点规定:

①可以只给部分元素赋初值。当{ }中值的个数少于元素个数时,只给前面部分元素赋值。例如,int a[10]={0,1,2,3,4}; 表示只给 a[0]~a[4]的 5 个元素赋值,而后 5 个元素自动赋 0 值。

②只能给元素逐个赋值,不能给数组整体赋值。例如,给 10 个元素全部赋 1 值,只能写为:int a[10]={1,1,1,1,1,1,1,1,1,1}; 而不能写为: int a[10]=1;

③如给全部元素赋值,则在数组说明中,可以不给出数组元素的个数。例如,int a[5]={1,2,3,4,5}; 可写为:int a[]={1,2,3,4,5};

(4)一维数组的程序举例

可以在程序执行过程中,对数组作动态赋值。这时可用循环语句配合 scanf 函数逐个对数组元素赋值。

【算法描述 1】求数组中最大值

```
main(){
  int i,max,a[10];
  printf("请输入 10 个整型数据:\n");
  for(i=0;i<10;i++)
    scanf("%d",&a[i]);
  max=a[0];
  for(i=1;i<10;i++)
    if(a[i]>max)
      max=a[i];
  printf("maxmum=%d\n",max);
}
```

本例程序中第一个 for 语句逐个输入 10 个数到数组 a 中。然后把 a[0]送入 max 中。在第二个 for 语句中, 从 a[1]到 a[9]逐个与 max 中的内容比较, 若比 max 的值大, 则把该下标变量送入 max 中, 因此 max 总是在已比较过的下标变量中最大者。比较结束, 输出

max 的值。

【算法描述 2】数组排序

```
main(){
    int i,j,p,q,s,a[10];
    printf("\n 请输入 10 个整型数据:\n");
    for(i=0;i<10;i++)
      scanf("%d",&a[i]);
    for(i=0;i<10;i++){
      p=i;
      q=a[i];
      for(j=i+1;j<10;j++)
        if(q<a[j]){
          p=j;
          q=a[j];
        }
      if(i!=p){
        s=a[i];
          a[i]=a[p];
          a[p]=s;
      }
      printf("%d",a[i]);
    }
}
```

本例程序中用了两个并列的 for 循环语句，在第二个 for 语句中又嵌套了一个循环语句。第一个 for 语句用于输入 10 个元素的初值。第二个 for 语句用于排序。本程序的排序采用逐个比较的方法进行。在 i 次循环时，把第一个元素的下标 i 赋予 p，而把该下标变量值 a[i]赋予 q。然后进入小循环，从 a[i+1]起到最后一个元素止逐个与 a[i]作比较，有比 a[i]大者则将其下标送 p，元素值送 q。一次循环结束后，p 即为最大元素的下标，q 则为该元素值。若此时 i≠p，说明 p，q 值均已不是进入小循环之前所赋之值，则交换 a[i]和 a[p] 之值。此时 a[i]为已排序完毕的元素。输出该值之后转入下一次循环。对 i+1 以后各个元素排序。

(5) 二维数组的定义

二维数组定义的一般形式是：

类型说明符 数组名[常量表达式 1][常量表达式 2]

其中，常量表达式 1 表示第一维下标的长度，常量表达式 2 表示第二维下标的长度。

例如：

int a[3][4];

说明了一个三行四列的数组，数组名为 a，其下标变量的类型为整型。该数组的下标变量共有 3×4 个，即：

a[0][0]，a[0][1]，a[0][2]，a[0][3]

a[1][0]，a[1][1]，a[1][2]，a[1][3]

a[2][0]，a[2][1]，a[2][2]，a[2][3]

二维数组在概念上是二维的，也就是说，其下标在两个方向上变化，下标变量在数组中的位置也处于一个平面之中，而不是像一维数组只是一个向量。

(6) 二维数组的引用

二维数组的元素也称为双下标变量，其表示的形式为

数组名[下标 1][下标 2]；

其中，下标应为整型常量或整型表达式。

例如，a[3][4]表示 a 数组三行四列的元素。下标变量和数组说明在形式中有些相似，但这两者具有完全不同的含义。数组说明的方括号中给出的是某一维的长度，即可取下标的最大值；而数组元素中的下标是该元素在数组中的位置标识。前者只能是常量，后者可以是常量、变量或表达式。

(7) 二维数组的初始化

二维数组初始化也是在类型说明时给各下标变量赋以初值。二维数组可按行分段赋值，也可按行连续赋值。

例如，对数组 a[5][3]：

①按行分段赋值可写为

int a[5][3] = { {80，75，92}，{61，65，71}，{59，63，70}，{85，87，90}，{76，77，85} }；

②按行连续赋值可写为

int a[5][3] = { 80，75，92，61，65，71，59，63，70，85，87，90，76，77，85}；

这两种赋初值的结果是完全相同的。

对于二维数组初始化赋值还有以下说明：

①可以只对部分元素赋初值，未赋初值的元素自动取 0 值。

②如对全部元素赋初值，则第一维的长度可以不给出。

③数组是一种构造类型的数据。二维数组可以看作由一维数组的嵌套构成的。设一维数组的每个元素都是一个数组，就组成了二维数组。当然，前提是各元素类型必须相同。根据这样的分析，一个二维数组也可以分解为多个一维数组。C 语言允许这种分解。如二维数组 a[3][4]，可分解为 3 个一维数组。

(8) 字符数组的定义

用来存放字符量的数组称为字符数组。形式与前面介绍的数值数组相同。例如，char c[10]；由于字符型和整型通用，也可以定义为 int c[10]；但这时每个数组元素占 2 个字节的内存单元。字符数组也可以是二维或多维数组。例如，char c[5][10]；即为二维字符数组。

(9) 字符数组的初始化

字符数组也允许在定义时作初始化赋值。

例如：

char c[10]={'c', '', 'p', 'r', 'o', 'g', 'r', 'a', 'm'}；赋值后各元素的值为：

数组c　　c[0]的值为'c'；

c[1]的值为'，'；

c[2]的值为'p'；

c[3]的值为'r'；

c[4]的值为'o'；

c[5]的值为'g'；

c[6]的值为'r'；

c[7]的值为'a'；

c[8]的值为'm'。

其中，c[9]未赋值，由系统自动赋予0值。当对全体元素赋初值时也可以省去长度说明。例如：

char c[]={'c', '', 'p', 'r', 'o', 'g', 'r', 'a', 'm'}；

这时数组c的长度自动定为9。

【算法描述3】字符数组的应用

```
main(){
  int i,j;
  char a[][5]={{'B','A','S','I','C',},{'d','B','A','S','E'}};
  for(i=0;i<=1;i++){
    for(j=0;j<=4;j++)
      printf("%c",a[i][j]);
    printf("\n");
  }
}
```

本例的二维字符数组由于在初始化时全部元素都赋以初值，因此一维下标的长度可以不加以说明。

(10)字符串和字符串结束标志

在C语言中没有专门的字符串变量，通常用一个字符数组来存放一个字符串。前面介绍字符串常量时，已说明字符串总是以'\0'作为串的结束符。因此当把一个字符串存入一个数组时，也把结束符'\0'存入数组，并以此作为该字符串是否结束的标志。有了'\0'标志后，就不必再用字符数组的长度来判断字符串的长度了。

C语言允许用字符串的方式对数组作初始化赋值。

例如：

char c[]={'c', '', 'p', 'r', 'o', 'g', 'r', 'a', 'm'}；

可写为

char c[ ] = { " C program" } ;

或去掉{}，写为

char c[ ] = " C program" ;

用字符串方式赋值比用字符逐个赋值多占一个字节，用于存放字符串结束标志'\ 0 '。上面的数组 c 在内存中的实际存放情况为

c	p	r	o	g	r	a	m	\ 0	

'\ 0 '是由 C 编译系统自动加上的。由于采用了'\ 0 '标志，所以在用字符串赋初值时一般无须指定数组的长度，而由系统自行处理。

附录 2

指　针

指针是 C 语言中广泛使用的一种数据类型。运用指针编程是 C 语言最主要的风格之一。利用指针变量可以表示各种数据结构，能很方便地使用数组和字符串，并能像汇编语言一样处理内存地址，从而编出精练而高效的程序。学习指针是学习数据结构最重要的一环，数据结构中的链式存储的代码实现是正确理解并且使用指针标志。同时，指针也是数据结构中最为重要且较为困难的一部分，在学习中除了要正确理解基本概念，还必须多编程、上机调试。只要做到这些，指针是不难掌握的。

(1)地址指针的基本概念

在计算机中，所有数据都是存放在存储器中的。一般把存储器中的一个字节称为一个内存单元，不同的数据类型所占用的内存单元数不等，如整型量占 2 个单元、字符量占 1 个单元等，在前面已有详细的介绍。为了正确地访问这些内存单元，必须为每个内存单元编号。根据一个内存单元的编号即可准确地找到该内存单元。内存单元的编号也叫作地址。既然根据内存单元的编号或地址就可以找到所需的内存单元，那么通常也把这个地址称为指针。内存单元的指针和内存单元的内容是两个不同的概念。可以用一个通俗的例子来说明它们之间的关系。我们到银行去存取款时，银行工作人员将根据我们的账号找我们的存单，找到之后在存单上写入存款、取款的金额。在这里，账号就是存单的指针，存款数就是存单的内容。对于一个内存单元来说，单元的地址即为指针，其中存放的数据才是该单元的内容。在 C 语言中，允许用一个变量来存放指针，这种变量称为指针变量。因此，一个指针变量的值就是某个内存单元的地址或称为某内存单元的指针。

图中，设有字符变量 C，其内容为整数 1024，C 占用了 0x13B 号单元(地址用十六进制数表示)。设有指针 P，内容为 0x13B，这种情况成 P 指向变量 C，或称 P 是指向变量 C 的指针。

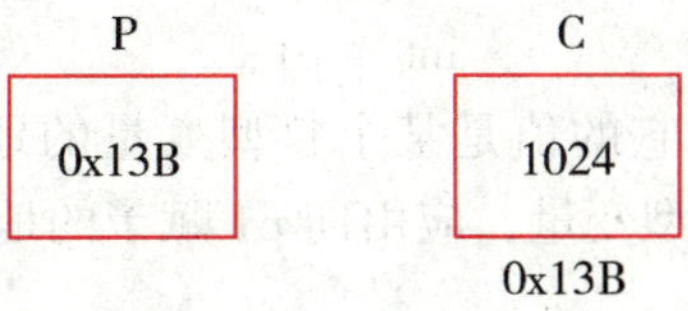

严格地说，一个指针是一个地址，是一个常量。而一个指针变量却可以被赋予不同的指针值，是变量。但常把指针变量简称为指针。为了避免混淆，约定："指针"是指地址，是常量；"指针变量"是指取值为地址的变量。定义指针的目的是通过指针访问内存单元。

既然指针变量的值是一个地址，那么这个地址不仅可以是变量的地址，也可以是其他数据结构的地址。在一个指针变量中存放一个数组或一个函数的首地址有何意义呢？因为数组或函数都是连续存放的，通过访问指针变量取得数组或函数的首地址，也就找到了该数组或函数。这样一来，凡是出现数组、函数的地方都可以用一个指针变量来表示，只要该指针变量中赋予数组或函数的首地址即可。这样做，将会使程序的概念十分清楚，程序本身也精练、高效。在 C 语言中，一种数据类型或数据结构往往都占有一组连续的内存单元。用“地址”这个概念并不能很好地描述一种数据类型或数据结构，而“指针”虽然实际上也是一个地址，但它却是一个数据结构的首地址，它是“指向”一个数据结构的，因而概念更为清楚，表示更为明确。这也是引入“指针”概念的一个重要原因。

(3) 变量的指针和指向变量的指针变量

变量的指针就是变量的地址。存放变量地址的变量是指针变量。在 C 语言中，允许用一个变量来存放指针，这种变量称为指针变量。因此，一个指针变量的值就是某个变量的地址或称为某变量的指针。为了表示指针变量和它所指向的变量之间的关系，在程序中用“ * ”符号表示“指向”，例如，i_pointer 代表指针变量，而 * i_pointer 是 i_pointer 所指向的变量。

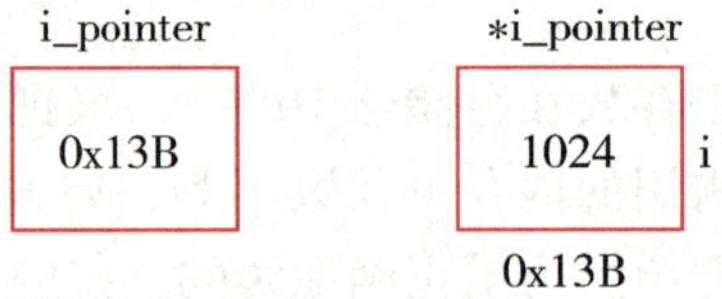

因此，下面两个语句作用相同：i = 1024； * i_pointer = 1024；第二个语句的含义是将 1024 赋给指针变量 i_pointer 所指向的变量。

①指针变量的定义。

对指针变量的定义包括 3 个内容：

a. 指针类型说明，即定义变量为一个指针变量；

b. 指针变量名；

c. 变量值(指针)所指向的变量的数据类型。

其一般形式为

类型说明符 * 变量名；

其中， * 表示这是一个指针变量，变量名即为定义的指针变量名，类型说明符表示本指针变量所指向的变量的数据类型。

例如：

```
int * p1;
```

表示 p1 是一个指针变量，它的值是某个整型变量的地址。或者 p1 指向一个整型变量。至于 p1 究竟指向哪一个整型变量，应由向 p1 赋予的地址来决定。

例如：

```
int * p2; /* p2 是指向整型变量的指针变量 */
float * p3; /* p3 是指向浮点变量的指针变量 */
char * p4; /* p4 是指向字符变量的指针变量 */
```

应该注意的是，一个指针变量只能指向同类型的变量，如 p3 只能指向浮点变量，不能时而指向一个浮点变量，时而指向一个字符变量。

②指针变量的引用。

指针变量同普通变量一样，使用之前不仅要定义说明，而且必须赋予具体的值。未经赋值的指针变量不能使用，否则将造成系统混乱，甚至死机。指针变量的赋值只能赋予地址，决不能赋予任何其他数据，否则将引起错误。在 C 语言中，变量的地址是由编译系统分配的，用户不知道变量的具体地址。两个有关的运算符如下：

a. &：取地址运算符。

b. *：指针运算符(或称“间接访问”运算符)。

C 语言中提供了地址运算符 & 来表示变量的地址。

其一般形式为

& 变量名；

如 &a 表示变量 a 的地址，&b 表示变量 b 的地址。变量本身必须预先说明。设有指向整型变量的指针变量 p，如要把整型变量 a 的地址赋予 p，可以有以下两种方式：

a. 指针变量初始化的方法：

```
int a;
int *p=&a;
```

b. 赋值语句的方法：

```
int a;
int *p;
p=&a;
```

不允许把一个数赋予指针变量。故下面的赋值是错误的：int *p; p=1000; 被赋值的指针变量前不能再加“*”说明符，如写为 *p=&a; 也是错误的。假设：int i=200, x; int *ip;定义了两个整型变量 i，x，还定义了一个指向整型数的指针变量 ip。i，x 中可存放整数，而 ip 中只能存放整型变量的地址。可以把 i 的地址赋给 ip：ip=&i; 此时指针变量 ip 指向整型变量 i，假设变量 i 的地址为 1800，这个赋值可形象理解为下图所示的联系。

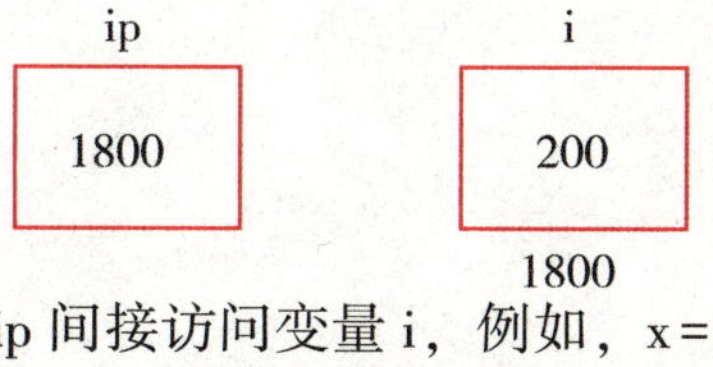

以后便可以通过指针变量 ip 间接访问变量 i，例如，x=*ip; 运算符 * 访问以 ip 为地址的存储区域，而 ip 中存放的是变量 i 的地址，因此，*ip 访问的是地址为 1800 的存储区域(因为是整数，实际上是从 1800 开始的两个字节)，它就是 i 所占用的存储区域，所以上面的赋值表达式等价于 x=i; 另外，指针变量和一般变量一样，存放在它们之中的值是可以改变的，也就是说可以改变它们的指向。通过指针访问它所指向的一个变量是以间接访问的形式进行的，所以比直接访问一个变量要费时间，而且不直观，因为通过指针访问哪一个变量，取决于指针的值(即指向)，例如，*p2=*p1; 实际上就是 j=i;，前者不

仅速度慢而且目的不明。但由于指针是变量，可以通过改变它们的指向，以间接访问不同的变量，这给程序员带来灵活性，也使程序代码编写得更为简洁和有效。指针变量可出现在表达式中，设 int x，y，＊px=&x；指针变量 px 指向整数 x，则＊px 可出现在 x 能出现的任何地方。

例如：

y=＊px+5；/＊表示把 x 的内容加 5 并赋给 y＊/

y=++＊px；/＊px 的内容加上 1 之后赋给 y，++＊px 相当于++(＊px)＊/

y=＊px++；/＊相当于 y=＊px；px++＊/

【算法描述 1】指针应用举例

```
main(){
    int a,b;
    int *pointer_1, *pointer_2;
    a=100;b=10;
    pointer_1=&a; pointer_2=&b;
    printf("%d,%d\n",a,b);
    printf("%d,%d\n",*pointer_1, *pointer_2);
}
```

【算法描述 2】指针变量作为函数参数

```
swap(int *p1,int *p2){
    int temp;
    temp=*p1;
    *p1=*p2;
    *p2=temp;
}
main(){
    int a,b;
    int *pointer_1,*pointer_2;
    scanf("%d,%d",&a,&b);
    pointer_1=&a;
    pointer_2=&b;
    if(a<b)
        swap(pointer_1,pointer_2);
    printf("\n%d,%d\n",a,b);
}
```

指针变量可以进行某些运算，但其运算的种类是有限的。它只能进行赋值运算和部分算术运算及关系运算。

③指针运算符。

a. 取地址运算符 &：取地址运算符 & 是单目运算符，其结合性为自右至左，其功能是取变量的地址。在 scanf 函数及前面介绍的指针变量赋值中，我们已经了解并使用了 & 运算符。

b. 取内容运算符 *：取内容运算符 * 是单目运算符，其结合性为自右至左，用来表示指针变量所指的变量。在 * 运算符之后的变量必须是指针变量。

需要注意的是，指针运算符 * 和指针变量说明中的指针说明符 * 不是一回事。在指针变量说明中，“ * ”是类型说明符，表示其后的变量是指针类型。而表达式中出现的“ * ”则是一个运算符，用以表示指针变量所指的变量。

④指针变量的运算。

a. 赋值运算。指针变量的赋值运算有以下几种形式。

- 指针变量初始化赋值，前面已作介绍。
- 把一个变量的地址赋予指向相同数据类型的指针变量。

例如：int a, *pa; pa=&a; /* 把整型变量 a 的地址赋予整型指针变量 pa */

- 把一个指针变量的值赋予指向相同类型变量的另一个指针变量。

例如：int a, *pa=&a, *pb; pb=pa; /* 把 a 的地址赋予指针变量 pb */

由于 pa，pb 均为指向整型变量的指针变量，因此可以相互赋值。

- 把数组的首地址赋予指向数组的指针变量。

例如：int a[5], *pa; pa=a;

数组名表示数组的首地址，故可赋予指向数组的指针变量 pa。

也可写为：pa=&a[0];

数组第一个元素的地址是整个数组的首地址，可赋予 pa。当然也可以采取初始化赋值的方法：int a[5], *pa=a;

- 把字符串的首地址赋予指向字符类型的指针变量。

例如：char *pc; pc="C Language";

或用初始化赋值的方法写为：char *pc="C Language";

这里应说明的是，并不是把整个字符串装入指针变量，而是把存放该字符串的字符数组的首地址装入指针变量。在后面还将详细介绍。

- 把函数的入口地址赋予指向函数的指针变量。

例如：int (*pf)(); pf=f; /* f 为函数名 */

b. 加减算术运算。

对于指向数组的指针变量，可以加上或减去一个整数 n。设 pa 是指向数组 a 的指针变量，则 pa+n，pa-n，pa++，++pa，pa--，--pa 运算都是合法的。指针变量加或减一个整数 n 的意义是把指针指向的当前位置(指向某数组元素)向前或向后移动 n 个位置。应该注意，数组指针变量向前或向后移动一个位置和地址加 1 或减 1 在概念上是不同的。因为数组可以有不同的类型，各种类型的数组元素所占的字节长度是不同的。如指针变量加 1，即向后移动 1 个位置，表示指针变量指向下一个数据元素的首地址，而不是在原地址基础上加 1。

例如：

int a[5]，*pa；pa=a；　/*pa 指向数组 a，也是指向 a[0]*/

pa=pa+2；　/*pa 指向 a[2]，即 pa 的值为 &pa[2]*/

指针变量的加减运算只能对数组指针变量进行，对指向其他类型变量的指针变量作加减运算是毫无意义的。

c. 两个指针变量之间的运算。

只有指向同一数组的两个指针变量之间才能进行运算，否则运算毫无意义。

• 两指针变量相减。两指针变量相减所得之差是两个指针所指数组元素之间相差的元素个数，实际上是两个指针值(地址)相减之差再除以该数组元素的长度(字节数)。例如，pf1 和 pf2 是指向同一浮点数组的两个指针变量，设 pf1 的值为 2010H，pf2 的值为 2000H，而浮点数组每个元素占 4 个字节，所以 pf1-pf2 的结果为（2000H-2010H)/4=4，表示 pf1 和 pf2 之间相差 4 个元素。两个指针变量不能进行加法运算。

• 两指针变量进行关系运算。指向同一数组的两个指针变量进行关系运算可表示它们所指数组元素之间的关系。

例如：

pf1==pf2 表示 pf1 和 pf2 指向同一数组元素；

pf1>pf2 表示 pf1 处于高地址位置；

pf1<pf2 表示 pf1 处于低地址位置。

指针变量还可以与 0 进行比较，设 p 为指针变量，则 p==0 表示 p 是空指针，空指针是由对指针变量 p 赋 0 值得到。

对指针变量赋 0 值和不赋值是不同的。指针变量未赋值时，可以是任意值，是不能使用的，否则将造成意外错误。而指针变量赋 0 值后，则可以使用，只是它不指向具体的变量而已。

(3) 指向数组元素的指针

一个变量有一个地址，一个数组包含若干元素，每个数组元素都在内存中占用存储单元，它们都有相应的地址。所谓数组的指针是指数组的起始地址，数组元素的指针是数组元素的地址。

①指向数组元素的指针。

一个数组是由连续的一块内存单元组成的。数组名就是这块连续内存单元的首地址。一个数组也是由各个数组元素(下标变量)组成的。每个数组元素按其类型不同占有几个连续的内存单元。一个数组元素的首地址也是指它所占有的几个内存单元的首地址。

定义一个指向数组元素的指针变量的方法，与上文介绍的指针变量相同。

例如：

int a[10]；　/*定义 a 为包含 10 个整型数据的数组*/

int *p；　/*定义 p 为指向整型变量的指针*/

应当注意，因为数组为 int 型，所以指针变量也应为指向 int 型的指针变量。下面对指针变量赋值：p=&a[0]；把 a[0]元素的地址赋给指针变量 p。也就是说，p 指向 a 数组的第 0 号元素。

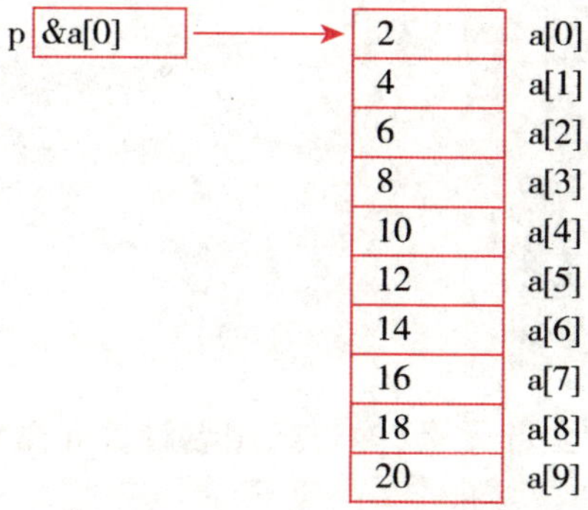

图 F2.1 数组指针示意图

C 语言中，数组名代表数组的首地址，也就是第 0 号元素的地址。因此，下面两个语句等价：

p=&a[0]；

p=a；

在定义指针变量时可以赋给初值：int *p=&a[0]；它等效于：int *p；p=&a[0]；当然定义时也可以写成：int *p=a；从图 F2.1 中可以看出有以下关系：p，a，&a[0]均指向同一单元，它们是数组 a 的首地址，也是 0 号元素 a[0]的首地址。应该说明的是，p 是变量，而 a，&a[0]都是常量。在编程时应予以注意。

数组指针变量说明的一般形式为

类型说明符 *指针变量名；

其中，类型说明符表示所指数组的类型。从一般形式可以看出，指向数组的指针变量和指向普通变量的指针变量的说明是相同的。

②通过指针引用数组元素。

C 语言规定：如果指针变量 p 已指向数组中的一个元素，则 p+1 指向同一数组中的下一个元素。引入指针变量后，就可以用两种方法来访问数组元素了。

如果 p 的初值为 &a[0]，则：

a. p+i 和 a+i 就是 a[i]的地址，或者说它们指向 a 数组的第 i 个元素。

b. *(p+i)或*(a+i)就是 p+i 或 a+i 所指向的数组元素，即 a[i]。

例如，*(p+5)或*(a+5)就是 a[5]。

c. 指向数组的指针变量也可以带下标，如 p[i]与*(p+i)等价。

d. 根据以上叙述，引用一个数组元素可以用：

- 下标法。用 a[i]形式访问数组元素。前面介绍数组时都是采用这种方法。
- 指针法。采用*(a+i)或*(p+i)形式，用间接访问的方法来访问数组元素，其中，a 是数组名，p 是指向数组的指针变量，其初始值 p=a。

【算法描述 3】输出数组的全部元素(下标法)

```
main(){
  int a[10],i;
  for(i=0;i<10;i++)
    a[i]=i;
  for(i=0;i<5;i++)
    printf("a[%d]=%d\n",i,a[i]);
}
```

【算法描述 4】输出数组的全部元素(通过数组名计算元素地址，输出元素的值)

```
main(){
  int a[10],i;
  for(i=0;i<10;i++)
    *(a+i)=i;
  for(i=0;i<10;i++)
    printf("a[%d]=%d\n",i,*(a+i));
}
```

【算法描述 5】输出数组的全部元素(指针变量指向元素)

```
main(){
  int a[10],i,*p;
  p=a;
  for(i=0;i<10;i++)
    *(p+i)=i;
  for(i=0;i<10;i++)
    printf("a[%d]=%d\n",i,*(p+i));
}
```

指针变量可以实现本身的值的改变。如 p++是合法的；而 a++是错误的。因为 a 是数组名，它是数组的首地址，是常量。

(4)指向指针的指针

如果一个指针变量存放的是另一个指针变量的地址，则称这个指针变量为指向指针的指针变量。前面已经介绍过，通过指针访问变量称为间接访问。由于指针变量直接指向变量，所以称为“单级间址”；而如果通过指向指针的指针变量来访问变量，则构成“二级间址”。

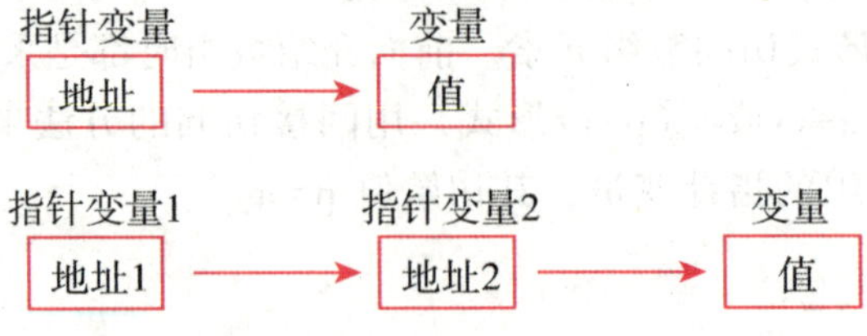

图 F2.2　指针的指针示意图

怎样定义一个指向指针型数据的指针变量呢?

例如,char * *p; p前面有两个*,相当于*(*p)。显然*p是指针变量的定义形式,如果没有最前面的*,就是定义了一个指向字符数据的指针变量。现在它前面又有一个*,表示指针变量p是指向一个字符指针型变量的。*p就是p所指向的另一个指针变量。

表 F2.1 指针数据类型小结

定义	含义
int i;	定义整型变量 i
int *p;	p 为指向整型数据的指针变量
int a[n];	定义整型数组 a,它有 n 个元素
int *p[n];	定义指针数组 p,它由 n 个指向整型数据的指针元素组成
int (*p)[n];	p 为指向含 n 个元素的一维数组的指针变量
int f();	f 为带回整型函数值的函数
int *p();	p 为带回一个指针的函数,该指针指向整型数据
int (*p)();	p 为指向函数的指针,该函数返回一个整型值
int **p;	p 为一个指针变量,它指向一个指向整型数据的指针变量

对于指针运算的总结如下:

①指针变量加(减)一个整数。

例如:p++、p--、p+i、p-i、p+=i、p-=i

一个指针变量加(减)一个整数并不是简单地将原值加(减)一个整数,而是将该指针变量的原值(一个地址)和它指向的变量所占用的内存单元字节数的整数倍相加(减)。

②指针变量赋值。将一个变量的地址赋给一个指针变量。

```
p=&a;            //将变量 a 的地址赋给 p
p=array;         //将数组 array 的首地址赋给 p
p=&array[i];     //将数组 array 第 i 个元素的地址赋给 p
p=max;           //max 为已定义的函数,将 max 的入口地址赋给 p
p1=p2;           //p1 和 p2 都是指针变量,将 p2 的值赋给 p1
```

注意:不能使用 p=1000;

③指针变量可以有空值,即该指针变量不指向任何变量。

p=NULL;

④两个指针变量可以相减。如果两个指针变量指向同一个数组的元素,则两个指针变量值之差是两个指针之间的元素个数。

⑤两个指针变量比较。如果两个指针变量指向同一个数组的元素,则两个指针变量可以进行比较。指向前面的元素的指针变量“小于”指向后面的元素的指针变量。

附录 3

结构体

在实际问题中，一组数据往往具有不同的数据类型。例如，在学生登记表中，姓名应为字符型，学号可为整型或字符型，年龄应为整型，性别应为字符型，成绩可为整型或实型。显然不能用一个数组来存放这一组数据。因为数组中各元素的类型和长度都必须一致，以便于编译系统处理。为了解决这个问题，C 语言中给出了另一种构造数据类型——“结构(structure)”或称“结构体”。它相当于其他高级语言中的记录。“结构”是一种构造类型，它是由若干“成员”组成的。每一个成员可以是一个基本数据类型，或者又是一个构造类型。结构既然是一种“构造”而成的数据类型，那么在说明和使用之前必须先定义它，也就是构造它，如同在说明和调用函数之前要先定义函数一样。

(1) 结构体的定义

定义一个结构的一般形式为

struct 结构名 {成员表列}；

成员表列由若干个成员组成，每个成员都是该结构的一个组成部分。对每个成员也必须作类型说明，其形式为

类型说明符 成员名；

成员名的命名应符合标识符的书写规定。

【算法描述 1】学生信息结构体定义

```
struct stu {
   int num;
   char name[20];
   char sex;
   float score;
};
```

在这个结构定义中，结构名为 stu，该结构由 4 个成员组成。第 1 个成员为 num，整型变量；第 2 个成员为 name，字符数组；第 3 个成员为 sex，字符变量；第 4 个成员为 score，实型变量。应注意，括号后的分号是不可缺少的。结构定义之后，即可进行变量说明。凡说明为结构 stu 的变量都由上述 4 个成员组成。由此可见，结构是一种复杂的数据类型，是数目固定、类型不同的若干有序变量的集合。

(2) 结构体成员变量的表示方法

在程序中使用结构变量时，往往不把它作为一个整体来使用。一般对结构变量的使用，包括赋值、输入、输出、运算等都是通过结构变量的成员来实现的。

表示结构变量成员的一般形式为

结构变量名．成员名

例如：

boy1. num 即第 1 个人的学号

boy2. sex 即第 2 个人的性别

如果成员本身又是一个结构，则必须逐级找到最低级的成员才能使用。例如，boy1. birthday. month 即第 1 个人出生的月份。成员可以在程序中单独使用，与普通变量完全相同。

结构变量的初始化、赋值及输出如算法 2，3 所示。

【算法描述 2】结构变量的初始化后赋值

```
main() {
  struct stu {
  int num;
    char *name;
    char sex;
    float score;
  } Stu1,Stu2;
  Stu1. num=102;
  Stu1. name="Zhang ping";
  printf("input sex and score\n");
  scanf("%c %f",&Stu1. sex,&Stu1. score);
  Stu2=Stu1;
  printf("Number=%d\nName=%s\n",Stu2. num,Stu2. name);
  printf("Sex=%c\nScore=%f\n",Stu2. sex,Stu2. score);
}
```

【算法描述 3】结构变量的初始化并赋值

```
main() {
  struct stu {
    int num;
    char *name;
    char sex;
    float score;
  } Stu1,Stu2={102,"zhangping",'M',85};
  Stu1=Stu2;
```

```
    printf("Number=%d\nName=%s\n",Stu1.num,Stu1.name);
    printf("Sex=%c\nScore=%f\n",Stu1.sex,Stu1.score);
}
```

(3) 结构数组

数组的元素也可以是结构类型的，因此可以构成结构数组。结构数组的每一个元素都是具有相同结构类型的下标结构变量。在实际应用中，经常用结构数组来表示具有相同数据结构的一个群体。如一个班的学生档案、一个车间职工的工资表等。方法和结构变量相似，只需说明它为数组类型即可。

【算法描述 4】结构数组定义

```
struct stu {
    int num;
    char *name;
    char sex;
    float score;
}Stu[5];
```

定义了一个结构数组 Stu，共有 5 个元素，Stu[0] ~ Stu[4]。每个数组元素都具有 struct stu 的结构形式。

【算法描述 5】结构数组元素初始化

```
struct stu {
    int num;
    char *name;
    char sex;
    float score;
}Stu[5]={       {101,"Li ping","M",45},
                {102,"Zhang ping","M",62.5},
                {103,"He fang","F",92.5},
                {104,"Cheng ling","F",87},
                {105,"Wang ming","M",58};
            }
```

(4) 指向结构变量的指针

一个指针变量当用来指向一个结构变量时，称为结构指针变量。结构指针变量中的值是所指向的结构变量的首地址。通过结构指针即可访问该结构变量，这与数组指针和函数指针的情况相同。

结构指针变量说明的一般形式为

struct 结构名 *结构指针变量名；

例如，前面定义了 stu 这个结构，如要说明一个指向 stu 的指针变量 pstu，可写为

struct stu ＊pstu；

当然也可在定义 stu 结构时同时说明 pstu。与前面讨论的各类指针变量相同，结构指针变量也必须要先赋值才能使用。赋值是把结构变量的首地址赋予该指针变量，不能把结构名赋予该指针变量。如果 boy 是被说明为 stu 类型的结构变量，则 pstu = &boy 是正确的，而 pstu = &stu 是错误的。结构名和结构变量是两个不同的概念，不能混淆。结构名只能表示一个结构形式，编译系统并不对它分配内存空间。只有当某变量被说明为这种类型的结构时，才对该变量分配存储空间。因此，上面 &stu 这种写法是错误的，不可能去取一个结构名的首地址。有了结构指针变量，就能更方便地访问结构变量的各个成员。

其访问的一般形式为

（＊结构指针变量）. 成员名

或

结构指针变量->成员名

例如：

（＊pstu）. num 或者 pstu->num

应该注意（＊pstu）两侧的括号不可少，因为成员符“.”的优先级高于“＊”。如去掉括号写作＊pstu. num，则等效于＊（pstu. num），这样意义就完全不对了。下面通过例子来说明结构指针变量的具体说明和使用方法。

【算法描述 6】结构指针变量的应用

```
struct stu {
   int num;
   char *name;
   char sex;
   float score;
} Stu1 = {101,"Li ping","M",45};
Main() {
   pstu=&Stu1;
   printf("Number=%d\nName=%s\n",Stu1.num,Stu1.name);
   printf("Sex=%c\nScore=%f\n\n",Stu11.sex,Stu1.score);
   printf("--------------------------------------------------------------\n");
   printf("Number=%d\nName=%s\n",(*pstu).num,(*pstu).name);
   printf("Sex=%c\nScore=%f\n\n",(*pstu).sex,(*pstu).score);
   printf("--------------------------------------------------------------\n");
   printf("Number=%d\nName=%s\n",pstu->num,pstu->name);
   printf("Sex=%c\nScore=%f\n\n",pstu->sex,pstu->score);
}
```

本例程序定义了一个结构 stu，定义了 stu 类型结构变量 Stu1 并作了初始化赋值，还定义了一个指向 stu 类型结构的指针变量 pstu。在 main 函数中，pstu 被赋予 Stu1 的地址，因此 pstu 指向 Stu1。然后在 printf 语句内用 3 种形式输出 Stu1 的各个成员值。从运行结果可以看出：

结构变量．成员名

(＊结构指针变量)．成员名

结构指针变量->成员名

这 3 种用于表示结构成员的形式是完全等效的。

(5)指向结构数组的指针

指针变量可以指向一个结构数组，这时结构指针变量的值是整个结构数组的首地址。结构指针变量也可以指向结构数组的一个元素，这时结构指针变量的值是该结构数组元素的首地址。设 ps 为指向结构数组的指针变量，则 ps 也指向该结构数组的 0 号元素，ps+1 指向 1 号元素，ps+i 则指向 i 号元素，这与普通数组的情况是一致的。

【算法描述 7】用指针变量输出结构数组

```
struct stu {
int num;
    char * name;
    char sex;
    float score;
} Stu[5] = {        {101,"Li ping","M",45},
                    {102,"Zhang ping","M",62.5},
                    {103,"He fang","F",92.5},
                    {104,"Cheng ling","F",87},
                    {105,"Wang ming","M",58};
                    }

main() {
    struct stu * ps;
    printf("No\tName\t\t\tSex\tScore\t\n");
    for(ps=Stu;ps<Stu+5;ps++)
        printf("%d\t%s\t\t%c\t%f\t\n",ps->num,ps->name,ps->sex,ps->score);
}
```

在程序中，定义了 stu 结构类型的外部数组 Stu 并作了初始化赋值。在 main 函数内定义 ps 为指向 stu 类型的指针。在循环语句 for 的表达式 1 中，ps 被赋予 Stu 的首地址，然后循环 5 次，输出 Stu 数组中各成员值。应该注意的是，一个结构指针变量虽然可以用来访问结构变量或结构数组元素的成员，但是，不能使它指向一个成员。也就是说，不允许取一个成员的地址来赋予它。因此，下面的赋值是错误的：

ps=&Stu[1].sex;

而只能是：

ps=Stu；(赋予数组首地址)

或者

ps=&Stu[0]；(赋予 0 号元素首地址)

(6) 结构指针变量作函数参数

C 语言中允许用结构变量作函数参数进行整体传送。但是这种传送要将全部成员逐个传送，特别是成员为数组时将会使传送的时间和空间开销很大，严重地降低了程序的效率。因此，最好的方法就是使用指针，即用指针变量作函数参数进行传送。这时由实参传向形参的只是地址，从而减少了时间和空间的开销。

【算法描述 8】用指针变量输出结构数组

```
struct stu {
  int num;
  char *name;
  char sex;
  float score;
} Stu[5] = {       {101,"Li ping","M",45},
                   {102,"Zhang ping","M",62.5},
                   {103,"He fang","F",92.5},
                   {104,"Cheng ling","F",87},
                   {105,"Wang ming","M",58};
                 }
void ave(struct stu *ps) {
  int c=0,i;
  float ave,s=0;
  for(i=0;i<5;i++,ps++) {
    s+=ps->score;
    if(ps->score<60)
    c+=1;
  }
  printf("s=%f\n",s);
  ave=s/5;
  printf("average=%f\ncount=%d\n",ave,c);
}
main() {
  struct stu *ps;
  void ave(struct stu *ps);
  ps=Stu;
  ave(ps);
}
```

本程序中定义了函数 ave，其形参为结构指针变量 ps。boy 被定义为外部结构数组，因此在整个源程序中有效。在 main 函数中定义说明了结构指针变量 ps，并把 boy 的首地址赋予它，使 ps 指向 boy 数组。然后以 ps 作实参调用函数 ave。在函数 ave 中完成计算平均成绩和统计不及格人数的工作并输出结果。由于本程序全部采用指针变量作运算和处理，故速度更快，程序效率更高。

附录 4 动态存储分配

用变量表示长度，想对数组的大小作动态说明，这是错误的。但是在实际的编程中，往往会发生这种情况，即所需的内存空间取决于实际输入的数据，而无法预先确定。对于这种问题，用数组的方法很难解决。为了解决上述问题，C 语言提供了一些内存管理函数，这些内存管理函数可以按需要动态地分配内存空间，也可以把不再使用的空间回收待用，为有效地利用内存资源提供了手段。常用的内存管理函数有以下 3 个：

(1) 分配内存空间函数 malloc

调用形式：

(类型说明符 *) malloc(size)

功能：在内存的动态存储区中分配一块长度为"size"字节的连续区域。函数的返回值为该区域的首地址。

“类型说明符”表示把该区域用于何种数据类型。

(类型说明符 *)表示把返回值强制转换为该类型指针。

“size”是一个无符号数。

例如：

pc = (char *) malloc(100);

表示分配 100 个字节的内存空间，并强制转换为字符数组类型，函数的返回值为指向该字符数组的指针，把该指针赋予指针变量 pc。

(2) 分配内存空间函数 calloc

调用形式：

(类型说明符 *) calloc(n, size)

功能：在内存动态存储区中分配 n 块长度为“size”字节的连续区域。函数的返回值为该区域的首地址。(类型说明符 *)用于强制类型转换。calloc 函数与 malloc 函数的区别仅在于一次可以分配 n 块区域。

例如：

ps = (struet stu *) calloc(2, sizeof(struct stu));

其中，sizeof(struct stu)是求 stu 的结构长度。因此该语句的意思是：按 stu 的长度分配 2 块连续区域，强制转换为 stu 类型，并把其首地址赋予指针变量 ps。

(3) 释放内存空间函数 free

调用形式：

free(void * ptr) ;

功能：释放 ptr 所指向的一块内存空间，ptr 是一个任意类型的指针变量，它指向被释放区域的首地址。被释放区应是由 malloc 或 calloc 函数分配的区域。

【算法描述 1】内存管理示例

```
main( ) {
    struct stu {
    int num;
    char * name;
    char sex;
    float score;
    } * ps;
    ps = ( struct stu * ) malloc( sizeof( struct stu) ) ;
    ps->num = 102;
    ps->name = "zhangping" ;
    ps->sex = . M. ;
    ps->score = 85;
    printf( " Number = %d\nName = %s\n" ,ps->num,ps->name) ;
    printf( " Sex = %c\nScore = %f\n\n" ,ps->sex,ps->score) ;
    free( ps) ;
}
```

本例中，定义了结构 stu，定义了 stu 类型指针变量 ps。然后分配一块 stu 大内存区，并把首地址赋予 ps，使 ps 指向该区域。再以 ps 为指向结构的指针变量对各成员赋值，并用 printf 输出各成员值。最后用 free 函数释放 ps 指向的内存空间。整个程序包含了申请内存空间、使用内存空间、释放内存空间 3 个步骤，实现了存储空间的动态分配。

附录 5

类型定义符 typedef

C 语言不仅提供了丰富的数据类型，还允许用户自己定义类型说明符，也就是允许用户为数据类型取“别名”。类型定义符 typedef 即可用来完成此功能。例如，有整型变量 a，b 的定义如：

int a，b;

其中，int 是整型变量的类型说明符。int 的完整写法为 integer，为了增加程序的可读性，可把整型说明符用 typedef 定义为

typedef int INTEGER

以后就可以用 INTEGER 来代替 int 作整型变量的类型说明了。

例如：

INTEGER a，b;

等效于：

int a，b;

用 typedef 定义数组、指针、结构等类型将带来很大的方便，不仅使程序书写简单，而且使意义更为明确，因而增强了可读性。

例如：

typedef char NAME[20];

表示 NAME 是字符数组类型，数组长度为 20。然后可以用 NAME 说明变量，如：

NAME a1，a2，s1，s2;

完全等效于：

char a1[20]，a2[20]，s1[20]，s2[20]

又如：

```
typedef struct stu {
    char name[20];
    int age; char sex;
} STU;
```

定义 STU 表示 stu 的结构类型，然后可以用 STU 来说明结构变量：STU body1，body2;

typedef 定义的一般形式为

typedef 原类型名 新类型名

其中，原类型名中含有定义部分，新类型名一般用大写表示，以便于区别。有时也可以用宏定义来代替 typedef 的功能，但是宏定义是由预处理完成的，而 typedef 是在编译时完成的，后者更为灵活方便。